国家自然科学基金（U1261206、U1810203、51774111） 资助

高强度开采地表生态环境演变机理与调控

邹友峰 等 著

科学出版社

北京

内 容 简 介

我国煤炭资源大规模、高强度开采诱发的矿区生态环境灾害问题十分严重,以神府东胜生态脆弱区为典型研究区,利用野外观测、样地调查、多时段遥感解译等方法,并借助"3S"技术及三维激光扫描技术,系统研究高强度开采矿区地表破坏特征与生态环境响应特征,辨识受损生态环境的控制因子与表征因子,并从覆岩破坏与地表移动、土壤破坏、水分胁迫、植被退化等多角度深入探讨高强度开采矿区生态环境影响机理。在此基础上,研究不同开采条件下生态环境演变规律,构建生态环境演变与煤炭开采的时空关系模型,探索高强度开采影响下矿区生态环境演变预警机制,提出有针对性的矿区生态环境演变调控理论和生态恢复与重建途径。

本书可供从事测绘、采矿、生态、环境等相关领域的科研人员、高等院校师生、现场工程技术人员参考。

图书在版编目(CIP)数据

高强度开采地表生态环境演变机理与调控 / 邹友峰等著. —北京:科学出版社,2019.11

　ISBN　978-7-03-063027-8

Ⅰ. ①高… Ⅱ. ①邹… Ⅲ. ①矿山开采-生态环境-环境影响-研究 Ⅳ. ① X822.5

中国版本图书馆 CIP 数据核字(2019)第 244208 号

责任编辑:丁传标 / 责任校对:樊雅琼
责任印制:肖　兴 / 封面设计:图阅盛世

斜 学 出 版 社 出版

北京东黄城根北街 16 号
邮政编码:100717
http://www.sciencep.com

三河市春园印刷有限公司 印刷
科学出版社发行　各地新华书店经销

*

2019 年 11 月第 一 版　开本:787×1092　1/16
2019 年 11 月第一次印刷　印张:17 3/4
字数:410 000
定价:169.00 元
(如有印装质量问题,我社负责调换)

前　言

我国煤炭资源在地理分布上处于西多东少、北富南贫的格局，随着东部地区煤炭资源逐渐枯竭，西北地区已成为我国能源供应的主要基地。目前已形成了神东、伊犁、吐（鲁番）哈（密）、库（车）拜（城）四大煤炭基地；而地处陕蒙交界的神府东胜矿区，具有资源丰富、赋存稳定、松散层及风积沙厚度大、基岩薄、浅埋深、煤层厚、地质条件简单等特点。随着煤炭科技的进步及大型成套装备的推广使用，神府东胜矿区已形成高强度、高效率的地下开采模式，其大规模、高强度开采诱发的矿区生态环境灾害问题十分严重。因此，必须加强对煤矿区生态环境的监测、评价、预警研究，研究对促进矿区生态环境的恢复和改善，加快矿区生态文明社会建设具有重要的理论和现实意义。

本书融合采矿工程、测绘科学与技术、开采沉陷、工程地质、岩石力学和生态环境等学科的理论，综合现场观测、实验室模拟、理论研究等方法和手段，探讨高强度开采条件下岩层与地表移动变形规律，研究矿区生态环境影响机理，分析不同开采条件下生态环境演变规律，建立生态环境演变与煤炭开采的时空关系模型，构建高强度开采影响下矿区生态环境演变预警机制，有针对性地提出了矿区生态环境演变调控理论和生态恢复与重建途径，并在实践中进行了应用。

全书共分为 8 章。第 1 章介绍了研究的背景与意义、国内外研究现状、研究目标与内容等；第 2 章对研究区概况与数据来源及处理进行了说明；第 3 章通过现场观测、相似模型试验、数值模拟分析等研究方法，给出了高强度开采的定义及指标体系，得出了高强度开采条件下覆岩破坏、地表变形与工作面顶板运动之间的耦合关系，建立了高强度开采条件下采动覆岩裂隙带高度预测模型和采动覆岩破坏的力学模型；第 4 章结合野外调查、土壤水分动态监测及遥感解译等方法，分析地表生态环境演变的空间特征、开采沉陷对土壤特性和植物群落的水分胁迫效应及其植被响应特征；第 5 章分析神东矿区典型煤矿开采过程中植被退化的时空变化规律；第 6 章采用多模式、多尺度、多时相遥感数据处理的时空分析方法，研究神东矿区典型工作面开采宏观地表移动变化规律及植被净初级生产力（NPP）时空变化特征；第 7 章基于 AHP-可拓理论研究建立了煤矿区生态环境损害动态预警模型，并结合开采损害的类型、特征，提出矿区生态调控与生态重建技术模式；第 8 章为本书研究的主要结论，研究展望及推广应用。

本书得到了国家自然科学基金"高强度开采矿区地表生态环境演变机理与调控"（U1261206）、"沁水煤田采空场地高速铁路路基灾变机制与防控"（U1810203）和"厚煤层高强度开采覆岩两带模式形成机理研究"（51774111）的资助，国家能源投资集团有限责任公司（原神华集团）的领导、专家提供了许多帮助。同时，河南理工大学测绘与国土信息工程学院、能源科学与工程学院和科学技术处的专家同仁也给予了指导，并就本书研究内容和成果完善总结等提出了宝贵的意见和建议。在此一并向他们表示衷心的感谢！

本书是所有著者和协助研究人员（包括博士研究生和硕士研究生）集体智慧的结晶。负责各章执笔的具体人员为：第 1 章，邹友峰、陈俊杰、张文志、郭文兵、张合兵、马超、聂小军、靳亮；第 2 章，张文志、陈俊杰、马超、聂小军；第 3 章，邹友峰、郭文兵、陈俊杰、张文志、柴华彬；第 4 章，郭增长、聂小军、马守臣、郝成元、张合兵；第 5 章，马超、韩瑞梅、刘培；第 6 章，邹友峰、马超、成晓倩；第 7 章，靳海亮、马守臣、聂小军；第 8 章，张文志、张合兵。研究生张子月、王云广、闫伟涛、王明远、李圣军、潘进波、马威、冯婷婷、杨亚莉、程静霞等在外业观测、室内实验、数据处理等方面做了大量工作。全书由张文志和张合兵统稿，图文格式由博士研究生白二虎修改，邹友峰审改定稿。

由于学识水平有限，不妥之处恳请同行和读者批评指正。

邹友峰

2019 年 5 月

目　　录

第1章 绪 论

本章以高强度开采矿区为研究区域，简要叙述了研究背景及意义、通过国内外研究进展综述，提出本书研究的目标及四大研究内容，并制定了相应的研究路线及方法。

1.1 研究背景及意义

由于我国煤炭资源在地理分布上处于西多东少、北富南贫的格局，随着东部地区煤炭资源逐渐枯竭，煤炭资源开发必然"战略西移"，西北地区已成为我国能源供应的主要基地。目前已形成了神东、伊犁、吐（鲁番）哈（密）、库（车）拜（城）四大煤炭基地；而地处陕蒙交界的神府东胜矿区（简称神东矿区），是典型的西北地区煤炭基地，具有资源丰富、赋存稳定、松散层及风积沙厚度大、基岩薄、浅埋深、煤层厚、地质条件简单等特点。随着煤炭科技的进步及大型成套装备的推广使用，我国神府东胜矿区已基本形成高强度、高效率的地下开采模式。

在高强度开采条件下，覆岩破坏严重，地表移动变形剧烈，直接影响着覆岩与地表变形分布形态。同时，高强度煤炭开采引起的地表破坏和生态环境恶化的状况，严重制约了矿区的可持续发展。针对神东矿区高强度开采的特点，如何既合理高效开采煤炭资源，又最大限度地减轻对生态环境的破坏，是神东矿区煤炭资源开发中面临的重大命题。

1. 西北地区煤炭资源大规模、高强度、高效率开采势在必行

近年来，我国煤炭产量持续增加。2010 年，全国煤炭产量达到 32.4 亿 t，占一次能源生产总量的 76.5%；2011 年，煤炭产量增加到 35.2 亿 t，约占一次能源生产总量的 78.6%。据预测，西北煤炭资源储量为 4 万亿 t，约占全国的 75%，探明煤炭储量约占全国的 80%。其中新疆煤炭预测资源量达 2.19 万亿 t，约占全国的 40%，目前已形成了准东、伊犁、吐（鲁番）哈（密）、库（车）拜（城）四大煤炭基地；内蒙古的煤炭探明储量达 7323 亿 t，居全国第一；宁夏煤炭资源预测量为 2027 亿 t，已探明储量 334 亿 t，人均占有量居全国第一位；陕西省煤炭资源探明储量 1700 亿吨，居全国第三位。我国煤炭资源在地理分布上的总格局是西多东少、北富南贫。随着东部地区煤炭资源逐渐枯竭，西北地区将成为中国能源供应的主要基地。西北地区煤炭资源赋存特点是资源丰富，赋存稳定；基岩薄，煤层埋藏相对较浅；大部分煤层厚度较大，可采煤层层数多，煤层群为近距离赋存；煤质优良，地质条件简单，易于实施高强度开采·高强度开采是指厚煤层综合机械化一次采全高（放顶煤或大采高支架）、工作面尺寸较大、快速推进的高效采煤方法。随着煤炭科技的进步，大型综采、综掘成套装备的推广使用，在我国西北地区已基本形成高强度、高效率的地下开采模式。

2. 西北地区生态环境脆弱，高强度开采诱发的生态环境问题严重

我国西北部地区土地覆被主要为草原、荒漠草原、荒漠、沙漠和戈壁，植被覆盖率低。

亩（1 亩≈666.7m²）均占有水资源仅为 764m³，远低于全国平均水平 1562m³[①]，仅占全国平均水平的 48.9%，年降水量 100～450mm，干燥度 1.4～2.0，年水土侵蚀模数高达 1 万～3 万 t/km²；加之日照时间长，蒸发量大，水资源严重匮乏。西北属干旱、半干旱地区，生态环境十分脆弱。随着煤炭资源的高强度开采，必将产生大范围的岩层与地表移动，出现塌陷、裂缝、台阶、滑坡等，导致地下水流失、植被退化、土地荒漠化，使得西北地区本已非常脆弱的生态环境更加恶化。地表塌陷、地下水资源破坏、植被衰退等生态环境问题已成为西北矿区的共性问题，如神府、东胜煤田已造成地表植被破坏达 26.6 万亩，年增加水土流失量 2780 万 t；流经神府、东胜矿区的乌兰木伦河泥沙携带量数年间已增加到 2.39 亿 t；位于陕北毛乌素沙地前缘的神府矿区某矿开采导致地下水资源急剧下降，使该区域沟渠断流，水浇地减少，严重影响人民的生产和生活。

3. 高强度开采生态环境演变机理与调控研究是矿区生态环境保护的基础

高强度煤炭开采引起的地表破坏和生态环境恶化，严重制约了矿区的可持续发展。针对西北部地区高强度开采的特点，如何既合理高效开采煤炭资源，又最大限度地减轻对生态环境的破坏是煤炭资源开发中面临的重大课题。本书拟在研究高强度开采条件下覆岩与地表破坏特征的基础上，揭示地表生态环境演变机理，建立地表破坏和生态环境演变的时空关系，实现高强度开采条件下对矿区生态环境的损害预警和演变调控。研究成果将对西北地区煤矿资源与环境协调开采具有重要的理论和实际意义。

1.2　国内外相关研究综述

1.2.1　高强度开采地表及覆岩破坏规律研究

1. 煤炭资源高强度开采特征

俄罗斯、美国、澳大利亚、英国、日本等国从 20 世纪 60 年代就开始采用大采高综采技术（Yasitli and Unver，2005；Das，2000；Rajendra，2004；Unver and Yasitli，2006）。国外厚煤层大采高可达 6.0m，且一系列生产实践表明，在较好的地质和生产技术条件下，大采高综采技术能够实现高产高效安全采煤。随着我国厚煤层大采高工作面的逐步采用，其效果越来越明显（高玉斌和李永学，2008；苏清政，2007；胡国伟，2006），通过对其技术特征及其采动破坏影响等进行相关研究，取得了一批重要成果。随之出现了"高强度开采"的内涵界定与破坏特征的描述（郭文兵和王云广，2017）。

在我国 14 个亿吨级煤炭基地中，6 个位于西北地区，2014 年全国煤炭产量 38.7 亿 t，其中西北地区产煤量达 30.24 亿 t，比例高达 78.14%。西北地区生产及在建的煤田（矿）的煤层一般属于浅埋深（<300m），以开采强度高、产量大为其特征。自 2001 年起，大柳塔矿成为千万吨大型现代化矿井后，西北地区相继又出现了千万吨矿井或矿井群。

美国是煤炭资源最为丰富的主产国之一，也是采煤机械化发展较早和程度最高的国家。2008～2014 年，其煤炭年产量均保持在 9 亿 t 左右，约为我国的 1/4。其煤层具有埋深小、

[①]《西北旱区农牧业可持续发展规划（2016—2020）》

地质条件简单、储量大、无（低）瓦斯、覆岩稳定等特点，易于进行大规模开采，多采用长壁采煤法。通过对美国煤炭开采埋深、工作面尺寸、回采速度及年产量分析可知，其装备机械化程度高、技术先进、安全可靠，煤层赋存条件好，工作面尺寸大，推进速度快，开采效率高，产量大（Peng，2011）。中美两国高强度开采技术参数如表 1-1 所示。

表 1-1 中美两国高强度开采技术参数对比

国别	采厚/m	工作面长度/m	推进长度/m	推进速度/（m/d）	全员效率/（t/工）	单工作面产量/万 t
中国	陈家沟矿（2008 年）	哈拉沟矿（2012 年）	榆家梁矿（2003 年）		哈拉沟矿（2005 年）	补连塔矿（2014 年）
	21.56	450	6500	18.9	189.00	1502.2
美国	SUFCO Mine（1998 年）	（2005 年）	SUFCO Mine（2000 年）	Cumberland Mine（2000 年）	Williamson Energy（2008 年）	Twentymile Mine（2005 年）
	26.0	442.0	5700	30.0	112.24	870.0

国内外高强度开采的主要特征为：采矿技术装备水平高，煤层赋存稳定，开采煤层厚，工作面尺寸大，推进速度快，开采效率高，工作面单产大等。

2. 采动覆岩破坏机理研究

随着对覆岩破坏的理论研究，得出了多种比较有影响的理论假说：砌体梁理论、传递岩梁理论、岩板理论、掩护拱假说、掩护梁假说、铰接岩块假说（钱鸣高和石平五，2003；靳钟铭，1986；贾喜荣和翟英达，1999；贾喜荣等，1999）。这些理论和假说均从某些角度分析覆岩特征及其移动规律，并能解释一些生产中遇到的问题。

3. 覆岩破坏对地表产生非连续变形机理研究

美国工程院 Syd S. Peng 院士分析了矿山开采地表非连续变形与房屋裂缝间关系，确定了最大破坏区域（Peng，1984）。国内学者分别从覆岩结构、深厚比、具体采矿地质条件等方面揭示了应力分布规律及裂缝发育机理，并确定了裂缝的发育高度（吴侃等，2010；Wu et al.，2009；李亮等，2010）；研究了地表产生非连续变形机理及关键性影响因素（郭惟嘉等，2013；戴华阳，1995；戴华阳等，1999）；给出了覆岩与地表变形耦合关系及地裂缝形成条件；分析了矿山压力与非连续变形之间的关系（郑志刚等，2013；郑志刚，2014；刘辉等，2013）。

4. 地表非连续变形分布特征

国内学者采用理论分析、现场监测及实验室模拟等方法和手段，研究给出了塌陷型裂缝与"O"形圈形态相似的动态发育规律（吴洪词等，2001）；总结了地表非连续变形特征（白二虎等，2018）；分析了湿陷性厚松散层下开采引起地表剧烈的非连续变形规律，以及引起非连续变形的主要因素（郭文兵等，2010；Guo et al.，2017）；探讨了地表裂缝发育规律与周期来压之间的关系（胡青峰等，2012.）；分析了最大变形特点与工作面之间相对位置关系等（姚娟和徐工，2009）。

综上所述，针对浅埋深高强度开采条件下覆岩破坏与地表变形的动静态规律、机理研究等方面，已做了大量研究并取得了较为丰富的研究成果，有效地指导了现场生产。然而，在风积沙区高强度开采引起覆岩与地表移动规律及变形机理方面还有待于进一步深入研究。

1.2.2　高强度开采矿区生态环境响应特征与响应机理

采煤扰动导致的土壤质量演变与植被变化是西北风积沙矿区生态环境研究关注的一个重要科学课题。

1. 土壤质量演变

煤炭开采导致地表破坏，形成的裂缝与沉陷地表改变土壤质量。土壤水分是制约植被生长和生态环境建设的主要因素，土壤有机质、氮磷养分是表征土壤质量的关键指标，对植物的生长也具有重要的生态学意义。目前大量的研究以空间代替时间的思维评价了地表沉陷后土壤水分、养分等理化性质的变化，探讨了地表破坏（裂缝、沉陷）对土壤质量的影响（赵红梅等，2010；臧荫桐等，2010；卞正富等，2009；魏江生等，2006）。近年来，研究者（台晓丽等，2016；邹慧等，2014）从动态的角度研究了地表沉陷后，土壤水分、养分的时空变化特征，极大地增加了对矿区土壤质量变化的认识。

高强度煤炭开采导致地表出现大量的裂缝，对土壤水分的影响极为显著。沉陷裂缝（隙）促进土壤水分侧向蒸发，是影响土壤水分运移的主要因素（张欣等，2009）。高强度开采导致土壤水分在地表沉陷的不同阶段（裂缝期、采中、沉降期、稳定期）呈现不同的变化（邹慧等，2014）。相较于开采中期、地表沉降期与稳定期，裂缝发育期土壤水分降低的幅度最大。裂缝会随着地表植物种类不同，影响土壤水分垂向变异，从而影响土壤水分含量变化。

土壤侵蚀是导致全球土地退化的一个主要原因（Oldeman，1994）。西北风积沙区风蚀荒漠化严重，采煤扰动可能会使该区环境问题更加突出。近年来，煤炭开采导致的地表破坏对矿区土壤侵蚀的影响逐渐受到关注（汪炜等，2011；尤扬等，2009；白中科等，2006；周伟等，2007；黄翌等，2014）。这些研究利用传统的通用土壤流失方程 RUSLE（revised universal soil loss equation）并借助遥感与 GIS 手段评价了大尺度下矿区的土壤侵蚀强度变化与空间格局，极大地推动了矿区土地退化机理的认识。

2. 植被变化

开采沉陷在破坏水土资源的同时，对植物也产生直接影响，甚至导致植物受损死亡（赵国平等，2010），塌陷区灌木沙蒿的死亡率比非塌陷区高出 16%（杨选民和丁长印，2000）。此外，土壤结构遭到破坏还将影响到土壤水分、养分循环过程，从而影响植物生长，并导致植被退化（Lei et al.，2010；马超等，2013）。对于植被退化机理，陈士超等（2009）认为，井工开采造成地表沉陷，使土壤表层中养分向深层渗漏、流失，导致表层土壤肥力下降，从而影响植物生长。卞正富等（2009）指出，采矿引起的地表裂缝加快了土壤水分蒸发，再加上地表拉伸变形容易拉断植物根系，从而抑制植物生长。丁玉龙等（2013）研究也认为，由于地表沉陷和裂缝使植物根系断裂，并造成根区范围的土壤保水性能下降，导致植物的生长发育受阻。此外，井工开采造成地表出现塌陷和裂缝，破坏了土地的完整性，使得地表水渗漏、地下水位下降，进而造成采煤塌陷区植被退化（王力等，2008；全占军等，2006；叶瑶等，2015）。遥感技术近年来被广泛应用于矿区植被变化方面的研究。郝成元和杨志茹（2011）利用 MODIS 数据对潞安矿区 NPP 时空格局变化的研究表明，矿区 NPP 时间异质性主要与煤炭开采、农业耕作等人类活动联系紧密，空间异质性多与地形地貌、植被类型、年降水量等自然因子相关。侯湖平（2010）通过改进的 CASA 模型评价了徐州九里矿区 NPP 变化及其影响因素，结果表明：采矿活动和气候变化共同作用影响矿区 NPP 的变化，气候变化推动 NPP 是向正方向发展，采矿活动推动 NPP 向负方向发展。

综上研究分别从土壤与植被变化的角度探讨了采煤扰动对生态环境的影响，而且绝大部分研究是关于传统开采方式产生的地表破坏及其对土壤、植被的影响方面，而有关高强度开采方式下地表破坏对生态环境的影响还缺乏系统研究，地表破坏、土壤演变、植被变化之间的驱动机理仍不清楚。

其次，在研究指标的选取方面，目前的研究主要从土壤理化特性探讨采煤扰动对土壤质量的变化，以及通过土壤理化特性的变化来理论推测植被退化的原因，缺少对采煤扰动响应最为敏感的土壤微生物特性变化的深入研究。有关利用遥感技术反演矿区采煤扰动对植被影响的研究也仅仅选取植被覆盖度、NPP 等指标来表观评价矿区植被的变化态势，缺少植物响应特征等相关深层次机理方面的研究。

再次，在研究方法方面仍存在一些不足：①在探讨矿区土壤、植被变化时，目前的研究通常以沉陷区附近的未采区为对照，忽略了煤炭开采对未采区生态环境的影响（如已采区地下含水层破坏导致整个矿区土壤干旱加剧），这不利于全面理解西北风积沙矿区土壤与植被的变化规律；②目前用于评价矿区土壤侵蚀的方法 RUSLE 中，SL（坡长、坡度）是评价土壤侵蚀强度的地形因子。由于西北风积沙矿区地貌类型主要为波状沙丘，地下煤层近水平分布，开采沉陷导致的地形因子 SL 变化不明显，这将限制利用 RUSLE 对该区土壤侵蚀演变的准确评价。与通用土壤流失方程不同，^{137}Cs 示踪法不受地形因子的限制，可以克服传统土壤侵蚀研究方法的不足，而且该方法具有简单、评价精度高、研究费用低等特点，目前被证明是研究土壤侵蚀的可靠方法（Li et al.，2011）。同时，该示踪法能够很好地建立土壤侵蚀-养分间的联系（Nie et al.，2016；Martinez et al.，2010；Ni and Zhang，2007），为研究土壤养分侵蚀动态提供了方法论上的支持。

为此，本书利用 ^{137}Cs 示踪法、植物样方调查法，科学选取对照区，研究高强度开采矿区土壤侵蚀与养分特征及植被响应特征，揭示地表破坏、土壤演变、植被响应之间的驱动机理，以期为西北风积沙覆盖矿区的生态恢复与重建提供理论支持。

1.2.3　矿区生态环境时空变化规律

1. InSAR 技术的起源

20 世纪 60 年代，诞生了一种新颖的空间对地观测技术，即合成孔径雷达干涉测量（interferometric synthetic aperture radar，InSAR）技术。

合成孔径雷达干涉测量技术在国外起步早。1969 年，美国航空航天局（NASA）对火星和月球的观测上首次利用了 InSAR 技术（Rogers and Ingalls，1969）；1974 年，Graham 提出将合成孔径雷达干涉测量技术用于绘制地球表面图像的构想，并利用机载 SAR 数据完成了 1∶25 万的高程影像数据；1986 年，Zebker 和 Goldstein 首次完成了对旧金山海湾地区的地形测绘，其使用 SEASAT 数据测量的高程精度结果达到 2～10m，并于 1988 年对星载 SAR 数据进行了一系列的应用性实验（Gabriel and Goldstein，1988；Goldstein et al.，1988）。

伴随着 InSAR 技术的逐步向前发展，国内外开拓研究和应用领域将该技术应用在开采沉陷（Perski，2000）、冰川位移（Kwok and Fahnestock，1996）、地震（单新建和叶洪，1998）、火山活动（Massonnet et al.，1995；Mouginis-Mark et al.，1996）、滑坡（Fruneau et al.，1996）等方面并且取得了不错的成果。

随着发射雷达卫星传感器的国家越来越多，丰富了 SAR 数据也推动了 InSAR 技术的迅速发展。合成孔径雷达差分干涉技术（DInSAR）就是伴随着 InSAR 技术的发展而出现的新技术。追溯到 1989 年，Gabriel 等应用 DInSAR 技术对美国加利福尼亚州东南部做地表形变监测研究并得到了形变量，结果论证了运用 DInSAR 技术可以测量出地表的微小形变（Gabriel et al.，1989）；1993 年，Massonnet 等（1993）应用 DInSAR 技术针对发生在加利福尼亚州 Landers 的地震地区做形变监测研究，其分析结果和实际测量数值做比较具有高度的相似性，他们将成果发表在 *Nature* 上引得研究地震方面的专家学者的广泛关注（Massonnet et al.，1993）。从此，DInSAR 技术走进了人们的视线并逐渐应用于监测地表形变的各个领域。DInSAR 技术早期主要针对冰川移动、火山地震造成的明显的地面沉降做监测和研究。随着研究领域的不断拓展和深入，其方向逐渐转向微小、长时段缓慢形变的地面沉降监测，如城市地表沉降、煤矿区开采面沉陷等（闫大鹏，2011）。在 1992 年，Zebker 等使用三轨法 DInSAR 技术进行 SAR 影像数据的处理并获取到了地震区的地表形变信息（Zebker et al.，1992）。1995 年，Massonnet 等运用干涉雷达技术对 Etna 火山做监测研究并证明了可以监测火山的活动规律（Massonnet et al.，1995）。1996 年，Came 等对矿区开采面利用差分干涉测量技术成功观测到采的地面沉降（Carnec et al.，2013）。1998 年，Perski 等对 Upper Silesia 矿区使用差分干涉测量技术监测开采造成的地表形变，获取到沉降区域边界的微小形变值、变化趋势及下沉速度（Perski，1998）。同年，Fielding 等对加利福尼亚 SanJoaquin 山谷的 Lost Hill 和 Belridge 油田使用差分干涉测量技术进行地面沉降和分析（Fielding et al.，1998）。1999 年，Wegmulluer 对意大利 Bologna 城使用差分干涉测量技术进行沉降监测，所得结果与常规测量结果对比具有一致性（Wegmuller et al.，1999）。2000 年，Wegmuller 等对德国 Ruhrgebiet 矿区使用差分干涉测量技术进行地表沉陷监测，分析结果表明，位于沉陷盆地中心的形变较大，真实的最大下沉值处理后无法获得，而位于边缘附近的结果较好（刘国祥等，2001）。同年，Benedicte 等对巴黎市地下水受过度抽取导致的地面沉降进行了成功的监测；Nakagawa 对日本 Kanto 北部地区的地下水受过度使用造成的地面沉降进行监测分析，与标杆上的垂直位移做对比发现，每对 InSAR 干涉对差分干涉测量的结果对比常规测量结果具有一致性（Nakagawa et al.，2000）。2003 年，Strozzi 等针对位移梯度较大的沉陷盆地区域使用差分干涉测量技术，在一定程度上能够解决位于沉陷中心区域的地表形变监测问题（Strozzi et al.，2003）。2004 年以来，澳大利亚的华裔葛林林等对 Sydney 西南部的采煤区使用差分干涉测量技术和多源 SAR 影像数据（ERS-1/2 和 JERS-1）做地表形变监测，实验证明了 L 波段数据做矿区地表形变监测更适合一些（Ge et al.，2005）。2005 年，Kim 等对沿海复垦区域利用差分干涉测量技术监测地表移动，结果证明了该技术应用于沉陷区域复垦方面的监测潜力（Kim et al.，2005）。

2. InSAR 技术应用于变形监测的现状

国内对 DInSAR 技术无论是研究还是应用上的起步时间都比国外要晚，但是短时间内的发展和研究成果还是很丰富的。从 20 世纪 90 年代末开始，我国的科研人员对 SAR 干涉测量和 SAR 差分干涉测量做了不少的研究和实验。主要的研究领域有火山地表形变监测、地震形变监测、地下水抽取导致城市地表沉降监测、山体滑坡监测及冰川移动监测等。1997年，王超（1997）等分别进行了 InSAR 和 DInSAR 方面的实验研究，其主要针对滑坡移动监测、地下水抽取造成的地表形变监测（王超和杨清友，1997）、地震形变监测（王超等，2002），以及冰川移动监测等领域的研究。王超、张红等利用差分干涉测量技术对三景 ERS-1/2 SAR 影像数据做处理、反演得到张北地震区域的同震形变场，并对其震源结构及机理也做了分析（张红等，2001，2000；王超等，2000）。2000 年，张景发等监测研究了西藏玛尼地震和张北同振形变场（张景发和刘钊，2002）；路旭等和 Delft University of Techology 开展合作，将使用 ERS-1/2 影像数据处理出来的地表沉陷结果对比常规水准测量数据，发现结果相近（路旭等，2002）。2007 年，罗小军等在上海陆家嘴地区利用三轨法 DInSAR 技术获得了该地区近两年期间的地表形变，该实验表明了 DInSAR 技术可以应用于监测城市地面沉降（罗小军等，2007）。2008 年，吴涛等监测到苏州 1993 年 2 月至 2000年 12 月的城市区域地表沉降，所得结果和水准测量数据比较相一致，该试验论证了利用多基线距 DInSAR 技术能够对城市地表的微小形变量监测（吴涛等，2008）。2011 年，黄其欢等对南京河西长江漫滩区利用短基线 DInSAR 技术获取到大面积的地表沉降，该试验的时间跨度大，论证了 DInSAR 技术监测地表缓慢沉降的可行性（黄其欢和徐佳，2011）。

3. InSAR 技术用于开采沉陷观测中的不足

为了克服 DInSAR 技术的缺点，以获得更为精确的沉陷信息，一些学者对高相干点目标采用最小二乘估计的方法，以计算出形变速度（Usai and Klees，1999；Usai，2003）。2002年，Berardino 等在最小二乘模型的基础上提出了短基线子集（small baseline subset，SBAS）方法（Berardino et al.，2002），该技术是基于传统 DInSAR 技术发展起来的，选取空间基线和时间基线都较小的 InSAR 干涉对，利用奇异值分解（singular value decomposition，SVD）方法将多个小基线集联合起来求解，既继承了传统 DInSAR 技术的优点，又能够有效解决不同 SAR 数据集之间空间基线过长造成的时间不连续问题，得到各个时间段高相干点的下沉值。随着 3D 相位解缠算法、各种相干点目标提取算法和各误差项去除算法的提出，以及时间序列形变模型的改善，SBAS 技术越来越完善，监测精度也随之提高（罗铖，2012；钮小坤，2013；刘志敏等，2014；尹洪杰等，2011；李国华和薛继，2013；谭志祥等，2008）。其缺点是计算效率相对低，适合小范围精密观测，仍然无法获得开采沉陷的主值。

4. 解决的方法

高强度的煤炭开采（大采高，浅埋深，快速推进）往往在短时间内造成巨大的地表破坏，过大的形变相位梯度导致干涉测量失败，单独采用 DInSAR 及其衍生技术都无法获得开采沉陷主值。鉴于此，在有限数据集的情况下，提出一种新的解决方案，即联合多时相 DInSAR、SBAS_InSAR 时序分析及 PIM 技术（probability integral method），整合理论计算与卫星观测结果，实现开采沉陷特征的动态模拟和模型重构。针对开采沉陷地表移动规律，从整体到局部，从宏观到微观开展研究。一方面，采用两种 DInSAR 干涉组合，进行多时相数据比较分析,获得多期大范围开采沉陷动态演化规律;另一方面,采用 SBAS_InSAR 进行典型工作面时间序列分析,求取部分地表移动参数,既能充分发挥 DInSAR 成熟稳定的技术优势,对全区采动损害程度进行快速评估,又能充分利用 SBAS_InSAR 提高时间采样率,从算法上抑制地形和大气延迟影响的技术特点,实现对典型工作面沉陷规律的准确分析。

1.2.4 高强度开采矿区生态环境演变预警与调控

1. 矿区地表破坏及生态环境演变机理

探讨沉陷区地表生态环境损害评价方法及预警理论,能在地表破坏及生态环境演变及灾害孕育阶段提前发出信号,提示决策人员采取预控对策,从而避免或减少地下开采对地表生态环境的影响和破坏。煤炭资源开采诱发的生态环境问题,需要建立一套相互联系、具有层次性和结构性的指标体系,对矿区生态环境的影响进行科学评价及预警。随着矿山开采的持续进行,各生态环境因子受破坏程度日趋剧烈。为减轻和控制地下开采对地表生态环境的影响或损害,各国学者在开采沉陷预测理论、水体下采矿理论和技术、地下开采后土地复垦、生态重建等方面取得了大量的研究成果。波兰学者李特维尼申(J. Litwiniszyn)的随机介质理论、我国学者刘宝琛院士的概率积分法、何国清教授的碎块体理论、邓喀中教授的动态力学模型等,为煤矿区开采沉陷及损害评价的计算提供了理论方法(Belousova,2000;Singh S. N. and Singh S. K.,2010;邹友峰和柴华彬,2006;郭文兵和柴华彬,2008)。

2. 矿区生态环境的采动损害评价

根据采动破坏特点,有学者分析了矿区生态环境的采动要素构成及各生态环境要素的采动损害情况,确定了各要素采动损害定量评价指标,实现了对采动损害状况进行定量评价(连达军等,2009)。通过对煤矿区水环境等矿区生态质量等进行系统研究,选用灰色模型对矿区生态环境质量进行预测(索永录等,2010;石青等,2007)。对土地环境要素、水环境要素及矸石环境要素提出了具体的评估方法,进行了矿井经济环境价值的综合评价(孙静芹和朱文双,2010)。根据榆神府矿区生态环境的特点,建立了水环境评价模型,对榆神府矿区地下水环境进行了分析和评价(董东林等,2006)。部分学者基于场论和 GIS 技术,从分析煤矿区生态环境破坏机制入手,提出了煤矿区生态环境破坏指数及其相应的计算公式,分析了矿区生态环境的采动累积效应,对我国煤矿区生态环境破环程度进行了评价(邹长新等,2011;刘少军等,2005)。

由于高强度地下开采引起的矿区地表破坏与生态环境演变问题涉及的学科、因素较多,诸因素之间的关系复杂,目前没有有效的矿区地表破坏与生态环境演变预警系统(陶志刚等,2011;乔丽,2011)。预警理论在煤炭行业的应用始于煤矿安全预警,而在矿区地表生态环境方面的预警鲜有报道(郝全明等,2010)。由于矿区地表生态环境各影响因素的复杂性、模糊性,地质采矿条件的多变性等,有关矿区地表生态环境环境预警的理论和方法尚不够成熟,需要建立一套完善的预警机制。此外,对煤矿区地表生态环境的研究,一般多是针对矿区的历史和现状环境问题进行定性或定量的评价工作,对生态环境预测和预警研究较少。因此,针对地下煤炭开采活动给我国煤炭开采区生态环境造成的严重破坏,对矿区未来的生态环境质量进行预警具有十分重要的意义。

1.3 研究目标与内容

1.3.1 研究目标

总体目标是揭示高强度开采矿区地表破坏特征与生态环境响应特征，给出高强度开采条件下生态环境演变机理及影响规律，构建生态环境演变与煤炭开采的时空关系模型，建立矿区生态环境演变预警机制，有针对性地提出矿区高强度开采地表生态环境演变调控技术和生态恢复与重建途径，为高强度开采矿区生态环境保护提供理论支持。

（1）揭示高强度开采条件下顶板运动及上覆岩层破坏机理、地表破坏特征及规律，阐明高强度开采工作面顶板运动、覆岩破坏与地表破坏三者之间的耦合关系，给出高强度开采地表破坏特征及其分类。

（2）探讨高强度开采矿区地表破坏与生态环境响应特征，阐明高强度开采条件下矿区植被对土壤破坏、水分胁迫的响应特征，揭示高强度开采条件下矿区植被退化机理。

（3）阐明高强度开采矿区植被退化及其对地表破坏、土壤破坏与水资源胁迫的时空响应特征，揭示高强度开采地表生态环境演变机理及其与煤炭开采的时空演变规律，构建时空关系模型。

（4）建立矿区生态环境损害预警的理论框架、预警模型和对策库，构建高强度开采矿区生态环境演变预警体系。

（5）探索减缓矿区生态环境演变调控技术，建立矿区生态环境演变调控技术体系，提出有效的矿区生态恢复与重建技术措施及其实现途径。

1.3.2 研究内容

本书以神府东胜生态脆弱区为典型研究区，利用野外样地调查、多时段遥感解译等方法，并借助"3S"技术及三维激光扫描技术，系统研究高强度开采矿区地表破坏特征与生态环境响应特征，辨识受损生态环境的控制因子与表征因子，并从覆岩破坏与地表移动、土壤破坏、水分胁迫、植被退化多角度深入探讨高强度开采矿区生态环境影响机理。在此基础上，研究不同开采条件下生态环境演变规律，构建生态环境演变与煤炭开采的时空关系模型，探索高强度开采影响下矿区生态环境演变预警机制，提出有针对性的矿区生态环境演变调控理论和生态恢复与重建途径。具体包括以下 4 方面研究内容。

1. 高强度开采矿区覆岩与地表破坏机理及特征

1）高强度开采条件下顶板运动及上覆岩层破坏机理

针对西部地区特有的煤层赋存的地质条件和高强度开采特点，对工作面围岩条件、覆岩结构、矿压规律进行综合分析，研究不同开采条件影响下顶板移动与覆岩破坏之间的相互作用模式，从而揭示高强度开采条件下上覆岩层的破坏机理。

2）研究高强度开采条件下地表破坏特征及规律

针对西部地区特有的地层地貌，研究高强度开采条件下地表破坏的时空特征及其规律，给出高强度开采不同地质采矿条件下地表破坏类型的分类。

3）高强度开采工作面顶板运动、覆岩破坏与地表破坏三者之间的耦合关系

在上述研究的基础上，揭示高强度开采条件下覆岩破坏、地表破坏与工作面顶板运动之间的内在联系，建立高强度开采工作面顶板运动、覆岩破坏、地表破坏三者之间的耦合关系模型。

4）高强度开采条件下地表非连续破坏预测模型

针对西部地区高强度开采条件下地表破坏呈现出非连续、大变形的特点，给出地表不同破坏类型与开采条件之间的定量关系，构建高强度开采条件下地表非连续性破坏预测模型，并用等效参数反映高强度开采条件下地表非连续、大变形的宏观特征，建立适合于西部地区高强度开采的地表非连续性破坏预测体系。

2. 高强度开采矿区生态环境响应特征与生态环境影响机理

1）高强度开采矿区地表破坏与生态环境响应特征

利用永久散射体干涉合成孔径雷达干涉测量技术PSInSAR划分高强度开采的直接影响区、间接影响区及非影响区，根据其地表破坏特征，确定不同开采条件下地表破坏的控制因子。收集整理历史数据与图件资料，利用野外样地调查、多时段基础图件分析、遥感影像解译等方法，系统研究高强度开采矿区地表生态环境响应特征、土地利用变化及植被退化响应特征，辨识受损生态环境的控制因子与生态环境响应特征的表征因子。

2）高强度开采条件下矿区植被退化机理

高强度开采条件下矿区土壤破坏机理：通过取样和室内检测分析，研究不同开采条件下土壤结构变化、土壤渗透性、土壤持水量、土壤肥力变化特征，探讨高强度开采覆岩破坏与地表移动对矿区土壤理化特性的影响机理。

高强度开采条件下水资源胁迫效应：通过野外降水径流和入渗观测，研究矿区地表降水分配特征；利用不同开采条件下矿区地下水水位观测，研究区域地下水响应变化，阐明高强度开采条件下水资源胁迫效应。

植被对土壤破坏、水分胁迫的响应特征：通过测定矿区植被覆盖度、生产力，并利用样方调查，研究矿区典型植物群落的生物多样性，结合土壤理化特性、土壤含水量及地下水位变化特征，阐明矿区植被对不同开采条件下土壤破坏、水分胁迫的响应特征。

3）高强度开采矿区地表生态环境影响机理

从覆岩破坏与地表移动、地表非连续破坏特征、土壤破坏、水资源胁迫、植被退化等多方面，探讨高强度开采矿区地表生态环境影响机理。

3. 矿区生态环境演变与煤炭开采时空演变规律

1）矿区地表非连续破坏的时空变化规律

以高强度开采条件下地表非连续破坏预测模型为基础，借鉴国内外煤层地下开采与动态地表沉陷时空关系的研究成果，结合高强度开采矿区的地质特点，利用多时段高分辨率DEM遥感影像，探讨不同开采背景下地表非连续破坏的时空变化规律。

2）高强度开采植被退化的时空变化规律

土壤破坏的时空变化：基于不同开采条件下的地表破坏单元，利用多时相、多波段、多种分辨率的遥感地物反射波谱特征信息协同处理，分析高强度开采的直接影响区、间接影响区及非影响区土壤结构变化、土壤渗透性、土壤持水量、土壤肥力变化规律，揭示矿区土壤破坏的时空变化。

水资源时空变化：基于不同开采条件下的地表破坏单元，借助历史水文资料与水环境现状调查，分析不同影响区降水分配与地下水动态，揭示矿区水资源时空变化。

植被退化及其对土壤破坏与水资源胁迫的时空响应：基于不同开采条件下的地表破坏单元，利用植被多时相光学遥感数据与样方调查，分析不同影响区植被盖度、多样性及净初级生产力（NPP），揭示矿区植被演替过程，探讨土壤破坏及水资源胁迫效应时空变化对植被演替的影响。

3）矿区生态环境演变与煤炭开采的时空关系模型

综合上述研究结果，系统构建不同开采条件下地表破坏及植被退化的响应模型。在此基础上，以不同开采条件下矿区地表破坏与生态环境影响机理为基础，阐明不同开采条件（如开采方法、开采厚度、推进速度、工作面布置、不同地貌等）地表破坏与生态环境演变规律，构建高强度开采地表生态环境演变与煤炭开采的时空关系模型。

4. 高强度开采矿区生态环境演变预警与调控基础理论

以高强度开采矿区地表破坏特征与生态环境响应特征、矿区地表破坏与生态环境影响机理、矿区生态环境演变与煤炭开采时空演变规律研究为基础，探索构建高强度开采影响下矿区生态环境动态预警体系。

1）矿区生态环境损害预警机制、预警指标体系

以不同开采背景下地表破坏特征及控制因子为基础，研究矿区地表生态环境损害预警的理论框架，提出高强度开采影响下矿区地表生态环境损害预警系统的组成、目标，建立地表生态环境损害预警机制；结合研究区实测资料，利用因子分析法，借助 SPSS 软件，确定出各主要因子的动态预警阈值，分级设立预警指标，建立地表生态环境损害预警指标体系。

2）矿区生态环境损害预警理论模型

在建立高强度开采矿区地表生态环境损害预警指标体系的基础上，以生态环境演变与煤炭开采的时空关系模型为核心，建立生态环境损害预警模型；通过专家调研及样本数据的收集，建立地表生态环境损害的对策库。构建高强度开采矿区生态环境演变预警体系。

3）矿区生态环境演变调控技术与生态恢复

在上述研究的基础上，以不同开采条件下矿区地表破坏与生态环境演变机理为基础，基于高强度地下开采与生态环境损害的作用关系，探索减缓矿区生态环境演变的地下开采技术，建立矿区生态环境演变调控技术体系。结合西北地区地貌、气候、植被等自然地理特征，针对高强度开采对地表生态环境影响的特殊性，提出有针对性的矿区生态环境演变调控技术和生态恢复与重建途径。

1.4 研究方法与技术路线

1.4.1 研究方法

1. 高强度开采矿区覆岩与地表破坏机理及特征

1）高强度开采条件下顶板运动及上覆岩层破坏机理

覆岩的移动和破坏：应用钻孔伸长仪、钻孔倾斜仪、空腔激光自动扫描系统（cavity-auto

scanning laser system，C-ALS）等设备，对不同开采条件下（如不同采厚、推进速度等）采动覆岩的冒落带、裂缝带、覆岩离层等空间的大小、形态及其分布进行研究，结合室内物理模拟实验、数值模拟、地质采矿资料综合分析，研究采动覆岩的冒落带、裂缝带、覆岩离层等空间的大小、形态及其分布规律。

2）研究高强度开采条件下地表破坏特征及规律

采用三维激光扫描技术、GNSS 技术和 RS 技术等，对高强度开采矿区地表生态环境演变的空间位置、种类进行监测，结合数值模拟和相似材料实验，研究地表破坏（沉陷和裂缝）的破坏规律。

3）高强度开采工作面顶板运动、覆岩破坏与地表破坏三者之间的耦合关系

采用顶板矿山压力监测系统监测高强度开采工作面的矿压显现特征、周期来压步距，研究采场支架受力、运行状态、顶板来压情况等。结合岩层与地表观测资料，以及室内相似材料模拟实验，进行对比分析，建立覆岩与地表破坏特征及其工作面顶板运动之间的影响关系。

2. 高强度开采矿区生态环境响应特征与生态环境影响机理

1）高强度开采矿区地表破坏与生态环境响应特征

结合野外样地调查、多时段基础图件分析，按照不同的开采背景，利用永久散射体合成孔径雷达干涉测量新技术（PS InSAR）划分高强度开采的直接影响区、间接影响区及非影响区，并采用三维激光扫描技术、GNSS 技术和 RS 技术等技术手段，分析不同开采背景下的地表破坏特征。通过对强度开采矿区地表生态环境演变的空间位置、种类演变的分析，系统研究高强度开采矿区地表破坏特征（沉陷和裂缝）与生态环境响应特征。

2）高强度开采条件下矿区植被退化机理

高采矿区土壤破坏与水土流失测定：根据高强度开采的直接影响区、间接影响区及非影响区，分区采集土壤样品，通过取样和室内检测分析测定：采用环刀法测定土壤容重；土壤有机质采用-重铬酸钾-比色法；土壤全氮采用开氏消煮法-流动分析仪法；土壤全磷采用硫酸-高氯酸氧化法-流动分析仪法；土壤速效磷采用碳酸氢钠法-比色法；土壤速效钾采用醋酸铵法-火焰光度计法。分析高强度开采覆岩破坏与地表移动对矿区土壤理化特性的影响机理。

植被破坏、水分胁迫的响应特征：针对西部高强度开采矿区植被种类与覆盖状态，通过对多时相光学遥感数据进行几何校正、大气校正、辐射校正、波段运算等，解译和反演采动胁迫因素下矿区归一化植被指数（normalized different vegetation index，NDVI）、植被覆盖度指数、归一化差值水分指数（normalized different water index，NDWI）、归一化多波段干旱指数（normalized multi-band drought index，NMDI）。采用基于离散傅里叶变换的时序分析，获得多指数时空变化模型。利用遥感光能利用模型，研究扰动区域植被净初级生产力（NPP）；通过测定矿区植被覆盖度、生产力，并利用样方调查，研究矿区典型植物群落的生物多样性，结合土壤理化特性、土壤含水量及地下水位变化特征，阐明矿区植被对不同开采条件下土壤破坏、水分胁迫的响应特征。

3）高强度开采矿区地表生态环境影响机理

构建植被生态环境演变灾害链"高强度开采→顶板压力与破断→覆岩移动和破坏→大

变形及非连续地表移动→温度、湿度反演的土壤理化性状变化→植被综合指数变化→植被生产力变化",界定生态环境变化指标因子。综合现场调查、遥感物理反演、连续监测植被长势与健康的综合指数,建立影响区内外植被生产力变化预测模型,获取采矿活动对地表植物生态群落影响的时间延续性、空间相关性,揭示高强度开采影响区植被生态环境演变机理。

3. 矿区生态环境演变与煤炭开采时空演变规律

1）矿区地表非连续破坏的时空变化规律

采用 SAR 干涉测量（InSAR）提取地形相位特征,建立矿区高精度 DEM;采用 InSAR 与 GPS 结合估算对流层延迟技术、基于永久散射体干涉测量技术（PS InSAR）,提取高精度相位变化特征,获得开采扰动诱发的地面塌陷、地裂缝、地面沉降等形变灾害特征信息。

2）高强度开采影响植被退化的时空变化规律

基于不同开采背景下的地表破坏单元,利用多时相、多波段、多种分辨率的遥感地物反射波谱特征信息协同处理,分析高强度开采的直接影响区、间接影响区及非影响区土壤结构变化、土壤渗透性、土壤持水量、土壤肥力变化规律,揭示矿区土壤破坏的时空变化。借助历史水文资料与水环境现状调查,分析不同影响区降水分配与地下水动态,揭示矿区水资源时空变化。利用植被多时相光学遥感数据与样方调查,分析不同影响区植被盖度、多样性及净初级生产力,揭示矿区植被演替过程,探讨土壤破坏及水资源胁迫效应时空变化对植被演替的影响。

3）矿区生态环境演变与煤炭开采的时空关系模型

研究西部高强度开采突发性地质环境变化引起的持久性地表生态环境演变时空关系,确立一因多果、相互耦合的灾害系统。分析主要灾害链,提炼主要影响因子,确定关键调控因子,建立灾害触发时空响应机制。通过对长时间序列的矿区生态环境演变的发生、发展及多空间尺度的动态监测,建立矿区高强度煤炭开采影响下生态环境演变与煤炭开采的时空关系模型。

4. 研究高强度开采影响下矿区生态环境演变预警与调控基础理论

1）矿区生态环境评价指标体系

根据提取的研究区多时相生态环境要素变化信息,结合开采沉陷与工程地质知识,分析地表沉降、地面塌陷、水平移动、地裂缝等地表环境要素变化的演变规律,以及对矿区水域、植被、耕地等的影响规律,确定各要素采动损害定量评价指标,建立高强度煤炭资源开采诱发的生态环境问题的评价指标体系。

2）矿区生态环境损害预警机制与预警模型

以系统工程理论为指导,提出预警系统的组成、目标。在协同处理确定出的生态环境要素的基础上,结合收集的研究区生态环境要素变化历史资料,利用因子分析法,借助 SPSS 软件,找出影响生态环境要素变化的主要因子。利用专家调研法,确定出各主要因子的警限（四级）,给出每个级别的上下限值。在实验室模拟的基础上,构建出基于可拓理论物元模型的动态综合预警模型及预警系统的运行控制机制,并在高强度开采矿区进行验证/修正,完善预警模型。

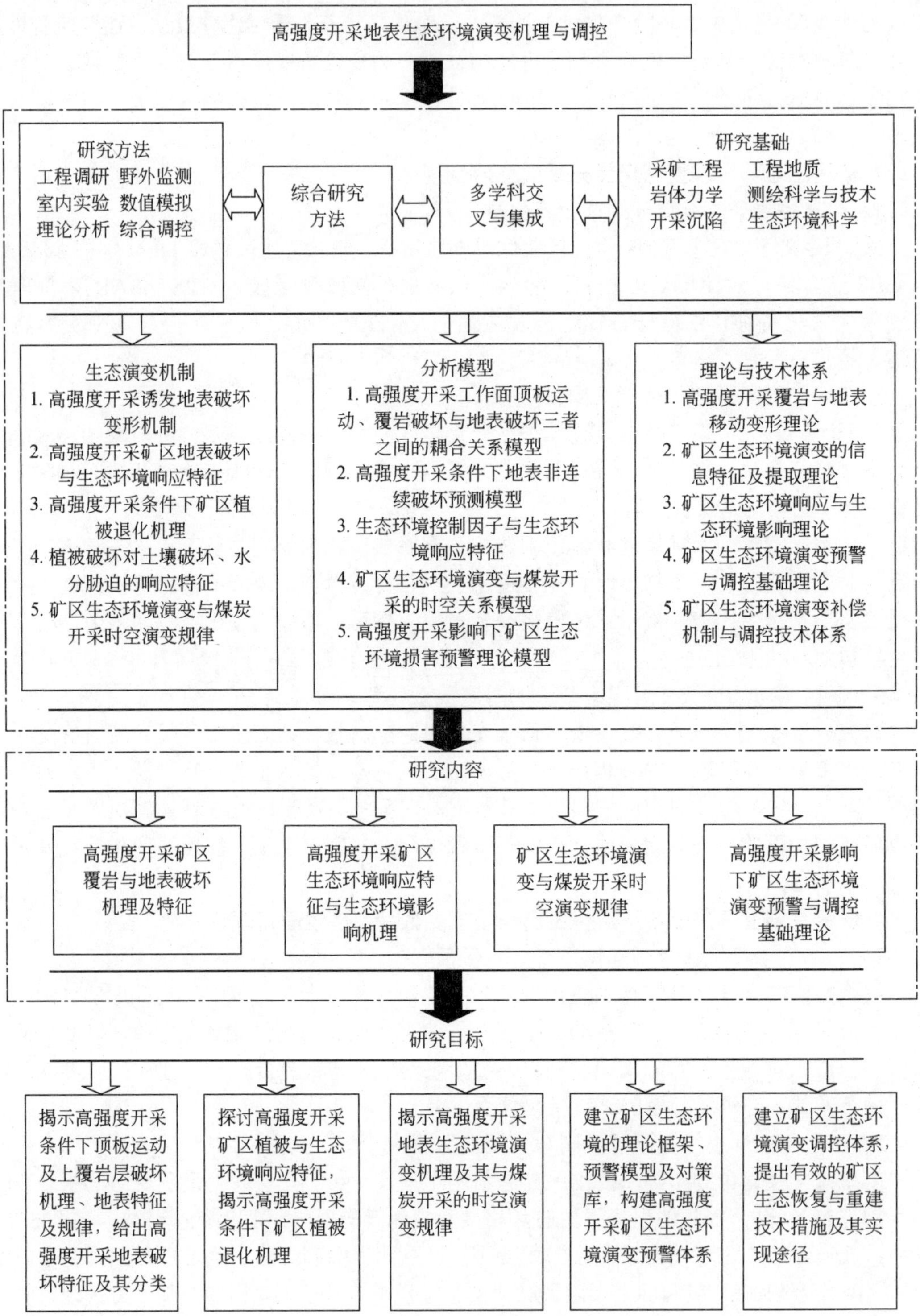

高强度开采地表生态环境演变机理与调控

研究方法
工程调研　野外监测
室内实验　数值模拟
理论分析　综合调控

综合研究方法

多学科交叉与集成

研究基础
采矿工程　　工程地质
岩体力学　　测绘科学与技术
开采沉陷　　生态环境科学

生态演变机制
1. 高强度开采诱发地表破坏变形机制
2. 高强度开采矿区地表破坏与生态环境响应特征
3. 高强度开采条件下矿区植被退化机理
4. 植被破坏对土壤破坏、水分胁迫的响应特征
5. 矿区生态环境演变与煤炭开采时空演变规律

分析模型
1. 高强度开采工作面顶板运动、覆岩破坏与地表破坏三者之间的耦合关系模型
2. 高强度开采条件下地表非连续破坏预测模型
3. 生态环境控制因子与生态环境响应特征
4. 矿区生态环境演变与煤炭开采的时空关系模型
5. 高强度开采影响下矿区生态环境损害预警理论模型

理论与技术体系
1. 高强度开采覆岩与地表移动变形理论
2. 矿区生态环境演变的信息特征及提取理论
3. 矿区生态环境响应与生态环境影响理论
4. 矿区生态环境演变预警与调控基础理论
5. 矿区生态环境演变补偿机制与调控技术体系

研究内容

高强度开采矿区覆岩与地表破坏机理及特征

高强度开采矿区生态环境响应特征与生态环境影响机理

矿区生态环境演变与煤炭开采时空演变规律

高强度开采影响下矿区生态环境演变预警与调控基础理论

研究目标

揭示高强度开采条件下顶板运动及上覆岩层破坏机理、地表特征及规律，给出高强度开采地表破坏特征及其分类

探讨高强度开采矿区植被与生态环境响应特征，揭示高强度开采条件下矿区植被退化机理

揭示高强度开采地表生态环境演变机理及其与煤炭开采的时空演变规律

建立矿区生态环境的理论框架、预警模型及对策库，构建高强度开采矿区生态环境演变预警体系

建立矿区生态环境演变调控体系，提出有效的矿区生态恢复与重建技术措施及其实现途径

图 1-1　主要技术路线框图

3）矿区生态环境恢复补偿

基于遥感时间序列数据集、DEM、气候信息等辅助数据，应用 GIS 技术获取矿区生态环境演变的空间分布特征。使用相关分析方法、多元回归分析方法、转移概率矩阵分析方法和时间序列法进行矿区生态环境演变要素分析。获得影响煤炭资源高强度开采生态环境补偿的主要因素，确定煤矿区生态环境恢复补偿范围、补偿途径与方式。

4）矿区生态环境演变调控技术与生态恢复

针对西北地区高强度开采对地面生态环境影响的特点，采用模拟实验方法研究减轻高强度开采损害的地下采矿方法，提出高强度开采矿区地表生态重建技术措施，建立并完善矿区生态环境演变的控制理论和技术体系。应用采矿学、开采沉陷学、景观生态学等理论，研究沉陷区景观生态恢复和重建造技术。进行现场试验，将上述研究成果在高强度开采矿区进行试验研究。

1.4.2　技术路线

高强度开采地表破坏及生态环境演变与调控基础研究课题，在充分调研国内外相关文献资料的基础上，对高强度地下开采对矿区地表非连续破坏及生态环境的影响进行动态跟踪监测，揭示高强度开采条件下生态环境演化的时空规律，研究高强度开采条件下覆岩与地表破坏特征及地表生态环境演变机理；在此基础上，研究高强度开采影响下矿区地表破坏及生态环境损害预警演变调控技术基础。主要技术路线如图 1-1 所示。

参 考 文 献

白二虎，郭文兵，谭毅，等. 2018. 厚煤层高强度开采对地表响应的特征与机理. 安全与环境学报，18（2）：503-508.

白中科，段永红，杨红云，等. 2006. 采煤沉陷对土壤侵蚀与土地利用的影响预测. 农业工程学报，22（6）：67-70.

卞正富，雷少刚，常鲁群，等. 2009. 基于遥感影像的荒漠化矿区土壤含水率的影响因素分析. 煤炭学报，34（4）：520-525.

陈士超，左合君，胡春元，等. 2009. 神东矿区活鸡兔采煤塌陷区土壤肥力特征研究. 内蒙古大学学报，30（2）：115-120.

戴华阳，王金庄，胡友健. 1999. 层间弱面引起地表非连续变形的机理分析. 矿山测量，（2）：29-31.

戴华阳. 1995. 地表非连续变形机理与计算方法研究. 煤炭学报，20（6）：614-618.

丁玉龙，周跃进，徐平，等. 2013. 充填开采控制地表裂缝保护四合木的机理分析. 采矿与安全工程学报，30（6）：868-873.

董东林，武强，钱增江，等. 2006. 榆神府矿区水环境评价模型. 煤炭学报，31（6）：777-781.

高玉斌，李永学. 2008. 寺河矿 6.2m 大采高综采工作面设备选型研究与实践. 煤炭工程，55（5）：5-7.

郭惟嘉，孙熙震，穆玉娥，等. 2013. 重复采动地表非连续变形规律与机理研究. 煤炭科学技术，41（2）：1-4.

郭文兵，王云广. 2017. 基于绿色开采的高强度开采定义及其指标体系研究. 采矿与安全工程学报，34（4）：616-623.

郭文兵, 柴华彬. 2008. 煤矿开采损害与保护. 北京: 煤炭工业出版社.

郭文兵, 黄成飞, 陈俊杰. 2010. 厚湿陷黄土层下综放开采动态地表移动特征. 煤炭学报, 35 (S1): 38-43.

郝成元, 杨志茹. 2011. 基于 MODIS 数据的潞安矿区 NPP 时空格局. 煤炭学报, 36 (11): 1840-1844.

郝全明, 罗业民, 李亮盼. 2010. 矿区资源-经济-环境复合系统可持续发展预警模型. 金属矿山, 149-151.

侯湖平. 2010. 基于遥感的煤矿区植被净初级生产力变化的监测与评价. 北京: 中国矿业大学博士学位论文.

胡国伟. 2006. 大采高综采工作面矿压显现特征及控制研究. 太原: 太原理工大学硕士学位论文.

胡青峰, 崔希民, 袁德宝, 等. 2012. 厚煤层开采地表裂缝形成机理与危害性分析. 采矿与安全工程学报, 29 (6): 864-869.

黄其欢, 徐佳. 2011. 短基线 DInSAR 法长江漫滩区大面积沉降监测研究. 山东科技大学学报 (自然科学版), 30 (1): 7-10.

黄翌, 汪云甲, 王猛, 等. 2014. 黄土高原山地采煤沉陷对土壤侵蚀的影响. 农业工程学报, 30 (1): 228-235.

贾喜荣, 李海, 王青平, 等. 1999. 薄板矿压理论在放顶煤工作面中的应用. 太原理工大学学报, 43 (2): 71-75.

贾喜荣, 翟英达. 1999. 采场薄板矿压理论与实践综述. 矿山压力与顶板管理, S1: 22-25+238.

靳钟铭. 1986. 坚硬顶板长壁采场的悬梁结构及其控制. 煤炭学报, 23 (2): 71-79.

李国华, 薛继. 2013. 群基于短基线集技术的矿区开采沉陷监测研究. 测绘与空间地理信息, 36 (3): 191-196.

李亮, 吴侃, 陈冉丽, 等. 2010. 小波分析在开采沉陷区地表裂缝信息提取的应用. 测绘科学, 35 (1): 165-166.

连达军, 汪云甲, 张华. 2009. 矿区生态环境要素的采动损害定量评价方法研究. 有色金属, 61 (5): 10-15.

刘国祥, 丁晓利, 陈永奇, 等. 2001. 使用卫星雷达差分干涉技术测量香港赤腊角机场沉降场. 科学通报, 46 (14): 1224-1228.

刘辉, 何春桂, 邓喀中, 等. 2013. 开采引起地表塌陷型裂缝的形成机理分析. 采矿与安全工程学报, 30 (3): 380-384.

刘少军, 何政伟, 黄润秋, 等. 2005. 区域开发环境评价中人工智能扩展 GIS 在累积过程分析中的应用. 地球科学与环境学报, 27 (1): 76-79.

刘志敏, 李永生, 张景发, 等. 2014. 基于 SBAS_InSAR 的长治矿区地表形变监测. 国土资源遥感, 26 (3): 37-42.

路旭, 匡绍君, 贾有良, 等. 2002. 用 INSAR 作地面沉降监测的试验研究. 大地测量与地球动力学, 22 (4): 66-70.

罗铖. 2012. 基于 SBAS_InSAR 的西安地表沉降监测. 西安: 长安大学博士学位论文.

罗小军, 刘国祥, 黄丁发. 2007. 三通差分干涉测量探测城市地面形变的研究. 大地测量与地球动力学, 27 (4): 16-20.

马超, 张晓克, 郭增长, 等. 2013. 半干旱山区采矿扰动植被指数时空变化规律. 环境科学研究, 26 (7): 750-758.

钮小坤. 2013. 基于 SBAS 技术在北京地区的地面沉降监测与分析. 北京: 首都师范大学硕士学位论文.

钱鸣高, 石平五. 2003. 矿山压力与岩层控制. 北京: 中国矿业大学出版社, 66-70+188-191.

乔丽. 2011. 矿区生态文明评价及预警模型研究. 再生资源与循环经济, 4 (4): 34-40.

全占军, 程宏, 于云江, 等. 2006. 煤矿井田区地表沉陷对植被景观的影响: 以山西省晋城市东大煤矿为例. 植物生态学报, 30 (3): 414-420.

单新建，叶洪. 1998. 干涉测量合成孔径雷达技术原理及其在测量地震形变场中的应用. 地震学报，（06）：
　88-96.

石青，陆兆华，梁震，等. 2007. 神东矿区生态环境脆弱性评估. 中国水土保持，（8）：24-26.

苏清政. 2007. 国产首套 6.2m 大采高综采支架应用实践. 煤炭工程，54（5）：99-101.

孙静芹，朱文双. 2010. 现代矿区生态环境质量评价指标体系的构建. 矿产保护与利用，（3）：45-47.

索永录，姬红英，辛亚军，等. 2010. 采煤引起的矿区生态环境影响评价指标体系探析. 煤矿安全，（5）：
　120-122.

台晓丽，胡振琪，陈超. 2016. 西部风沙区不同采煤沉陷区位土壤水分中子仪监测. 农业工程学报，32（15）：
　225-231.

谭志祥，王宗胜，李运江，等. 2008. 高强度综放开采地表沉陷规律实测研究. 采矿与安全工程学报，
　25（1）：59-62.

陶志刚，张斌，何满潮. 2011. 罗山矿区滑坡灾害发生机制与监测预警技术研究. 岩石力学与工程学报，
　30（1）：2931-2936.

汪炜，汪云甲，张业，等. 2011. 基于 GIS 和 RS 的矿区土壤侵蚀动态研究. 煤炭工程，58（11）：120-122.

王超，刘智，张红，等. 2000. 张北-尚义地震同震形变场雷达差分干涉测量. 科学通报，45（23）：2550-2554.

王超，杨清友. 1997. 干涉雷达在地学研究中的应用. 遥感技术与应用，12（04）：37-46.

王超，张红，刘智，等. 2002. 苏州地区地面沉降的星载合成孔径雷达差分干涉测量监测. 自然科学进展，
　12（06）：63-66.

王超. 1997. 利用航天飞机成象雷达干涉数据提取数字高程模型. 遥感学报，1（01）：46-49.

王健，高永，魏江生，等. 2006. 采煤塌陷对风沙区土壤理化性质影响的研究. 水土保持学报，20（5）：52-55.

王力，卫三平，王全九. 2008. 榆神府煤田开采对地下水和植被的影响. 煤炭学报，33（12）：1408-1414.

魏江生，贺晓，胡春元，等. 2006. 干旱半干旱地区采煤塌陷对沙质土壤水分特性的影响. 干旱区资源与环
　境，20（5）：84-88.

吴洪词，张小彬，包太，等. 2001. 采动覆岩活动规律的非连续变形分析动态模拟. 煤炭学报，26（5）：486-492.

吴侃，李亮，敖建锋，等. 2010. 开采沉陷引起地表土体裂缝极限深度探讨. 煤炭科学技术，38（6）：103-108.

吴涛，张红，王超，等. 2008. 多基线距 DInSAR 技术反演城市地表缓慢形变. 科学通报，（15）：1849-1857.

闫大鹏. 2011. 基于 D-InSAR 技术监测云驾岭煤矿区开采沉陷的应用研究. 北京：中国地质大学（北京）
　博士学位论文.

杨选民，丁长印. 2000. 神府东胜矿区生态环境问题及对策. 煤矿环境保护，14（1）：69-72.

姚娟，徐工. 2009. 开采引起的地表裂缝规律研究. 山东理工大学学报（自然科学版），23（6）：105-108.

叶瑶，全占军，肖能文，等. 2015. 采煤塌陷对地表植物群落特征的影响. 环境科学研究，28（5）：736-744.

尹洪杰，朱建军，李志伟，等. 2011. 基于 SBAS 的矿区形变监测研究. 测绘学报，40（1）：52-58.

尤扬，刘钦甫，蔡将军. 2009. 基于 GIS 和遥感的山西保德矿区土壤侵蚀研究. 河北工程大学学报：自然
　科学版，26（1）：81-84.

臧荫桐，汪季，丁国栋，等. 2010. 采煤沉陷后风沙土理化性质变化及其评价研究. 土壤学报，47（2）：262-269.

张红，王超，刘智. 2000. 获取张北地震同震形变场的差分干涉测量技术. 中国图象图形学报，5（06）：52-55.

张红，王超，汤益先，等. 2001. 基于 SAR 差分干涉测量的张北-尚义地震震源参数反演. 科学通报，46（21）：
　1837-1841.

张景发, 刘钊. 2002. InSAR 技术在西藏玛尼强震区的应用. 清华大学学报自然科学版, 42 (6): 847-850.

张欣, 王健, 刘彩云. 2009. 采煤塌陷对土壤水分损失影响及其机理研究. 安徽农业科学, 37 (11): 5058-5062.

赵国平, 封斌, 徐连秀, 等. 2010. 半干旱风沙区采煤塌陷对植被群落变化影响研究. 西北林学院学报, 25 (1): 52-56.

赵红梅, 张发旺, 宋亚新, 等. 2010. 大柳塔采煤塌陷区土壤含水量的空间变异特征分析. 地球信息科学学报, 12 (6): 753-760.

郑志刚, 易四海, 滕永海, 等. 2013. 厚黄土层下综放开采地表移动观测与数值模拟分析. 煤矿开采, 18 (5): 73-75.

郑志刚. 2014. 厚黄土层薄基岩综放开采地表移动规律研究. 煤炭技术, 33 (4): 132-134.

周伟, 白中科, 袁春, 等. 2007. 东露天煤矿区采矿对土地利用和土壤侵蚀的影响预测. 农业工程学报, 23 (3): 55-60.

邹长新, 沈渭寿, 刘发民. 2011. 矿山生态环境质量评价指标体系初探. 中国矿业, 20 (8): 56-60.

邹慧, 毕银丽, 朱郴韦, 等. 2014. 采煤沉陷对沙地土壤水分分布的影响. 中国矿业大学学报, 43 (03): 496-501.

邹友峰, 柴华彬. 2006. 我国条带煤柱稳定性研究现状及存在问题. 采矿与安全工程学报, 23 (2): 141-145.

Belousova A P. 2000. A concept of forming a structure of ecological indicators and indexes far regions sustainable development. Environmental Geology, (11): 1227-1236.

Berardino P, Fornaro G, Lnanri R, et al. 2002. A new algorithm for surface deformation monitoring based on small baseline differential SAR interferograms. IEEE Transactions on Geoscience and Remote Sensing, 40 (11): 2375-2383.

Carnec C, Massonnet D, King C. 2013. Two examples of the use of SAR interferometry on displacement fields of small spatial extent. Geophysical Research Letters, 23 (24): 3579-3582.

Das S K. 2000. Observations and classification of roof strata behavior over long wall coal mining panels in India. International Journal of Rock Mechanics and Mining sciences, 37: 85-597.

Fielding E J, Blom R G, Goldstein R M. 1998. Rapid subsidence over oil fields measured by SAR interferometry. Geophysical Research Letters, 25 (17): 3215-3218.

Fruneau B, Achache J, Delacourt C. 1996. Observation and modelling of the Saint-ktienne-de-Tin& landslide using SAR interferometry. Tectonophysics, 265 (3-4): 181-190.

Gabriel A K, Goldstein R M. 1988. crossed orbit interferometry: theory and experimental results from sir-b. International Journal of Remote Sensing, 9 (5): 857-872.

Gabriel A K, Goldstein R M, Zebker H A. 1989. Mapping small elevation changes over large areas. Differential Radar Interferometry, 94 (B7): 9183-9191.

Ge L, Chang H, Rizos C, et al. 2005. Mine subsidence monitoring: A comparison among Envisat. ERS and JERS-1: 953-958.

Goldstein R M, Zebker H A, Werner C L. 1988. Satellite radar interferometry: Two-dimensional phase unwrapping. Radio Science, 23 (4): 713-720.

Guo W B, Bai E, Tan Y, et al. 2017. Surface movement characteristics caused by fully-mechanized top coal caving mining under thick collapsible loess. Electronic Journal of Geotechnical Engineering, 22 (3):

1107-1116.

Kim S W，Lee C W，Song K Y，et al. 2005. Application of L-band differential SAR interferometry to subsidence rate estimation in reclaimed coastal land. International Journal of Remote Sensing，26（7）：1363-1381.

Kwok R，Fahnestock M A. 1996. Ice sheet motion and topography from Radar interferometry. IEEE Transactions on Geoscience and Remote Sensing，34（1）：189-200.

Lei S G，Bian Z F，Daniels J L，et al. 2010. Spatio-temporal variation of vegetation in an arid and vulnerable coal mining region. Mining Science and Technology，20（3）：485-490.

Li S，Lobb D A，Kachanoski R G，et al. 2011. Comparing the use of the traditional and repeated sampling-approach of the 137Cs technique in soil erosion estimation. Geoderma，160：324-335.

Martinez C，Hancock R，Kalma J D. 2010. Relationships between 137Cs and soil organic carbon（SOC）in cultivated and never-cultivated soils：An Australian example. Geoderma，158（3）：137-147.

Massonnet B D，Rossi M，Carmona C. 1993. The displacement field of the Landers earthquake mapped by radar interferometry. Nature，364（6433）：138-142.

Massonnet D，Briole P，Arnaud A. 1995. Deflation of Mount Etna monitored by spaceborne radar interferometry. Nature，375（6532）：567-570.

Mouginis-Mark P J，Rowland S K，Garbeil H. 1996. Slopes of western Galapagos volcanoes from airborne interferometric radar. Geophysical Research Letters，23（25）：3767-3770.

Nakagawa H，Murakami M，Fujiwara S，et al. 2000. Land subsidence of the northern Kanto plains caused by ground water extraction detected by JERS-1 SAR interferometry. Geoscience and Remote Sensing Symposium. IEEE 2000 International.

Ni S J，Zhang J H. 2007. Variation of chemical properties as affected by soil erosion on hillslopes and terraces. European Journal of Soil Science，58（6）：1285-1292.

Nie X J，Zhang J H，Cheng J X，et al. 2016 . Effect of soil redistribution on various organic carbons in a water- and tillage-eroded soil. Soil & Tillage Research，155（1）：1-8.

Oldeman L R. 1994. The Global Extent of Soil Degradation. Greenland D J，Szabolcs I. Soil Resilience and Sustainable Land Use. CAB International，Wallingford，UK，99-118.

Peng S S. 1984. 煤矿地层控制. 高博彦译. 北京：煤炭工业出版社.

Peng S S. 2011. 长壁开采（第二版）. 郭文兵译. 北京：科学出版社.

Perski Z. 1998. Applicability of ERS-1 and ERS-2 InSAR for land subsidence monitoring in the Silesian coal mining region in Poland. International Archives of Photogrammetry and Remote Sensing，32（7）：555-558.

Perski Z. 2000. ERS INSAR data for geological interpretation of mining subsidence in upper silesian coal basin in Poland. European Space Agency，（Special Publication）ESA SP.（478）：151-157.

Rajendra S. 2004. Staggered development of a thick coal seam for full height working in a single lift by the blasting gallery method. International Journal of Rock Mechanics & Mining Sciences，（41）：745-759.

Rogers A E E，Ingalls R P. 1969. Mapping the surface reflectivity by radar interferometry. Science，（165）：797-799.

Singh S N，Singh S K. 2010. Under ground coal mining in India：Challenges ahead. Journal of Mines，Metals and Fuels，（58）：312-315.

Strozzi T，Wegmuller U，Werner CL，et al. 2003. JERS SAR interferometry for land subsidence monitoring. IEEE Transactions on Geoscience and Remote Sensing，41（7）：1702-1708.

Unver B，Yasitli N E. 2006. Modeling of strata movement with a special reference to caving mechanism in thick seam coal mining. International Journal of Coal Geology，（66）：227-252.

Usai S. 2003. A least squares database approach for SAR interferometric data. IEEE Transactions on Geoscience and Remote Sensing，41（4）：753-760.

Usai S，Klees R. 1999. SAR interferometry on a very long time scale：A study of the interferometric characteristics of man-made features. IEEE Transactions on Geoscience and Remote Sensing，37（4）：2118-2123.

Wegmuller U，Strozzi T，Wiesmann A，et al. 1999. Land subsidence mapping with ERS interferometry：Evaluation of maturity and operational readiness. Fringe，10-12.

Wu K，Li L，Wang X L. 2009. Research of ground cracks caused by fully-mechanized sublevel caving mining based on field survey. Procedia Earth and Planetary Science，（1）：1095-1100.

Yasitli N E，Unver B. 2005. 3Dnumberical modeling of long wall mining with top-coal caving. International Journal of Rock Mechanics & Mining sciences，42：219-315.

Zebker H A，Madsen S N，Martin J，et al. 1992. The TOPSAR interferometric radar topographic mapping instrument. Geoscience & Remote Sensing IEEE Transactions，30（5）：933-940.

第2章 研究区概况与数据来源及处理

本章着重叙述神东矿区的区位条件和自然条件，以及本书研究涉及的资料及数据来源。

2.1 研究区概况

神东矿区位于陕西省榆林市神木县北部，府谷县西部，鄂尔多斯市伊金霍洛旗的南部，其地理坐标在 38°52′～39°41′N，109°51′～110°46′E。开采范围属于神府煤田的一部分。矿区南北长 38～90km，东西宽 35～55km，煤田总面积达 31172km²，探明储量 2236 亿 t，远景储量 1 万亿 t。神府东胜矿区现有大柳塔矿（包括活鸡兔）、哈拉沟矿、石圪台矿、乌兰木伦矿、补连塔矿、上湾矿、马家塔矿、榆家梁矿、布尔台矿、寸草塔矿、寸草塔二矿、柳塔矿、昌汉沟矿等 14 座井工生产矿井和哈尔乌素露天煤矿（20.0Mt/a）、黑岱沟露天煤矿（31.0Mt/a）等 5 座露天矿组成的千万吨矿井群，是全球最大、现代化程度最高的露–井联合开采煤炭企业之一。其主要矿井分布情况如图 2-1 所示。

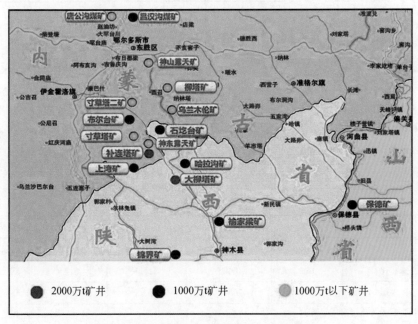

图 2-1　神东矿区主要矿井分布示意图

神东矿区因开采面积大、主采煤层厚、采深/采厚比值小，采煤沉陷影响范围大、分布集中，引起的地表沉陷及损害比较严重，如图 2-2 所示。

神东矿区煤炭资源储量丰富，资源条件优越，开采条件好。神东公司坚持"高起点、

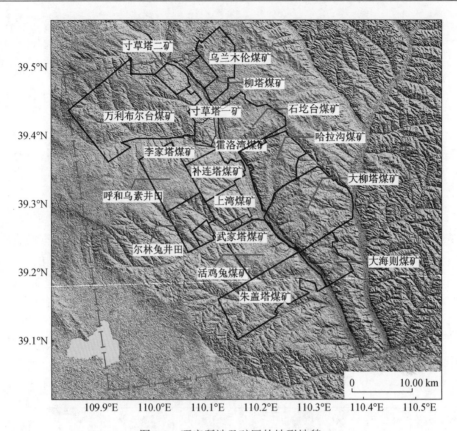

图 2-2　研究所涉及矿区的地形地貌

高技术、高质量、高效率、高效益"的建设方针，根据矿区煤层的赋存条件，采用现代化生产设备，建设了一批高产高效矿井。进行了浅埋煤层高强度长壁开采条件下各种技术的探索和尝试，取得了许多世界领先水平的创新与突破，形成了完善的矿井千万吨综采工作面生产技术的支撑体系。实现了主运系统皮带化、辅助运输胶轮化、生产系统远程自动化、安全监测监控系统自动化，创造了良好的经济与社会效益。神东矿区主要生产矿井基本情况如表 2-1 所示。

表 2-1　神东矿区生产矿井概况

矿井名称	井田面积/km²	可采储量/亿 t	生产能力/（万 t/a）	全员工效/（t/工）	回采工效/（t/工）	开采效率	备注
哈拉沟矿	72.4	6.8	1250.0	156.8	805.5	高强度	
大柳塔	189.9	15.3	1040.0	125.0	618.0	高强度	
补连塔	106.4	15.5	2000.0	150.5	767.5	高强度	
榆家梁	56.3	3.84	1630.0	126.0	—	高强度	
保德煤矿	55.9	7.1	1400.0	—	—	高强度	
上湾煤矿	61.8	8.3	1300.0	158.0	859.0	高强度	
石圪台	65.3	6.6	1000.0	—	—	高强度	
乌兰木伦	44.8	2.0	500.0	52.8	325.0	高强度	

续表

矿井名称	井田面积/km²	可采储量/亿 t	生产能力/（万 t/a）	全员工效/（t/工）	回采工效/（t/工）	开采效率	备注
马家塔	2.7	1941.0	60.0	—	—	否	露天矿
锦界煤矿	137.0	15.8	1000.0	—	—	高强度	
布尔台	193.0	18.5	2000.0	—	—	高强度	
寸草塔	22.6	1.8	240.0	29.1	—	高强度	
寸草塔二矿	16.5	1.5	270.0	26.0	—	高强度	
柳塔矿	13.6	2.0	300.0	41.5	277.8	高强度	
昌汉沟	92.0	—	—	—	—	—	

2.2　研究区自然条件

研究区选择神东哈拉沟（39°23′54″N，110°12′30″E）与上湾（39°16′52″N，110°09′32″E）矿区，如图 2-3 所示。该研究区处于毛乌素沙地东南边缘，海拔 1084～1350m；地貌类型主要为波状固定、半固定沙丘，地表多为第四纪风积沙等松散层所覆盖。研究区属温带半干旱半沙漠的高原大陆性季风气候，降水稀少且年内变化大，年均降水量为 375mm（1957～2016 年），一年的降水主要集中在 7～9 月中旬，约占全年降水量的 60%以上，且多以暴雨的形式出现。研究区蒸发强烈，年均蒸发量为 2382mm，是年降水量的 6.4 倍。春、冬两季为研究区风季，西北风盛行，风速一般在 3.30m/s 左右，最大可达 24m/s（1979 年 11 月）。

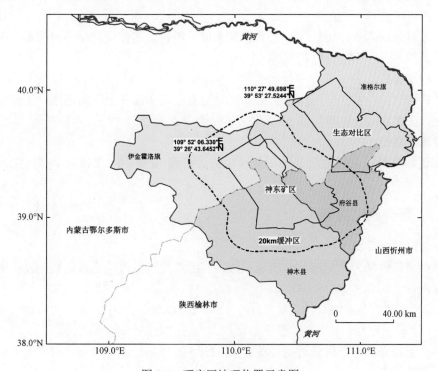

图 2-3　研究区地理位置示意图

生态系统主要为荒漠草原，植被以沙柳（*Salix psammophila*）、沙蒿（*Artemisia ordosica*）、紫穗槐（*Amorpha fruticosa* Linn）和柠条（*Caragana korshinskii* Kom）等典型荒漠植被为主。植被类型主要为干草原、落叶阔叶灌丛和沙生类型植被，属低植被覆盖度区域，生态环境及抗扰动能力差。土壤类型为风沙土或黄绵土，表层土壤质地为砂土或砂壤，结构较松散，土壤肥力低，风蚀严重。研究区煤层埋深较浅，高强度井工开采导致的地表破坏（沉陷、裂缝）、水土流失、植被退化等生态环境问题突出。

2.3 数据来源

根据研究需要，到神华集团及其矿区进行资料收集、实地数据采集和购买遥感数据等相关资料和图件。

2.3.1 矿区相资料收集

1. 哈拉沟煤矿资料

煤矿资料包括：22407 与 12102 工作面回采地质说明书、工作面井上下对照图、工作面采掘工程平面图、工作面煤层底板等高线图、工作面平剖对照图、工作面上覆基岩与松散层等值线图、工作面综合柱状图和综采工作面作业规程。

2. 补连塔煤矿资料

煤矿资料包括：32301 工作面地表移动观测站野外观测数据、工作面综合柱状图和工作面采掘工程平面图。

3. 上湾煤矿资料

煤矿资料包括：51203CL 工作面岩移观测成果报告、工作面井上下对照图、工作面采掘工程平面图和工作面综合柱状图。

4. 大柳塔煤矿

煤矿资料包括：52505 工作面回采地质说明书、工作面井上下对照图、工作面采掘工程平面图、工作面综合柱状图和 52 采区岩样的力学试验资料。

5. 榆家梁井田

井田资料包括：区域地质及井田地质资料、资源/储量核实报告、全井田采掘工程平面图。

2.3.2 野外观测数据

1. 观测站数据采集

该数据采集分别为对观测站的实地观测、三维激光扫描对沉陷区的观测及大地电磁对覆岩的探测。

（1）观测站数据是对哈拉沟煤矿 22407 工作面上方布设的 51 个测点进行近一年的观测及记录。

（2）三维激光扫描数据是对大柳塔煤矿 52505 工作面地表进行多次外业采集并进行内业处理得出的结果。

（3）大地电磁探测数据是对大柳塔煤矿 52505 工作面通过地表布设的 191 个点对覆岩进行多次探测所得。

2. 土壤样品采集

土壤样品采集于哈拉沟矿与上湾矿 5 条采煤工作面上方的地表，以及未影响区（神东矿区附近选择没有遭受采矿活动干扰的布连乡，也即对照区）0～200cm 深度范围内的地表（图 2-4）。土壤样品数据包括实验测定数据与野外监测数据，具体如下。

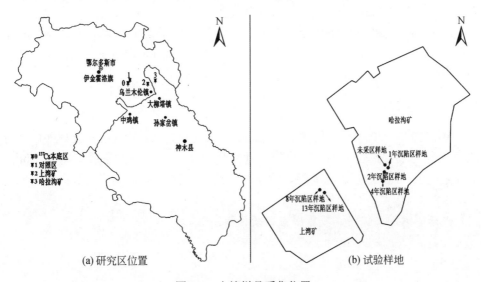

图 2-4　土壤样品采集位置

1）实验测定数据

实验室测定的数据包括：^{137}Cs、pH、土壤有机碳、全氮、全磷、碱解氮、速效磷、土壤微生物量碳、土壤微生物量氮、土壤脲酶活性、土壤蔗糖酶活性、土壤容重、土壤机械组成、土壤质量含水量、土壤凋萎系数和土壤毛管持水能力。

2）野外监测与地形测定数据

土壤体积含水量，沟坡地形特征参数（坡度、坡长、海拔、经纬度等），以及裂缝特征参数（长度、宽度、分布密度等）。

植物样品来自于上湾矿区，包括样方调查数据与实验测定数据。样方调查数据：样品植物多样性与盖度。实验测定数据：植物生物量与植物含水量。

2.3.3　遥感数据

（1）NDVI 数据来自 MODIS 陆地产品系列中的 MOD13Q1，即全球 250m 分辨率 16 天合成的植被指数产品，时间跨度为 2001～2013 年；下载地址为 NASA 官方网站：http://ladsweb. nascom.nasa.gov/data/search.html。

（2）半月合成的第三代 GIMMS AVHRR NDVI（1982～2013 年）植被指数数据集，该 NDVI 数据由美国航天局全球监测与模型研究组发布的最大合成（maximum value composites，MVC）数据，（ftp：//ftp.glcf.uniacs.umd.edu/glcf/GIMMS）。

（3）RADARSAT-2 数据 2012 年 1 月~2013 年 6 月共 18 景，数据重访周期为 24 天，空间分辨率 5m，工作波段为 C 波段，极化方式为 HH，成像模式 Multilook Fine（MF6），覆盖范围 50km×50km，处理过程中所用的 DEM 数据为 SRTM 90m 分辨率高程数据。

（4）SPOT 6 全色及多光谱数据，神东主矿区全境高分辨光学影像，成像时间 2013 年 5 月 4 日，全色空间分辨率 1.5m，多光谱空间分辨率 6m，覆盖范围 2302km^2。

（5）NASA 的 EOS/MODIS2000-2010 年的 MOD13Q1 数据，该数据时间分辨率为 16 天，空间分辨率为 250m，采用最大值合成法得到研究区年 NDVI 值。

（6）Landsat 1-3,5,7,8 MSS/TM/ETM+/OLI 数据（1973~2016 年），通过国际科学数据服务平台（http://datamirror.csdb.cn）和美国地质勘探局（United States Geological Survey, USGS, http://glovis.usgs.gov）免费获取。

2.3.4 其他数据

（1）中国 1982~2013 年的气候数据来源于各省（市、区）气候资料处理部门逐月上报的《地面气象记录月报表》的信息化资料［中国气象科学数据共享服务网站（http://cdc.cma.gov.cn/home.do），数据不含香港、澳门和台湾］，包括全国各省（市、区）的年均降水量、年均温度。

（2）神东矿区地质报告、气象报告、统计年鉴等。

第3章　高强度开采覆岩与地表破坏特征及机理

本章节对高强度开采条件下上覆岩层破坏机理、地表破坏特征及规律进行研究。

（1）基于开采技术特征及"绿色开采"理论，对"高强度开采"进行了科学界定，并从地质采矿技术方面及采动影响破坏方面提出了高强度开采的指标体系，共15项指标。

（2）研究高强度开采条件下，覆岩 "两带"破坏模式，提出了高强度开采覆岩破坏的力学模型，建立了导水裂隙带高度预测模型。

（3）根据覆岩内部应力分布特征，提出了覆岩破断"弹性薄板+压力平行拱"组合模式，揭示了高强度开采顶板运动及上覆岩层破坏机理及裂隙的发育规律。

（4）基于现场监测数据，得出了地表动静态移动变形预计参数和角量参数的变化规律；基于地表非连续破坏特征，建立了高强度开采地表非连续变形的预测模型。

3.1　高强度开采定义及指标体系

3.1.1　高强度开采地质采矿条件及技术参数

我国西北部各省（区）的煤炭资源整体赋存条件与中东部地区相比，具有埋藏浅、煤层厚度大、可采煤层多、瓦斯含量低、覆岩地质条件简单、部分可露天开采等特点。已有勘探资料表明，西北部地区的煤炭资源开采深度一般较浅，在 0～400m，且为储量巨大的整装煤田。除部分适合露天开采的煤田外，更多的是覆岩结构稳定、埋藏浅、煤层厚、储量巨大、易于进行大规模井工开采的煤田。新疆、内蒙古、陕西、宁夏、贵州等省（区）部分已探明正在开采及计划开采的煤田煤层赋存地质条件见表 3-1。

表 3-1　西部地区已探明主要煤田及其煤层赋存地质特征

省区	煤田名称	探明储量/亿 t	煤层赋存地质条件
新疆	准东	2136	可采煤层厚 30.30～70.57m，平均 53.16m，埋藏浅
	吐哈	1300	埋深 150～240m，单层煤层厚度 14.5m、27.16m
	伊犁	558.32	1000m 以浅资源量 97.31 亿 t
	和什托洛盖	810	煤层有 1～32 层，单层厚度为 5～15m，最厚的单层煤层为 20.66m，全煤层总厚近 60m。适合机械化大量开采，埋深普遍小于 1000m
内蒙古	诺门罕	205	可采煤层厚度 3～11m，最大可采单层煤厚度 26m，埋藏浅、赋存稳定
	东胜	2300/2236	探明 D 级储量 800 多亿吨。含 5 个煤组，可采煤层总厚一般在 16～20m，由北向南有增厚的趋势。构造简单，埋藏很浅
	胜利	214	含煤面积 342km²。煤层一般厚度在 200m 以上，最厚处达 400m。含有 11 个煤层，13 个煤组。其中 6 号煤层以上，122 亿 t 适合露天开采

省区	煤田名称	探明储量/亿 t	煤层赋存地质条件
内蒙古	霍林河	131	地质条件简单，煤层厚度大，易于进行工业开采
	呼和诺尔	389	其中长焰煤储量达 170 亿 t。发育煤层 19 组，可采煤层 7 层，构造简单，为低灰、特低硫-低硫、低磷、高挥发分、中-中高发热量煤
陕西	神府	205	煤层稳定，埋藏浅，易开采。埋深 180～250m，可采煤层 3～5 层，最多达 10 层。煤层总厚度 15～24m，单层厚度一般为 2～3m，最厚可达 9m
	榆神	598	煤系为中侏罗统延安组，含煤 10 余层，9 层可采，主采 4 层，局部可采者 2 层，零星可采者 3 层
	榆横	500	区内地层平缓，地质构造简单，煤层赋存稳定，瓦斯含量低，水文地质条件简单。开采技术条件优越，多层煤可采，埋深 400～1000m
	黄陵	27.6	地质构造简单，煤层赋存浅而稳定，可采煤层，总厚 1～7m
	彬长	68	煤田地质构造简单，含煤地层厚 50～100m，可采煤 4 层，属侏罗纪煤田。煤层厚度大，储量多，煤质好、埋藏浅。整个煤层分布几乎呈水平状态，未发现断层，平均厚度为 16.64m，最厚处达 43.87m
	焦坪	11.4	总储量 47 亿 t，探明储量 11.4 亿 t。含煤地层厚 50m 左右，可采煤两层，总厚度 5～34m。为特厚煤层，煤种为长焰煤、弱黏结煤和不黏结煤
宁夏	宁东	270	地质构造简单的整装煤田，地质稳定，为国家重点开发的亿 t 级矿区之一。埋深 140～1500m，可采煤层厚度 1.20～4.92m，煤层结构简单
贵州	织纳	165	为产于上二叠统龙潭组的海陆交互相沉积矿床，煤层多，厚度大，煤质较好。可采煤层 2～16 层，可采总厚 3～23m。埋深 242～375m，一般 306m

　　当前我国厚煤层大采高开采主要分布在内蒙古、陕西、宁夏、新疆、甘肃及山西等省（区），开采煤层深度为 30～610m，开采煤层厚度为 4.6～29.21m，属厚（特厚）煤层开采；煤层倾角为 0°～23°，多数属于近水平煤层开采，仅部分属于缓倾斜煤层开采；工作面宽度 200～302m，平均 262m；工作面长度 1379～4966m，平均 2803m；采深采厚比 10.95～96.52；采宽采深比 0.23～5.20；日均进尺普遍达 8m 以上，最大日进尺达 15.75m；单一工作面年产量 278 万～1343.42 万 t。表 3-2 列举了部分西部地区高强度开采矿井及工作面技术指标。

表 3-2　部分高强度开采工作面特征参数

年份	矿井 #工作面	埋深/m	采高/m	倾角/(°)	工作面尺寸	日进尺/(m/d)	采煤量/万 t	采煤方法
2000	活鸡兔煤矿 #12205	30～100	4.60	0～3	230m×2235m	15.50	441	大采高综采
2004	上湾煤矿 #51102	85～170	5.20	1～3	240m×3500m	8.38	1075	大采高综采
2006	寺河煤矿 #2307	199～347	6.20	1～10	221.5m×2984m	6.40	592	大采高综采
2006	塔山矿煤矿 #8102	400～520	3.50	1～3	230.5m×1650m	5.30	175	综合机械化低位放顶
2007	榆家梁煤矿 #44208	33～160	3.64	0～1	400.5m×1315.2m	12.00	248	综采工作面
2007	唐公沟煤矿 #24205	110～135	3.82	3～5	231m×1414m	7.00	160	综合机械化
2008	羊场湾煤矿 #Y110206	330	6.20	15～20	299m×1976m	13.38	500	综合机械化
2008	陈家沟煤矿 #3201、3202	530	21.56	19～23	100m×1132m	2.30	330	倾斜分层走向长壁低位放顶

年份	矿井 #工作面	埋深/m	采高/m	倾角/(°)	工作面尺寸	日进尺/(m/d)	采煤量/万t	采煤方法
2010	补连塔煤矿 #22303	160～187	6.80	1～3	301m×4966m	10.33	1343	大采高综采
2010	红柳煤矿 #1121	278	6.00	0～18	302m×1900m	9.44	445	大采高综采
2010	清水营煤矿 #110202	138～338	4.20	20～27	285m×1180m	6.40	177	综采放顶煤
2010	张家峁煤矿 #15201	89～133	6.10	1～3	261m×2295m	7.00	478	综采工作面
2010	同忻煤矿 #8101	411～486	14.13	0～4	200m×1678m	9.75	622	综采放顶煤
2011	不连沟煤矿 #F6103	208～280	15.80	0～11	239.5m×873m	5.70	365	综采放顶煤
2011	大柳塔煤矿 #52304	142～275	6.55	1～3	301m×4547.6m	8.40	1120	综合机械化
2011	柠条塔煤矿 #S1210	125～185	5.60	1	294m×5840m	2.20	1200	综合机械化
2011	保德煤矿 #81104	138～366	4.00	3～9	198m×1971m	10.82	261	倾斜长壁一次采全高(俯采)
2012	榆树湾煤矿 #20102	110～300	11.62	0～4	250m×5850m	5.90	2226	综合机械化
2012	杭来湾煤矿 #30101	230	5.00	0.5	300m×4252m	14.40	770	综采放顶煤
2013	万利一矿 #42301	90～175	4.80	3～7	300m×3322m	12.60	589.8	综采放顶煤
2013	三道沟煤矿 #85203	69～188	6.30	1～3	295m×3160m	15.00	760	综合机械化
2013	哈拉沟煤矿 #22407	121	5.39	1～3	284m×3224 m	15.57	619.6	综合机械化
2014	寸草塔二矿 #31101	297	3.50	1～6	355m×1252m	4.20	176	综合机械化
2014	沙吉海煤矿 #B103W01	265	5.68	9～15	213m×2300m	4.00	360	综采放顶煤
2014	麻家梁煤矿 #14101	575	9.15	3～4	250m×2309m	13.60	690	综采放顶煤
2015	布尔台煤矿 #42105	261～394	6.0	1～3	230m×5231m	5.20	809	综采放顶煤
2016	大柳塔煤矿 #52505	90～247	6.7	1～3	301m×4269m	13.84	1108.1	大采高综采

3.1.2 高强度开采主要技术特征

1. 地质采矿条件简单

地质条件是采煤的首要影响因素,决定着巷道布置、采掘方法、顶板管理等开采条件。其中,煤层埋深、覆岩性质、煤层赋存状态等因素对煤炭开采方式的影响尤为明显。通过对西北矿区的榆神、神府等 25 个主力矿井的地质资料分析,当前西北矿区煤层赋存条件总体上呈现埋深较小、地质条件简单、覆岩完整性好、断层褶曲地质构造少、煤层赋存稳定等特点,如表 3-3 所示。

表 3-3 当前高强度开采煤层赋存特征

类型	指标	影响因素	特征及参数
高强度开采的主要地质特征	覆岩性质	稳定性、完整性、构造发育	覆岩结构完整、受地质构造影响程度低,属稳定、较稳定煤层
	埋深/m	影响矿压支护阻力及工作面安全	30.0～654.7
	煤层倾角/(°)	影响工作面长度、采煤方法选择	0°～27°
	煤层赋存状态	稳定性、煤层结构	煤层以稳定、层状、结构简单

2. 工作面尺寸大

高强度开采工作面长度普遍大于 200m，多集中在 200～300m，个别达 400m 以上（榆家梁煤矿 44208 工作面达 400.5m）；推进长度较长，为 1000～5000m，少数可达 6000m 以上（榆家梁煤矿 45203 工作面 6240m）。榆神、神府、宁东等 25 个主力矿井工作面宽度和推进长度分布情况，如图 3-1 所示。

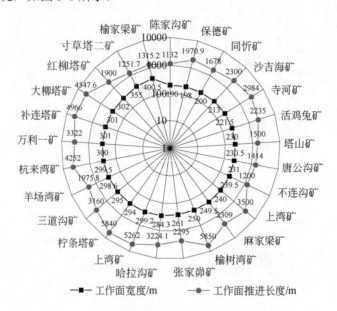

图 3-1　高强度开采工作面长度和推进长度分布

3. 工作面技术装备水平高

由于高强度开采工作面尺寸大，对其配套技术装备要求也相应较高。高强度开采一般采用大采高综采或综放开采方法，且是特厚煤层开采的发展方向，具有产量高、机械化程度高、工效高、能耗低等特点；而其技术装备是影响工作面安全高效生产、高采出率的关键。大采高综采技术自 1978 年引进我国以来，得到了较快发展。神东矿区于 1994 年从国外成套引进先进设备，实现了煤炭开采系统的全面机械化、现代化。通过对设备的使用、改进及重新选型，国内为提高煤炭资源的回收率也进行了自主研发，如郑煤机于 2005 年为晋煤研制出 5.5m 大采高液压支架的同时，开了高端液压支架国产化的先河，打破了国际煤机巨头对中国高端煤矿综采/综放装备的全面垄断局面；伴随着大采高综采装备能力的提高，一次割煤高度不断增加。此外，2015 年研制出目前世界上工作阻力最大、支护高度最高、配套生产能力最大、智能化技术最先进的超大采高（8.8m）支架。2016 年 4 月，兖州金鸡滩煤矿成功完成了 8.2m 超大采高综采技术与成套装备地面联合试运转；2017 年 1 月，神东集团补连塔煤矿 12511 工作面成功装备 8.0m 采高液压支架；同年 8 月，世界首个 8.8m 大采高综采工作面（长 5262m，宽 299.2m）在上湾煤矿顺利完成圈面工作；同年 11 月在西安煤矿机械有限公司召开的国产首台套高性能 8m 大采高采煤机出厂评议会，专家评议委员会一致认为，该采煤机可满足 8m 大采高工作面开采需求，同意出厂并进行井下工业性试验。

在综采放顶煤方面,塔山煤矿于 2010 年进行了平均厚度 18.44m 工业性试验并获成功,2014 年由中国煤炭科工集团有限公司研发的"特厚煤层大采高综放开采关键技术及装备"项目成功解决了 14~20m 特厚煤层开采的难题。对于端头支护而言,当前的采煤工作面两端头和巷道超前支护主要以单体液压支柱配以金属铰接顶梁进行支护,无法实现超前支护的机械化。针对这一问题,王国法(2010)开发了综放工作面端头和巷道超前液压支架支护系统,克服了传统支护方式的局限性,能够保证工作面巷道的安全。

针对高强度开采高产能的特点,采用斜井、平硐或斜硐开拓的矿井,一般采用大运力、高带速的强力胶带输送机,立井提升设备由单绳缠绕的滚筒式绞车发展到多绳摩擦提升机。提升容器也不断加大,提煤箕斗由 3t 发展到 40~50t。在辅助运输方面,由于无轨胶轮车的运输速度快、灵活、适应性强、运输效率高等特点,大型或特大型矿井一般都采用无轨胶轮辅助运输,不仅能实现地面至井下的直达运输,同时大大减少矿井辅助运输人员的数量。由此可以看出,工作面技术装备水平高是厚煤层高强度开采的一个重要技术特征。

4. 工作面推进速度快

高强度开采普遍采用综合机械化厚煤层(大采高)或综采放顶煤开采技术,其推进速度和采厚一般较大。在推进速度方面,现场统计为 2.2~18.9m/d;其中推进速度最小的为柠条塔煤矿 S1210 工作面,推进速度为 2.2m/d;推进速度最大的是榆家梁矿 45203 综采面,为 18.9m/d;在 25 座高强度开采矿井中,推进速度低于 5.0m/d 仅有 4 处。在开采厚度上,高强度开采鲜有低于 3.5m 的煤层,放顶煤大采高则可达 14.0m,如 2010 年塔山煤矿进行了平均厚度 18.4m 工业性试验并获成功;2014 年由中国煤炭科工集团有限公司研发完成的"特厚煤层大采高综放开采关键技术及装备"项目成功解决了 14.0~20.0m 特厚煤层开采的世界性难题,并在大同、平朔、神东、新疆等 13 个矿区的 32 个煤矿得到推广应用。图 3-2 为部分高强度开采工作面推进速度和采厚分布,可以看出,当采厚较小时,推进速度相应较快;采厚较大时,推进速度相对变小。

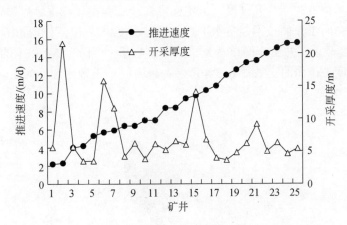

图 3-2　高强度开采工作面推进速度和采厚关系

岩层控制理论认为,在一定空间及时间范围内增大工作面的推进速度有利于减小顶板的下沉;但推进速度增加到一定程度后,继续增大推进速度并不能减小顶板覆岩垮落,反而使顶板覆岩破断垮落更为剧烈。对于浅埋深大采高超充分采动，增大推进速度可使顶板覆岩在短时间内剧烈破断，引发地表快速下沉，覆岩大面积突发性切冒的概率也增大，如图 3-3 所示。

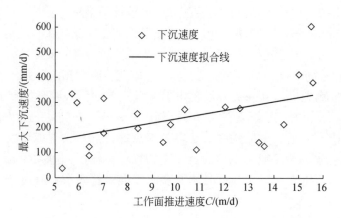

图 3-3   高强度开采推进速度和地表最大下沉速度关系

开采工作面地表最大下沉速度与其推进速度之间的关系可表示为

$$V_{\max} = K \frac{CW_0}{H_0} \tag{3-1}$$

式中，$V_{\max}$ 为地表最大下沉速度，mm/d；K 为下沉速度系数；C 为工作面推进速度，m/d；W_0 为地表最大下沉，mm；H_0 为开采深度，m。

根据图 3-3，拟合得出高强度开采工作面的最大下沉速度为

$$V_{\max} = 17.005C + 66.44 \tag{3-2}$$

5. 工作面单产大效率高

工作面单产的直接影响因素为工作面尺寸、煤层开采厚度和推进速度。根据上述高强度开采的其他技术特征并结合高强度开采定义可知，工作面尺寸大、煤层开采厚度大决定了工作面单产大；而工作面技术装备水平高及推进速度快决定了工作面效率高。通过对样本的统计，高强度开采矿井工作面单产分布如图 3-4 所示，年产 5Mt 以上的达到 50%以上。部分厚煤层高强度工作面的工效如表 3-4 所示，最大回采工效达 890.9t/工。

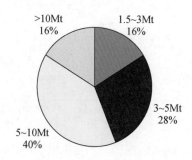

图 3-4   高强度开采工作面产量分布

表 3-4　高强度开采工作面工效

矿名	工作面尺寸	采高/m	倾角/(°)	回采工效/(t/工)	全员工效/(t/工)
补连塔矿	301m×5220m	6.1	1～3	890.9	150.5
上湾矿	240m×3500m	5.2	1～3	859	158
哈拉沟矿	284m×3224m	5.4	1～3	805.5	198
榆家梁矿	400.5m×1315m	3.6	0～1	704.7	—
大柳塔矿	301m×4547m	6.8	1～3	618	125
三道沟矿	295m×3160m	6.3	1～3	541.7	—
布尔台矿	230m×5231m	6.7	1～9	490.5	—
同忻矿	200m×1678m	14.13	0～4	443.6	79.2
塔山矿	230m×1500m	17	3～10	299.1	98

近年来，国家大力推进"两化融合"（以信息化带动工业化、以工业化促进信息化），促进"智慧矿山"技术的发展。采用信息化、数字化、物联网、人工智能、大数据等新技术提升和改造传统采矿模式，安全、高效、绿色的智能采矿、少（无）人工作面会大幅度提高工效。例如，神华集团首创无人操作的智能采煤技术，建立"智能+远程干预"的采煤新方法，达到"有人巡视、无人操作"的可视化远程干预型智能采煤。智能化无人开采已在神华集团、陕煤化集团、冀中能源、阳煤集团等 15 个矿区进行了应用，已有 40 余个无（少）人工作面，其中黄陵一号煤矿 1001 工作面为我国首个无人开采中厚偏薄煤层工作面；红柳林煤矿首次采用人机智能融合混合控制的生产模式进行了最大采高 7.2m 的厚煤层开采，年产量高达 1009.72 万 t；新元煤矿采用采煤机速度与瓦斯浓度的联动控制对高瓦斯工作面进行了开采；梅花井开采了 9°～20° 的煤层；石圪台煤矿实现了采煤机、支架、移动变电站等关键设备的远程控制等。这些技术的成功应用不仅改善了工人的作业环境，降低工人的劳动强度，节省了 90% 以上的人工成本，而且对工作面生产效率及工作面安全系数的提升具有十分重要的意义。对于高强度开采矿井来说，综采装备的发展必将在行业整体环境影响下，向高智能、高信息化的方向发展，最终实现工作面无人化开采，此时工作面工效将会更大。

6. 开采厚度大深厚比小

深厚比是衡量采空区地表移动变形程度的参数，一般情况下，深厚比越大地表移动变形及破坏越小；反之，深厚比越小地表移动变形及破坏越大。图 3-5 为 25 个高强度开采工作面深厚比分布情况，现场实际深厚比为 6.5～148.6。当煤层倾角 $\alpha \neq 0°$ 时，最小、平均、最大深厚比是根据煤层上山方向、平均、下山方向的埋深分别计算的。

研究发现，对于炮采和普通机械化采煤工作面，当深厚比小于 100 时，采空区地表变形较为强烈，对采空区影响范围内的工程活动等的危害也较大。为从理论上分析高强度开地表移动变形对深厚比的响应，现以水平煤层、中等硬度岩性为例，根据开采沉陷理论，选取深厚比 H/m 分别为 60、70、80、…、200；采厚分别为 3.5m、4.5m 和 5.0m（高强度开采一般为厚煤层）的地质条件。地表移动变形预计参数：下沉系数 q 取 0.85，主要影响角正切 $\tan\beta$ 取 2.2，水平移动系数 b 取 0.30。根据式（3-3）和式（3-4）计算深厚比 H/m 对最大地表倾斜、最大水平变形的影响。

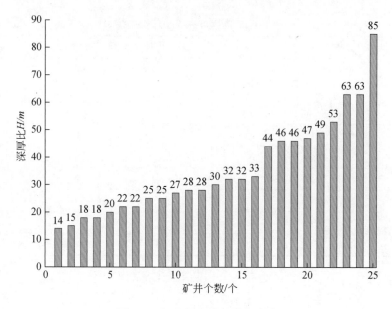

图 3-5　高强度开采深厚比关系

$$i_0 = \frac{W_0}{r} \tag{3-3}$$

$$\varepsilon_0 \pm 1.52 \frac{bW_0}{r} \tag{3-4}$$

式中，W_0 为最大下沉，mm；r 为主要影响半径，m；i_0 为最大倾斜，mm/m；ε_0 为最大水平变形，mm/m；b 为水平移动系数。

深厚比 H/m 与地表倾斜 i_0、水平移动变形 ε_0 之间的关系如图 3-6 所示。通过回归分析得地表倾斜 i_0、水平变形 ε_0 与深厚比 H/m 均符合对数关系，如式（3-5）和式（3-6）所示。

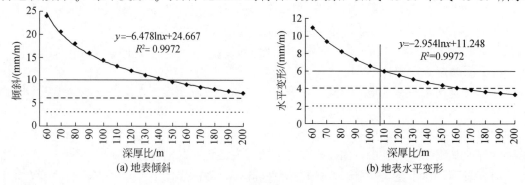

图 3-6　深厚比与最大倾斜及最大水平变形的对应关系

$$i = -6.478\ln\left(\frac{H}{m}\right) + 24.667 \tag{3-5}$$

$$\varepsilon = -2.954\ln\left(\frac{H}{m}\right) + 11.248 \tag{3-6}$$

按照"砖石结构建（构）筑物损坏等级"评价指标，由图 3-6 可知，当深厚比等于 100 时，地表倾斜大于 10mm/m，与其对应的地表水平变形大于 6mm/m，此时倾斜破坏达到 IV 级，严重损坏；以此可判定地表破坏等级为 IV 级，严重损坏。故可将深厚比 H/m=100 作为评判高强度开采的一个指标项，即深厚比 H/m 不大于 100 时进行煤炭开采将对建（构）筑物造成严重损坏。

针对深厚比与地表下沉速度来说，深厚比与地表变形关系密切。深厚比越小地表移动变形越剧烈，产生的破坏也越大；反之，深厚比越大，地表移动变形越平缓，其破坏也越小。相应地深厚比对地表下沉速度的影响与对地表移动变形的影响类似，即深厚比越小，地表下沉速度越大；深厚比越大，地表下沉速度越小。图 3-7 为部分高强度开采工作面深厚比与相应地表最大下沉速度对应关系图，由此可知，随着深厚比的增加，地表最大下沉速度以幂函数规律迅速降低。最大下沉速度与深厚比之间的关系可表述为

$$V_{\max} = 5961 \left(\frac{H}{m} \right)^{-0.9494} \tag{3-7}$$

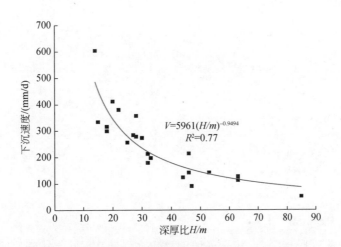

图 3-7　部分高强度开采深厚比和地表最大下沉速度

7. 上覆岩层破坏严重

覆岩的断裂破坏是引起采空区动力失稳的内在原因，由于高强度开采工作面尺寸大、推进速度快，导致覆岩破坏剧烈。主要体现在两个方面，一是开采引起的"两带"高度大，引发地下水渗流场演化和地表生态环境的恶化，使得干旱半干旱区的生态环境更加恶劣；二是部分样本覆岩的破坏模式由"三带"模式变成"两带"模式，如图 3-8 所示，易形成突水溃沙及漏风通道，威胁煤矿生产安全。同时现场观测、理论计算及相似模拟实验均对覆岩破坏的两个方面进行了验证。

高强度开采现场观测及理论计算均显示：覆岩破坏高度可直达地表，无法形成弯曲下沉带，仅形成"两带"；两带中垮落带一般破碎严重，且发育高度一般较大，导水裂隙带高度直达地表，内部形成连接地表和采空区的贯通裂缝，同时覆岩内形成大量横向离层；"两带"形态呈两端高中间低的"马鞍"形。在满足地质采矿技术因素的高强度开采时，

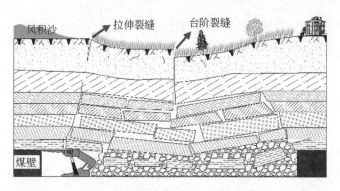

图 3-8 覆岩"两带"模式示意图

工作面的"两带"高度计算公式大于《"三下"规范》中的传统经验公式。由图 3-9 可知，高强度开采对上覆岩层破坏严重是高强度开采的主要特征之一。

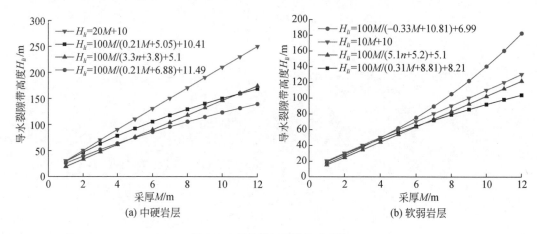

图 3-9 "两带"高度公式对比

8. 地表移动变形剧烈

基于高强度开采地质采矿技术方面的因素，高强度开采具有特殊的地表变形特征，开采引起的地表移动变形具有地表非连续破坏严重［图 3-10（a）］等特点。由于埋藏浅、采厚大、工作面推进速度快等常出现地表裂缝，根据裂缝形成机理分为拉伸型裂缝、剪切（滑移）型裂缝和塌陷型裂缝。

厚煤层高强度开采工作面地表下沉速度快，地表移动变形值大［图 3-10（b）］等特点，对地表建筑物破坏严重，对生态环境扰动显著。

通过对样本中最大深厚比的寸草塔二矿 31101 工作面进行分析可知，在工作面推进距开切眼 41m 时，地表开始塌陷呈椭圆形，裂缝宽为 100~600mm，深度为 1~7m。通过对哈拉沟煤矿进行现场实测可知，①地表非连续破坏严重，高强度开采工作面地表裂缝密集、宽度大，且常伴有台阶落差，部分区域甚至出现塌陷坑，裂缝一般发育至离采空区边界较近的外侧，整体呈"C"或"O"形分布；②地表下沉速度快，地表下沉速度较大，最高达 700.5mm/d。开采后短期内地表产生明显的移动变形且持续时间短，活跃阶段下沉量较大，具有突变特征；③地表移动变形剧烈，移动变形影响范围相对较小，下沉曲线陡峭，主要

(a) 地表台阶裂缝　　　　　　　　　　(b) 地表下沉值

图 3-10　地表移动变形剧烈

原因是主要影响半径 r 较小；地表裂缝角（72°～90°）及最大下沉角（89°～90°）偏大，主要影响半径偏小，下沉系数与水平移动系数偏大。

高强度开采地表移动变形除具备一般地质条件下的变形特征外，因采深小、采厚大、推进速度快、工作面长度大等采矿地质因素，使其具有一些区别于传统认识的地表变形特征。

（1）地表移动变形值大，变形剧烈。地表下沉一般超过 2800mm，甚至达 10000mm（塔山矿）以上，地表最大倾斜一般超过 40mm/m，实测最大达 215mm/m（羊场湾煤矿）；水平移动一般超过 1000mm，实测最大达 4000mm（塔山矿）；曲率通常大于 0.6mm/m²，实测最大达 8.4mm/m²（大柳塔煤矿）；水平变形一般大于 10mm/m，实测最大达 89mm/m（柳塔煤矿）。部分高强度开采地表移动变形极值如表 3-5 所示。

表 3-5　典型高强度开采工作面实测地表移动变形极值

矿井 #工作面	下沉 W/mm	倾斜 i/（mm/m）	曲率 K/（mm/m²）		水平移动 U/mm	水平变形 ε/（mm/m）	
			凸	凹		拉伸	压缩
补连沟煤矿 #F6201	2870	50	0.37	−0.7	950	10	−40
哈拉沟矿 #22407	3398	52	2.2	−1.9	1675	32	−28
三道沟煤矿 #85201	4530	81	4.1	3.5	2710	8	−21
王庄煤矿 #6206	4532	42.4	0.78	−0.98	1060	12.4	18.3
补连塔煤矿 #32301	4624	44	1.4	—	1272	19	—
五阳煤矿 #7511	4933	68	0.6	−0.41	1899	34.6	−21.2
柳塔煤矿 #12106	5887	94	2.42	2.68	3284	89.3	−72.4
羊场湾煤矿 #I 号块段	7253	215	2.29	−2.66	1922	34.45	−35.22

（2）地表非连续变形特征明显，地表裂缝发育密集且宽度较大，常伴有台阶落差，部分区域甚至出现塌陷坑。外侧裂缝一般发育至采空区边界外侧，但距离边界较近；在整个采空区平面范围内，裂缝呈现"C"或"O"形分布。已有数据显示，泥岩、砂岩、页岩、

黏土抗拉伸变形分别在 2.2~2.5mm/m、2.8mm/m、6.2mm/m 和 2.0~10mm/m，而高强度开采的水平变形极值一般大于 10mm/m，由此判断高强度开采裂缝必然发育，台阶发育是因为裂缝出现后裂缝两侧变形不同步引发的。地表的非连续变形除裂缝和台阶外，还有塌陷坑、塌陷槽等形式，常见高强度开采地表非连续变形如图 3-11 所示。

(a) 地表裂缝	(b) 地表台阶
(c) 地表塌陷坑	(d) 地表塌陷槽

图 3-11　开采沉陷常见地表非连续移动变形类型

（3）地表移动变形影响范围相对较小，下沉盆地边沿陡峭。主要是因主要影响半径 r 较小导致的。

（4）地表移动变形速度较快。采动后短期内，地表产生明显的移动变形，很多情况下地表变形具有突发性，变形在时间维度上比较集中，甚至在数日内完成大部分移动变形；停采后，移动变形在较短时间内即达稳定状态。

由于高强度开采的地质采矿技术特征普遍引起了地表的严重破坏，因此地表移动变形剧烈是高强度开采的主要特征。

综上所述，可确定高强度开采的技术特征包括以下 8 个方面，即地质采矿条件简单、工作面尺寸大、工作面技术装备水平高、工作面推进速度快、工作面单产大效率高、开采厚度大深厚比小、上覆岩层破坏严重、地表移动变形剧烈。

3.1.3　高强度开采定义

1. 高强度开采现有定义

当前学术界对"高强度开采"仍未形成统一、明确的定义。从现有文献看，高强度开采一般是指厚煤层（大采高）、推进速度快、工作面尺寸大、效率高、产量大的综合机械化一次采全高（综合机械化放顶煤或大采高支架）等采煤方法的统称。表 3-6～表 3-8 列举了目前对高强度开采界定的主要参考指标和要素特征。

表 3-6　一般意义上的高强度开采

工作面尺寸	采厚/m	采煤方法	推进速度	工作面单产/（万 t/a）
尺寸较大	$m \geqslant 3.5$	综合机械化、大采高综采、综采放顶煤	速度较快	$\geqslant 300$

表 3-7　文献提到的高强度开采指标（吴洪词等，2001）

工作面尺寸/m	采厚/m	推进速度	采煤方法	生产效率
大采面开采倾斜长度：200～450 推进长度：2000～7500	大采高（$m \geqslant 4.5$）	快速推进	机械化	效率较高

表 3-8　文献定义的高强度开采指标（吴洪词等，2001）

平面上开采面积占比 （开采区的开采面积与总面积之比）	极高强度开采区 （>0.6）	高强度开采区 （0.3～0.6）	中强度开采区 （0.1～0.3）	低强度开采区 （<0.1）
空间上工作面开采尺寸	采厚：$\geqslant 4.5$m 倾斜长度：$\geqslant 200$m 推进长度：$\geqslant 2000$m		采高：1.3～4.5m，倾斜长度：100～200m，推进长度：1000～2000m	采高：<1.3m 倾斜长度：无限制 推进长度：无限制
推进速度	速度较快	速度较快	无要求	无要求

　　由表 3-6～表 3-8 可知，高强度开采的定义指标要素均为采矿技术指标，未涉及其他要素指标。本书认为，高强度开采不应仅是指随着采煤装备技术水平的提升，以及采煤效率提升等技术参数的变化；还顾及高强度开采多集中在资源丰富，但环境恶劣、水资源缺乏、植被稀少、生态脆弱的中西部地区，在这些区域进行煤炭开采造成的地表沉陷、台阶裂缝、水土流失、沙漠化、环境污染、土地承载力恢复等各种负外部性要比中东部更为剧烈和严重，恢复难度极大，甚至引发生态灾难。图 3-12～图 3-15 展示了高强度开采的几种常见地表破坏形态。高强度开采对地表环境剧烈破坏的同时，对区域水资源的破坏也是巨大的。方精云等（2015）研究发现，蒙古高原所有面积大于 $1km^2$ 的湖泊在过去 30 多年快速减少，数量由 1987 年的 785 个降至 2010 年的 577 个，水域面积由 $4160km^2$ 降至 $2901km^2$。其中 64.6%是受到了煤炭开采的影响。

<table>
<tr><td align="center">图 3-12　哈拉沟煤矿风积沙区的地表裂缝</td><td align="center">图 3-13　柳沟村煤矿的台阶状裂缝</td></tr>
</table>

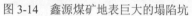

图 3-14　鑫源煤矿地表巨大的塌陷坑　　　图 3-15　大柳塔煤矿地表承受挤压凸起

2. 基于绿色理念的高强度开采定义

鉴于高强度开采对区域地质、生态环境及水资源的巨大扰动，本书认为：高强度开采的衡量指标不应仅侧重于采矿技术指标，还应包含地表破坏、覆岩破坏、水土流失、环境保护、生态承载力恢复等衡量指标。因为即便是相同的开采装备、工艺和技术参数，在不同的地质构造条件下，其引发的地表沉陷、覆岩破坏、水资源运移、生态环境扰动等方面的差异也可能是巨大的。应该指出的是，矿山开采不引起剧烈的地表移动变形、严重的建（构）筑物损坏、显著的地质生态环境和水资源的破坏和流失，均不应视为高强度开采。所以，仅以采矿技术指标（采空区尺寸及其占比、采厚、推进速度、采煤方法等）作为判定高强度开采的依据显得不够合理。同时，依据钱鸣高院士的"绿色开采"理论，也要求尽可能减轻开采煤炭对环境和其他资源的不良影响，以取得最佳的经济效益、环境效益和社会效益。

基于以上分析，将高强度开采的定义描述为：厚煤层（$m \geqslant 3.5\text{m}$）综合机械化一次采全高（放顶煤或大采高支架）、工作面尺寸较大（$L \geqslant 200\text{m}$）、推进速度较快（$V \geqslant 5\text{m/d}$）、工作面单产较大（一般 500 万～1000 万 t/a 以上，最小 300 万 t/a）、工作面深厚比较小（$H/m < 100$）、覆岩与地表破坏严重等负外部性影响显著的高产高效采煤方法。

3.1.4　高强度开采指标体系

基于上述开采技术特征及影响的分析及"绿色开采"理论，本书从采矿技术指标及环境影响、地表破坏状态、对区域水资源运移及影响程度等方面制定了高强度开采的指标体系。该指标体系包含开采技术指标和负外部性（破坏及环境影响）两方面，共 12 项指标，如表 3-9 所示。

表 3-9　基于绿色开采的高强度开采指标体系

指标类型	序号	指标内容	指标特征	样本统计指标
地质采矿技术指标	1	地质采矿条件	简单	构造简单，煤层赋存稳定，覆岩结构完整
	2	采煤技术工艺	大采高、综放	大采高综采、综采放顶煤、综合机械化分层
	3	工作面尺寸/m	长≥1000，宽≥200	长：1200～5850；宽：198～400
	4	工作面推进速度/（m/d）	≥5	2.2～20.0
	5	采厚与深厚比 H/m	$m \geqslant 3.5$，$H/m < 100$	煤层 3.5～8.0m、大采高 3.5～8.8m、特厚煤层 >8.0m；实际 H/m：14～85
	6	工作面单产/Mt	≥300	176～2212

指标类型	序号	指标内容	指标特征	样本统计指标
采动影响破坏指标	7	建（构）筑物损坏	损坏程度达到Ⅳ级	《砖石结构建筑物损坏等级》
	8	地表移动变形	下沉及水平移动量大；倾斜>10mm/m，曲率>0.6mm/m², 水平变形>6mm/m	实测值：下沉 2.55～11.90m，倾斜 40.2～215.0mm/m，曲率 0.27～8.40mm/m²，水平移动 799～3284mm，水平变形 8～89mm/m
	9	地表非连续破坏	裂缝、台阶裂缝、塌陷坑、边坡失稳、矿震	现场调研、观测
	10	上覆岩层破坏	部分为"两带"模式，"两带"高度大，裂缝发育	综合判断（现场监测、计算、钻孔等）
	11	水文地质影响	含水层破坏、地下水流失、潜水位下降、水体污染	《地下水环境质量标准》、《煤炭工业污染物排放标准》及现场监测
	12	生态环境影响	植被退化、土地利用降低、生态破坏、生物多样性降低	现场调研、观测

需要指出的是，在使用该指标体系进行高强度开采判定时，不需要各项指标完全相符。因为该指标体系只表征了当前及今后一定时期内，高强度开采的技术参数特征及其负外部性。而高强度开采衡量的落脚点应在开采造成的负外部性大小及程度上，对于不同的工作面，由于开采地质条件、水资源赋存状况、表层植被生态、地表建（构）筑物类型、污染物排放等不尽相同，致使高强度开采引起的负外部性也不相同，可能是以某一种破坏影响为主，也可能是多种破坏影响同时存在，但只要至少一项负外部性影响显著，造成的破坏或扰动较大，即认为是高强度开采。

3.2 高强度开采地表破坏特征、规律与预测参数

3.2.1 地表移动观测站设置及观测

1. 哈拉沟煤矿概况

研究区哈拉沟煤矿位于陕西省神木县大柳塔镇哈拉沟村内，井田面积为 72.4km²，可采储量 6.8 亿 t，核定生产能力 1250 万 t。矿井距大柳塔镇仅 4km，距包头至府谷二级公路仅 2km，距包神铁路黑炭沟精煤集装站仅 6km。煤炭从选煤厂直接经铁路输出，煤炭运输十分便利。同时，包（头）—神（木）铁路及大（柳塔）—石（圪台）公路由井田西缘纵贯南北，南抵神府矿区中心大柳塔。交通条件较为便利。

哈拉沟矿井的煤层埋深浅、基岩薄、煤层赋存厚度大、倾角较小、地质条件简单，易于实施高强度、高效率的开采模式。采用平硐-斜井-立井联合开拓布置方式，连续采煤机掘进巷道，综合机械化采煤。开采方法采用单一长壁后退式全部垮落综合机械采煤方法。

2. 开采工作面概况

22407 开采工作面位于井田四盘区中部，开采煤层为 2-2 煤。工作面北西为 2-2 煤中央回风大巷，北东为 22408 工作面，南东为大柳塔煤矿 22610 工作面采空区，南西为 22406 综采工作面采空区。

22407 工作面上方地表起伏不大，地势大体呈北西高，南东低趋势，地表全部被平均

厚度为 15.7m 的风积沙所覆盖。其中第四纪松散层厚度为 55.5m，占开采深度的 42%。

工作面煤层底板标高 1127.8～1147.9m，开采深度平均为 131.9m，煤层倾角 1°～3°。煤层结构简单，属稳定型煤层。22407 综采工作面地层综合柱状图如图 3-16 所示。

地层	层厚/m	柱状图 1:200	层号	岩石名称	岩性描述
第 四 系 Q	$\dfrac{21.88-3.76}{15.66}$		20	风积沙	土黄色，中细粒，松散，无胶结
	$\dfrac{9.35-55.44}{26.34}$		19	黄土	浅转红色，成分沙土、黏土含钙质结核局部坚硬。固结较好，孔隙发育；底部有砾石层发育。砾径5cm左右
	$\dfrac{20.17-9.80}{13.47}$		18	砂砾石层	河流石，砾径8~10cm，成分以石英、长石为主
直 罗 组 J_2z	$\dfrac{8.18-1.60}{4.89}$		17	砂质泥岩	灰绿色，较破碎，块状构造，局部已风化
	$\dfrac{6.25-4.66}{5.35}$		16	粉粒砂岩	夹细粒砂岩薄层，泥质胶结，近水平层理发育，块状构造
	$\dfrac{8.29-4.64}{6.47}$		15	中粒砂岩	灰白色，成分以石英、长石为主，具块状层理
	$\dfrac{5.55-3.59}{4.57}$		14	细粒砂岩	灰绿色，成分以石英、长石为主，泥质胶结，含云母片
	$\dfrac{5.82-3.50}{4.88}$		13	粉砂岩	灰绿色-灰色，夹细粒砂岩薄层，局部地段已风化
	$\dfrac{15.36-12.27}{13.98}$		12	长石、石英	灰白色成分以石英长石为主，局部地段为灰色砂质泥岩，水平层理，层状构造
延 安 组 $J_{1-2}y$	$\dfrac{3.53-0.50}{2.02}$		11	粉砂岩	灰色，含植物叶化石，以及黄铁矿结核
	$\dfrac{10.94-2.80}{6.87}$		10	细粒砂岩	灰白色，成分以石英、长石为主，泥质胶结，夹粉砂岩薄层
	$\dfrac{4.27-3.45}{3.64}$		9	煤线/ 细粒砂岩	灰白色，泥质胶结，以长石、石英为主，分选中，磨圆一般
	$\dfrac{7.64-1.20}{4.42}$		8	石英中粒砂	灰白色，成分以石英、长石为主，泥质胶结
	$\dfrac{6.81-4.50}{5.66}$		7	细粒砂岩	灰白色，成分以石英、长石为主，泥质胶结，夹粉砂岩薄层
	$\dfrac{5.27-1.30}{3.29}$		6	砂质泥岩	灰色，泥质胶结，近水平层理发育，局部夹有薄层中砂岩
	$\dfrac{4.47-1.20}{2.84}$		5	石英中粒砂	灰白色，成分以石英、长石为主，含有黄铁矿结核
	$\dfrac{11.37-1.98}{6.68}$		4	粉砂岩	深灰色，局部为砂质泥岩，灰色，水平层理，层状构造
	$\dfrac{5.7-3.8}{5.39}$		3	2-2煤	煤
	$\dfrac{7.47-4.83}{5.80}$		2	粉砂岩	灰白色-深灰色，夹细粒砂岩，泥岩薄层
	$\dfrac{7.59-1.74}{4.41}$		1	细粒砂岩	灰白色-深灰色，成分以石英、长石为主，夹细砂岩薄层。含少量暗色矿物

图 3-16 22407 工作面综合柱状图

工作面主要受第四纪松散含水层的影响。松散含水层厚度 10～24m，富水性较强，工作面回采时可能会溃水溃沙。据现场观测，工作面正常涌水量为75m³/h，工作面最大涌水量为416m³/h。

工作面推进长度 3224.1m，宽 284.3m，总回采面积 91.66 万 m²。回采煤层为 2-2 煤层，平均煤厚 5.39m。按设计采高为 5.2m 回采，可采储量为 619.6 万 t。煤层倾向南西（轴向 NE～SW），煤层底板标高整体为运顺高于回顺。采用全部垮落法管理顶板。

按设计要求，22407 综采工作面采用单一长壁后退式全部垮落综合机械采煤方法。推进速度约为 15m/d，推进速度极快，预计可采期限为 222 天。22407 工作面开采属于典型的厚风积沙下高强度开采。

3. 地表移动观测站设置

目前，研究岩层与地表移动变形特征的主要方法是在开采工作面上方设置地表移动观测站，通过现场观测，获得地表移动实测资料。通过对实测资料进行理论计算和综合分析，研究矿山开采引起的地表移动变形规律。

1）设计参数的确定

根据 22407 工作面地质采矿条件和钻孔柱状图，计算出覆岩综合评价系数 $P = 0.648$。参照"三下"采煤规程中岩性综合评价系数 P 与岩性影响系数 D 的对应关系，通过计算分析，得出上覆岩层岩性影响系数 D 为 1.91。由此可知，上覆岩层岩性综合评定为中硬偏软岩层。根据以上分析得到相关岩移参数。

2）观测线布设方案

观测线布设在工作面停采线一侧，走向观测线半条，倾向观测线半条，两条观测线互相垂直。

根据设计参数，走向观测线布置工作面中间向下山偏移 3.6m 的位置上。走向观测线全线长 348m。倾向观测线设置在离停采线 198m 的位置，全线长 301m，平行于停采线。走向和倾向观测线相交于 A21 观测点。走向和倾向方向控制点分别设置为 3 个和 4 个。观测线布置设计图如图 3-17 所示。布设点数和长度如表 3-10 所示。

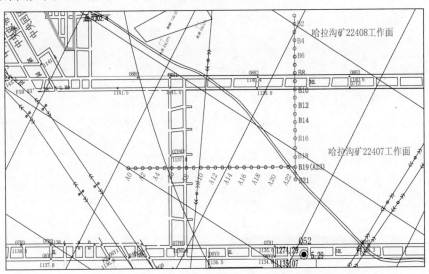

图 3-17　22407 工作面观测站布置示意图

表 3-10　观测站设计参数

工作面方向	观测点数/个	控制点数/个	观测线长度/m
走向	24	3	348
倾向	20	4	311

4. 地表移动观测站观测

地表移动观测站于 2013 年 11 月 1 日建立，11 月 11 日开始进行初始观测，获得了各个观测点的初始资料。整个观测工作自 2013 年 11 月 11 日开始至 2014 年 9 月 27 日结束期间，共进行了 11 次全面观测。采动期间进行了多次日常观测工作，尤其是在地表下沉剧烈期（地表下沉量达 30mm/d），每天坚持观测 1 次。在观测期间，不仅观测平面位置与高程，还记录地表裂缝及塌陷坑，陷落柱的位置、长度、产状、大小等特征。同步记录井下工作面回采位置、生产情况和矿压观测情况。

通过对比 2014 年 3 月 30 日与 2014 年 9 月 27 日高程观测数据，发现连续 6 个月观测地表各点的累计下沉值均小于 30mm。参考"三下"采煤规程，可知地表移动已趋于稳定。在数据处理时，将 2014 年 9 月 27 日观测得到的第 11 次数据作为地表移动的最终数据。

经过计算，现场观测得到的地表移动变形实测最大值如表 3-11 所示。

表 3-11　地表移动变形最大值

变形参数	最大下沉 W/mm	水平移动 U/mm	曲率 K/（mm/m²）		倾斜 i/（mm/m）	水平变形 ε/（mm/m）	
			正曲率	负曲率		拉伸（+）	压缩（−）
走向	3383.0	870.0	2.2	−2.4	51.8	29.0	−52.0
倾向	3383.0	550.0	1.7	−1.2	45.0	31.2	−27.2

3.2.2　高强度开采角量参数

1. 角量参数的确定

通过对实测资料进行整理、计算、分析，获得了各类地表移动变形值。在此基础上，绘制了各类地表移动变形曲线，如图 3-18～图 3-22 所示。

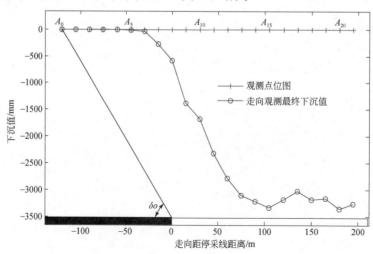

图 3-18　边界角求取示意图

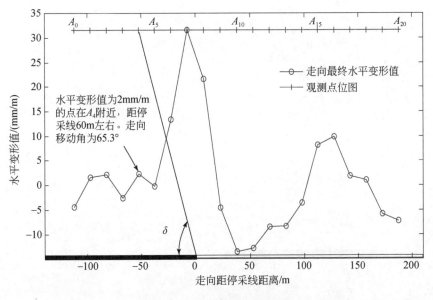

图 3-19 移动角求取示意图

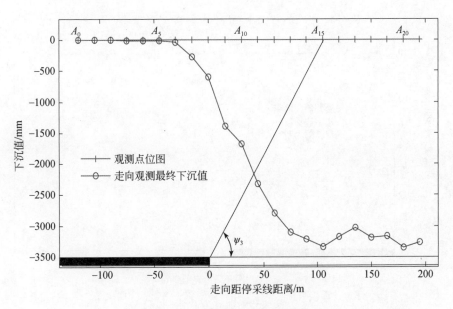

图 3-20 充分采动角求取示意图

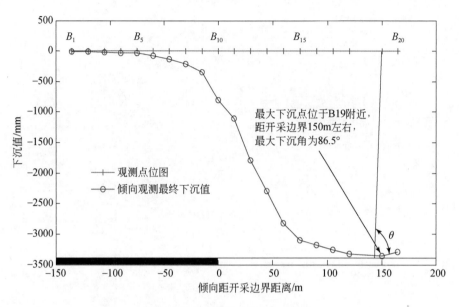

图 3-21   最大下沉角求取示意图

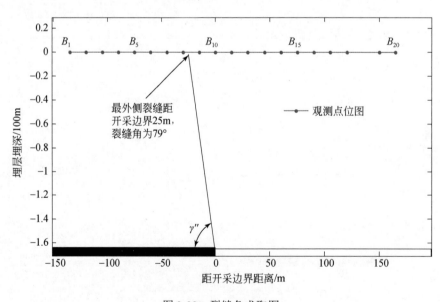

图 3-22   裂缝角求取图

根据角量参数计算原理，并参阅相关文献，得到神东矿区部分生产矿井的角量参数，如表 3-12 所示。

表 3-12　神东矿区部分角量参数　　　　　［单位：（°）］

生产矿井名称	开采方向		边界角	移动角	充分采动角	最大下沉角	松散层移动角	裂缝角
哈拉沟	走向		47.3	65.3	51.0	—	45.0	79.0
	倾向	下山	43.9	60.0	47.2	89.4	45.0	63.1
		上山	50.6	65.5	51.7		45.0	79.0
大柳塔	走向		64.0	70.0	51.0	—	54.9	79.0
	倾向	下山	63.0	69.0	54.0	89.5	54.9	74.0
		上山	65.0	71.0	56.0		54.9	73.0
活鸡兔	走向		50.0	67.0	54.0	—	45.0	72.0
	倾向	下山	45.0	61.0	45.0	89.0	45.0	72.0
		上山	52.0	67.0	56.0		45.0	75.0
乌兰木伦	走向		67.0	70.0	57.0	—	45.0	77.5
	倾向	下山	60.5	72.0	57.0	90.0	45.0	77.5
		上山	67.0	72.0	57.0		45.0	77.5
韩家湾	走向		58.7	62.5	77.5	—	45.0	86.4
	倾向	下山	57.2	62.5	77.5	90.0	45.0	86.4
		上山	57.2	62.5	77.5		45.0	86.4
补连塔	走向		45.0	81.7	—	—	45.0	88.4
	倾向	下山	—	—	—	—	45.0	93.4
		上山	45.0	81.7	—		45.0	87.6
石圪台	走向		—	75.0	—	—	50.0	—

2.角量参数特性分析

为了进一步分析高强度开采条件下的岩层移动角量参数，将我国不同地质采矿条件下的角量参数列出，进行对比分析，如表 3-13 所示。

表 3-13　神东矿区角量参数与其他矿区角量参数对比　　　　　［单位：（°）］

矿区	边界角	移动角	充分采动角	最大下沉角	裂缝角	地质采矿条件
神东矿区	47~57	60~75	51~60	89~90	72~90	浅埋深、风积沙区高强度开采
开滦矿区	43~50	61~77	45~52	82~84	62~85	厚松散层深部开采
与神东差值	3~7	-1~-2	5~8	5~7	10~15	
潞安矿区	45~55	63~79	47~54	86~88	67~85	厚松散层薄基岩浅埋深综放开采
与神东差值	2~3	-3~-4	4~6	2~3	5~6	
新汶矿区	52~67	58~72	48~55	82~85	68~82	厚基岩深部综放开采
与神东差值	-5~-10	2~3	3~5	4~8	4~8	
平煤矿区	53~70	58~68	47~50	80~85	62~80	薄松散层厚基岩普采
与神东差值	-6~-12	2~7	5~10	6~8	8~10	

1）边界角特性分析

（1）从表 3-13 可知，与开滦矿区深部开采条件、与潞安矿区厚松散层浅埋深开采条件相比，边界角相对偏大。

其主要原因是：在高强度开采条件下的采深较浅，采厚较大。在工作面快速推进过程中，直接顶不断垮落，随着关键层整体断裂，覆岩出现整体剪切破坏情况。由于高强度采动覆岩较薄，进而影响到覆岩上方的松散层和风积沙，造成地表移动变形异常集中，下沉盆地迅速形成，地表下沉盆地收敛很快，造成边界角较大。

（2）从表 3-13 可知，与新汶矿区厚基岩深部开采条件、与平煤矿区薄松散层厚基岩普采条件相比，边界角相对偏小。

神东矿区地表覆盖有 6～20m 风积沙，而风积沙具有明显的非塑性、蠕动性和流动性较强的特点。在受到采动影响时，风积沙形成下沉盆地为 10mm 位置处的开采影响边界较远，所以，边界角呈现较小趋势。

应该指出的是，通过对神东矿区厚风积沙覆盖、高强度开采条件下的实测资料分析，发现在地表下沉 10mm 点处（即边界点处），地表移动变形显现仍然较为明显，存在的移动变形影响不容忽视。所以，在厚风积沙覆盖、高强度开采条件下，在进行开采影响边界划分时，以及进行建（构）筑物采动防护时，应充分考虑这一特性。为了保证地表建（构）筑物安全，建议在参考表 3-12 角量参数的基础上，边界角取值时应减小 2°～5°。

2）移动角特性分析

通过分析地表移动观测站资料，发现在所有移动变形值中，水平变形值为 2mm/m 的临界变形值总是距离开采边界最远。所以在本书中以水平变形的临界值为 2mm/m 求取移动角。

从表 3-13 可知，与我国其他地质采矿条件相比，高强度开采条件下的移动角呈现自身的特征，具体如下：

（1）与开滦矿区深部开采条件、与潞安矿区厚松散层浅埋深开采条件相比，移动角相对偏小。主要原因是：神东矿区的上覆岩层中松散层所占比例较大，基岩相对较薄。以哈拉沟矿为例，松散层厚度为 55.5m，松散层厚度达到整个采深的 42%。在高强度开采条件下，原岩应力重新分布，附加应力不仅影响到采场周围的岩体，而且还波及厚松散层及其风积沙，造成地表移动变形范围较远，所以移动角值相对较小。

（2）与新汶矿区厚基岩深部开采条件、与平煤矿区薄松散层厚基岩普采条件相比，移动角偏大。主要原因是：在高强度开采条件下，地表移动变形极为剧烈，在开采过程中周期来压明显，工作面上方老顶剪切应力大，引起工作面沿煤壁整体切落，覆岩上部厚松散层随着基岩破断呈整体下沉，造成引起地表移动变形影响的危险边界范围较小，所以移动角相对偏大。

3）充分采动角偏大

在风积沙区高强度开采条件下，开采工作面走向与倾向长度较大，埋深较浅，走向和倾向方向均达到了超充分采动状态，地表移动盆地的平底部分范围较大，造成充分采动角较大。特别是与深部开采条件下地质采矿条件相比，这种特点尤其突出。

4）裂缝角偏大

裂缝角偏大的主要原因是，在风积沙区高强度开采条件下，地表下沉量与下沉速度急剧增大。随着老顶破断，出现上覆岩层与地表基本同步垮落现象。同时，基岩上方第四纪厚松散层的存在，导致其抗拉伸能力较低，致使厚松散层中（尤其是在风积沙中）存在贯通性好的垂直裂缝，在土层中形成了结构弱面。受高强度采动的影响，弱面迅速扩展沟通，形成了联通性较强的沟通裂隙，阻滞了松散层中移动变形向外继续传递，使得裂缝不断扩张加宽，导致地表裂缝角呈现偏大特点。

3.2.3　高强度开采地表动态移动变形规律

1. 动态下沉规律

由图 3-23 可以看出，在 22407 工作面走向方向上，随着工作面的不断推进，地表下沉值急剧增大，移动变形异常剧烈，下沉盆地快速形成。在开采影响活跃阶段内的最剧烈阶段（按下沉量 30mm/d 标准），即在 2014 年 1 月 5 日至 2014 年 1 月 13 日，在短短 9 天时间内，地表下沉量竟高达 2848.0mm，占地表总下沉量的 84.2%。较普通综放开采而言，地表移动变形剧烈程度，在矿山开采沉陷动态变形规律中较为罕见。当地表移动变形的剧烈期过后，下沉变形量增幅不太明显。从图 3-23 可以看出，有几期观测得到的曲线出现重合现象，地表最终最大下沉值达到 3383.0mm。采空区上方地表下沉盆地呈平底状。

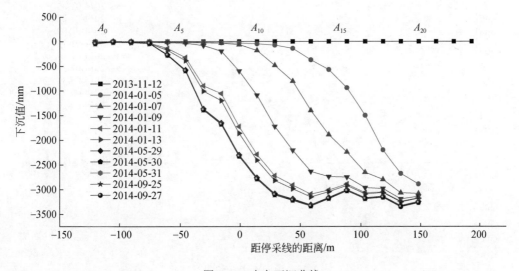

图 3-23　走向下沉曲线

当倾向下沉盆地形成后，在工作面推进过程中，地表下沉值增幅不甚明显。主要因为工作面埋深较浅，而倾向采宽较大，倾向方向上一直处于超充分采动状态。所以，当地表下沉盆地一旦形成后，随着工作面的不断推进，地表下沉值增幅不明显，动态下沉曲线形态不再发生变化，如图 3-24 所示。

2. 动态水平移动规律

在走向方向上，随着工作面不断推进，各个观测时期内水平变形值由小变大。其水平移动值大体上可分为两个区域，即以距停采线 127m 处为分界点，位于煤柱一侧水平移动值为负值，最大值-466.0mm 出现在距停采线约为 163m 位置处；而位于采空区一侧的水平移动值为正值，其最大值 870.0mm 出现在距停采线约为 120m 位置处，如图 3-25 所示。

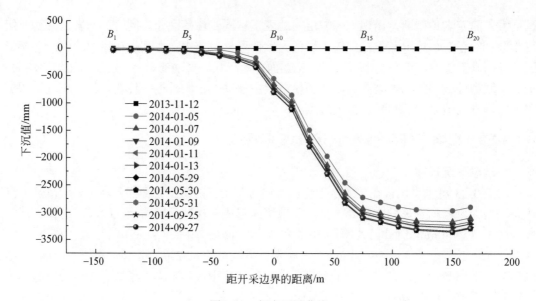

图 3-24　倾向下沉曲线

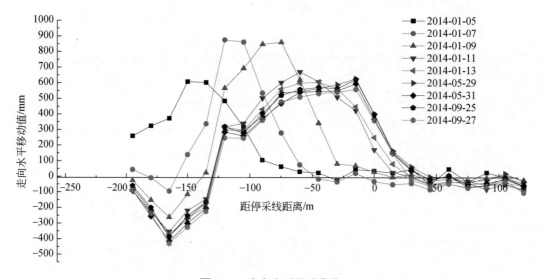

图 3-25　走向水平移动曲线

在倾向方向上，随着工作面的推进，各个观测时期水平移动曲线形状基本相似，即各个观测时期内水平移动值变化不大。除 2014 年 1 月 5 日观测得到的各观测点的水平移动值均为正值以外，在其他各个观测时期，其水平移动区域大体分为 5 个区域，如图 3-26 所示。具体如下：

（1）采空区上方。水平移动值相对较小，移动方向指向下山方向。

（2）距上山边界 -53～50m 区域（正值为偏离工作面上山边界的煤柱位置处，负值为偏离工作面上山边界的采空区位置处）。该区域内水平移动值为正值，最大水平移动值 550.0mm 位于距工作面上山边界上方 28m 处（位于煤柱一侧）。

（3）距上山边界 53～82m 区域。水平移动值为负值，最大值 -198mm 位于距工作面上山边界上方 60m 处（位于煤柱一侧）。

（4）距上山边界 82～125m 区域。水平移动值为正值，在各个观测时期内最大水平移动值 250.0mm 位于工作面上山边界上方 120m 处（位于煤柱一侧）。

（5）距上山边界 125m 以外区域（位于煤柱一侧），水平移动值均为负值，即移动方向指向下山方向，水平移动最大值为-408mm。

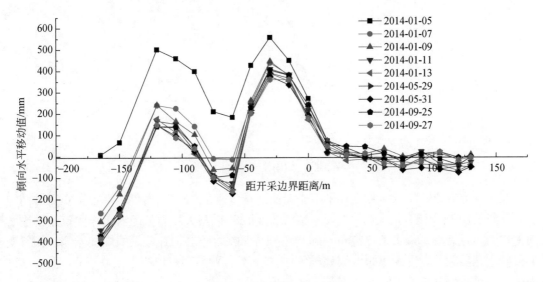

图 3-26　倾向水平移动曲线

3. 动态倾斜变形规律

各个时期走向和倾向上的地表动态倾斜变形曲线如图 3-27、图 3-28 所示。

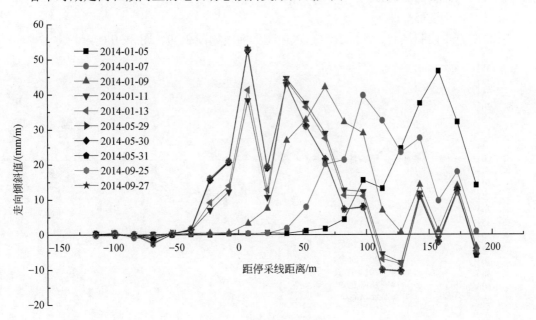

图 3-27　走向倾斜变形曲线

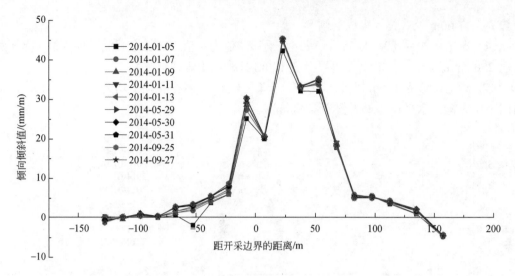

图 3-28　倾向倾斜变形曲线

在走向方向上，随着高强度开采工作面快速推进，在 2～3 天时间内，各个观测时期的地表倾斜值由 0 变化为最大值。随后，各个观测时期的最大倾斜值随着工作面持续推进而向前移动。倾斜变形最大值 51.8mm/m 出现在停采线上方。而在停采线煤柱一侧，倾斜变形值减小速度较快，在距停采线煤柱一侧约 75m 处，倾斜变形值减小至 0。工作面推进过程中动态最大倾斜值始终小于静态最大倾斜值。

在倾斜方向上，由于工作面在推进过程中倾向方向上一直处于充分采动状态，各观测点倾斜值总体上变化不大。最大倾斜值 45.0mm/m 位于距工作面上山边界 25m 处的采空区上方，方向始终指向上山方向。

4. 动态水平变形规律

各个时期走向和倾向上的地表动态水平变形曲线如图 3-29、图 3-30 所示。

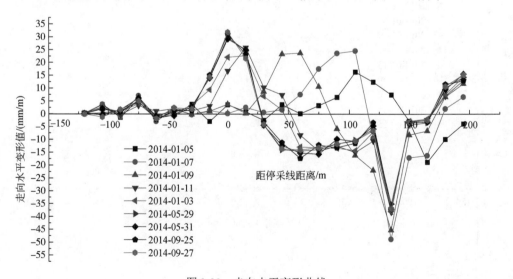

图 3-29　走向水平变形曲线

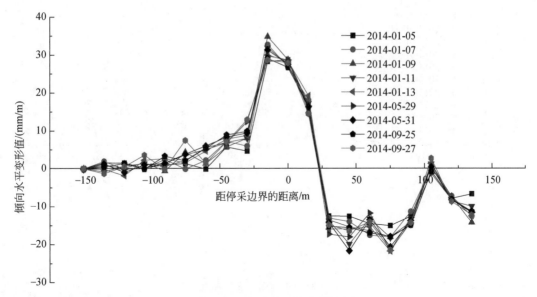

图 3-30　倾向水平变形曲线

1）走向方向

在走向方向上，各个观测时期内，地表上方大体可分为拉伸变形和压缩变形两个区域。

（1）压缩变形区域。在采空区上方的区域，主要呈现压缩变形。最大压缩变形值为 −52.0mm/m 位于采空区上方、距停采线 138m 处。随着工作面不断推进，压缩变形逐渐减小，各个时期压缩变形为 0 的位置，距停采线约 28m 处的采空区上方。

（2）拉伸变形区域。在工作面持续推进过程中，压缩变形快速演变为拉伸变形，其最大值 29.0mm/m 出现在停采线正上方，而拉伸变形为 0 的位置，距停采线约 100m 处的煤柱一侧，如图 3-29 所示。

2）倾向方向

在倾向方向上，由图 3-30 可知，各个观测时期的水平变形可分为 2 个区域，即压缩变形区和拉伸变形区。

（1）采空区上方压缩变形区域。在该区域内，压缩变形值由小增大达到最大值 −27.2mm/m 后，又以较快速度减小。

（2）拉伸变形区域。位于采空区一侧、距工作面上山开采边界约 24m 处至煤柱未开采区域，为拉伸变形区域。距开采工作面上边界煤柱一侧 15m 处，拉伸变形达到最大值 31.2mm/m。而后拉伸变形又快速减小，在煤柱一侧、距开采工作面上边界约 150m 处，拉伸变形减小至 0。总体上，倾向方向各个时期的水平变形值变化不大。

5. 动态曲率变形规律

各个时期走向和倾向上的地表动态曲率变形曲线如图 3-31、图 3-32 所示。

在走向方向上，在各个观测时期，曲率变形呈现一正一负两个最大值，随着工作面不断推进随之向前移动，其中在停采线上方呈现出最大正曲率值，为 2.2mm/m²；而在采空区一侧、距停采线 15m 处，出现最大负曲率，为 −2.4mm/m²。正负曲率变形值在开采过程中基本上 3～4 天完成一次交替。

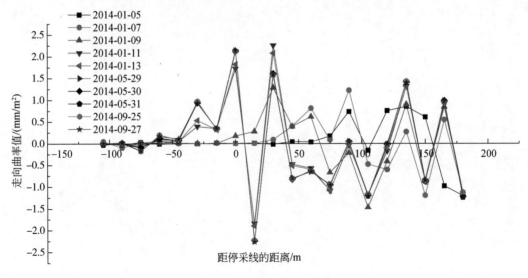

图 3-31　走向曲率变形曲线

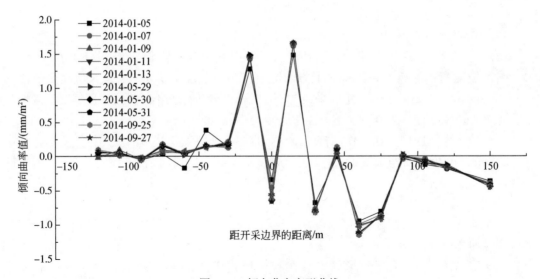

图 3-32　倾向曲率变形曲线

在倾向方向上，各个观测时期内正负曲率值交替出现。由图 3-32 可知，在采空区上方，地表均处于负曲率状态，最大值达-1.2mm/m²。在采空区上方、距开采工作面上边界 25m 处，曲率变形值为 0。而正曲率变形最大值 1.7mm/m² 出现在距工作面上边界 15m 处的采空区上方。在开采工作面上边界煤柱一侧，曲率变形值基本上均处于正曲率区域。总体上，倾向方向各个时期的曲率变形值变化不大。

由以上分析可知，在倾向方向上，地表动态移动变形特征如下。

（1）高强度开采工作面推进过程中，在不同观测时期内地表移动变形曲线变化不明显，即变形量增幅较小，导致矿山开采在倾向方向上地表反映较为平稳。

（2）高强度开采条件下，在倾向方向工作面上下的边界处，地表移动变形显现剧烈，地表裂缝呈两条"条形"，与工作面推进方向平行延伸。其主要原因是高强度开采工作面倾向方向宽度较大，超过了开采深度的 1.2～1.4 倍，开采工作面一直处于超充分采动状态所致。

　　应该指出的是，对照《建筑物、水体、铁路及主要井巷煤柱留设与压煤开采规程》（2000版）（以下简称"三下"采煤规程）中"砖石结构建筑物的破坏等级"，上述在高强度采动过程中显现的地表动态移动变形最大值，远远超过了建（构）筑物保护的Ⅳ级破坏标准，对地表建（构）筑物安全造成了极其严重的影响。

3.2.4　地表动态移动变形参数求取

1. 地表动态移动持续时间

　　地表移动持续时间是指从地表移动开始到地表移动稳定所持续的时间。地下开采引起的地表移动变形过程可以分为 3 个阶段，即初始阶段、活跃阶段和衰退阶段，如图 3-33 所示。

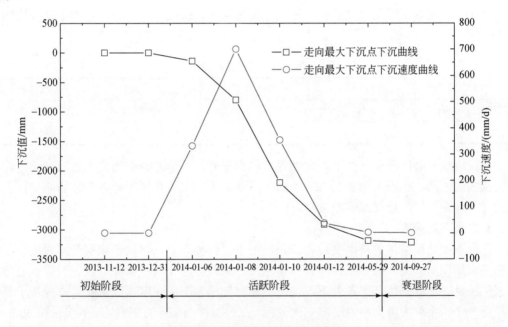

图 3-33　下沉速度及下沉关系曲线

　　地表移动变形持续时间特点分析如下：

　　（1）地表移动初始阶段（按地表下沉量达到 10mm 的时刻开始至移动变形速度达到 1.67mm/d 计算）非常短，只持续了 7 天左右时间，比正常综放开采缩短了近一半时间。

　　（2）地表移动活跃期阶段（活跃阶段按地表下沉速度大于 1.67mm/d 标准计算），由于受神东矿区地表厚松散层的影响，尤其是受地表厚风积沙覆盖的影响，地表下沉缓慢，且具有流动性。现场观测发现，地表移动变形活跃阶段持续时间相对较长，约为 150 天时间，该阶段的地表下沉量达到总下沉量的 95.3%。但是，地表下沉剧烈期时间非常短（剧烈期按地表下沉速度大于 30mm/d 标准计算），仅仅持续了 9 天左右时间。在地表下沉剧烈期，由于地表下沉速度极快，呈现了"今天地下采，明日地表陷"的高强度开采条件下地表下沉独特的现象。

（3）地表移动衰退阶段（按地表下沉速度小于 1.67mm/d 标准计算）持续时间相对较长。现场观测发现，地表移动变形衰退期持续了 1 年左右时间，与普通综放开采衰退期持续时间基本相当。

以上地表移动延续时间，是风积沙区高强度开采综合影响因素结果。主要表现在以下两个方面：一方面，在高强度开采条件下，开采深度较浅，工作面推进速度很快，地表移动变形异常剧烈，使地表移动剧烈期持续时间很短；另一方面，厚风积沙覆盖条件，又使地表移动变形持续总时间相对较长。

2. 超前影响距及超前影响角

超前影响距和超前影响角是确定采动过程中地表动态移动盆地影响范围的参数。主要受覆岩性质、开采深度、开采厚度、采动程度、开采速度、采动次数等因素的影响。

经过现场观测及分析计算，得到超前影响距为 82.0m，如表 3-14 所示。与传统综放开采条件相比，超前影响距总体偏小。根据超前影响距及开采深度，经计算得到超前影响角为 58.0°。

表 3-14　超前影响距

观测日期	2014-01-05	2014-01-07	2014-01-09	平均值
超前影响距/m	95.0	83.0	67.0	82.0
超前影响角/（°）	53.8	57.4	62.7	58.0

在浅埋深高强度开采条件下，采动程度较为充分，工作面推进速度高达 15m/d。随着主关键层的垮断，出现上覆岩层与地表同步垮落现象，大大缩短了地下开采影响到地表显现的时间差距，导致超前影响距偏小。

3. 最大下沉速度

下沉速度是衡量地表移动变形剧烈程度的重要指标之一，取决于煤层开采厚度、开采深度、煤层倾角、工作面开采尺寸、推进速度、采煤方法和顶板管理方法、覆岩性质等地质采矿条件。在高强度开采条件下，各个观测时期地表下沉速度曲线形状基本保持不变，均经历一个由小到大再到小的动态变化过程。在地表移动变形的剧烈期（下沉量按 30mm/d 计）内，地表点的下沉量与下沉速度值急剧增大，移动变形异常集中，地表下沉盆地形状较为陡峭，如图 3-34 所示。

由图 3-34 可知，地表最大下沉速度点为 $A14$ 监测点。通过现场观测，$A14$ 点最大下沉速度高达 700.5mm/d。

地表最大下沉速度的计算公式为

$$V_{\max} = K \frac{C}{H_0} W_0 \tag{3-8}$$

式中，$V_{\max}$ 为地表最大下沉速度，mm/d；C 为工作面推进速度，mm/d；W_0 为最大下沉值，mm；H_0 为平均采深，m。

在 22407 工作面推进过程中，$V_{\max}$=700.5mm/d，C=15m/d，W_0=3500mm，H_0=130m。

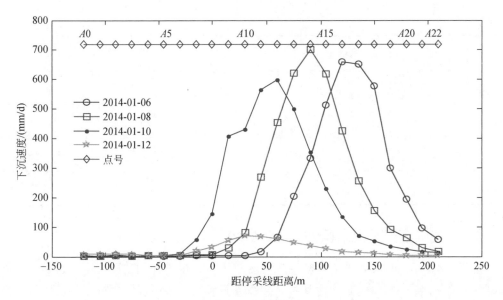

图 3-34　下沉速度曲线

由式（3-8），经计算可得，K=1.73。

与普通综放开采条件相比，地表最大下沉速度系数 K 值较大。

4. 最大下沉速度滞后距与滞后角

最大下沉速度滞后距与滞后角是确定采动过程中最大下沉速度位置的参数。理论分析和现场实践证明，随着工作面的推进，地表最大下沉速度和回采工作面之间的相对位置基本不变，与之对应的是，最大下沉速度点也呈现有规律的向前移动。

最大下沉速度滞后距与滞后角主要受到覆岩性质、开采深度、开采厚度、工作面推进速度等因素的影响。根据现场观测，22407 高强度开采工作面最大下沉速度滞后距为 57m。据此经计算得到，最大下沉速度滞后角为 66.3°。

与传统综放开采条件相比，高强度开采条件下的最大下沉速度滞后距和最大下沉速度滞后角均偏小。其主要原因是，在高强度开采条件下，采用综合机械化一次采全高，其工作面尺寸大，推进速度快，采动程度剧烈，造成最大速度滞后距偏小。

3.2.5　神东矿区地表动态移动变形参数

基于神东矿区部分观测站实测资料分析，并参阅相关文献，得到神东矿区部分高强度开采条件下的地表动态移动变形参数，如表 3-15 所示。

表 3-15　神东矿区部分高强度开采动态参数

生产矿井名称	起动距/m	超前影响距/m	超前影响角/（°）	最大下沉速度/（mm/d）	最大下沉速度滞后距/m	最大下沉速度滞后角/（°）
哈拉沟矿	$0.08\sim0.12H_0$（10～13m）	$0.63H_0$（82m）	57.8	700.5	$0.44H_0$（57m）	66.3
补连塔矿	$0.25H_0$	$0.27H_0$（70.0m）	75.0	600.0	$0.23H_0$	76.8

生产矿井名称	起动距/m	超前影响距/m	超前影响角/(°)	最大下沉速度/(mm/d)	最大下沉速度滞后距/m	最大下沉速度滞后角/(°)
榆家梁矿	—	$0.79H_0$（72.0m）	79.0	—	—	—
活鸡兔矿	—	$0.54H_0$（47.0m）	63.3	269.0	38.2	63.4
大柳塔矿	$0.21H_0$（12m）	$0.45H_0$（26.3m）	64.0	130.0	$0.45H_0$（27.4m）	62.5
乌兰木伦	$0.44H_0$（43m）	$0.14H_0$（14.0m）	82.0	98.2	$0.37H_0$（35.9m）	71.7

3.2.6 高强度开采概率积分法预计参数

地表移动变形的预计是地表沉陷治理和"三下"采煤设计的重要依据。目前，我国应用最多的方法是概率积分法。由于其具有参数容易确定、实用性强等特点，已成为我国较成熟的、应用最为广泛的预计方法之一。

根据概率积分法预测原理，预计时需要的地质采矿条件有：煤层的法向开采厚度（采高）m；煤层倾角 α；采空区下山边界采深 H_1、上山边界采深 H_2、走向主断面采深 H_3 及平均采深 H_0；倾向斜长 D_1、采空区走向长 D_3；顶板管理方法；上覆岩层的性质；工作面形状和推进进度等具体的地质采矿条件。

1. 概述

利用曲线拟合法求取概率积分法参数的基本原理为：将下沉值或水平移动值等目标变量 y 视为自变量 X 和待求参数 B 的函数，如下式所示：

$$y = f(X; B) \tag{3-9}$$

在式（3-9）中，若观测线是沿走向主断面设置时，自变量 X 为实测点的横坐标 x；若观测显示沿倾向主断面设置时，自变量 X 为实测点的横坐标 y；若观测线是沿任意方向设置时，自变量 X 为测点的坐标 (x, y)。B 为待定参数，参数个数为 m，即 $B=(b_1, b_2, \cdots, b_m)$。

根据最小二乘法原理，计算出最佳参数 B 即为欲求的概率积分法参数，即

$$Q = \sum_{i=1}^{n} \left[y_i - f(X_i; B) \right]^2 = \min \tag{3-10}$$

式中，$f(X_i; B)$ 为概率积分法模型；B 为概率积分法的 q，s，b，$\tan\beta$，θ 等预计参数。

根据极值原理，式（3-10）应满足以下关系式：

$$\frac{\partial Q}{\partial b_i} = 0 (i = 1, 2, \cdots, m) \tag{3-11}$$

由这 m 个方程可以解出待定参数 $B=(b_1, b_2, \cdots, b_m)$。

2. 曲线拟合法求取预计参数

1）曲线拟合

在参数具体求取过程中，运用 Matlab 软件中非线性最小二乘拟合函数，如 lsqlin、lsqcurvefit、lsqnonlin、lsqnonneg 函数，根据概率积分法预计模型进行曲线拟合，确定出概

率积分法预计参数，如图 3-35、图 3-36 所示。

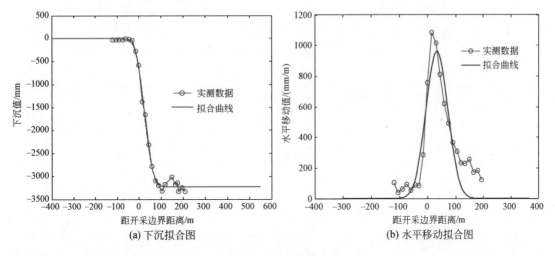

图 3-35　走向曲线拟合图

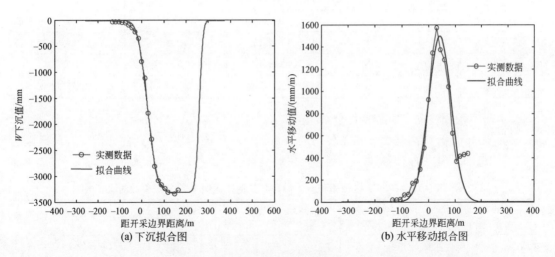

图 3-36　倾向曲线拟合图

2）精度分析

预计参数的拟合精度情况，如表 3-16 所示。

表 3-16　精度分析

误差	单点最大差值/m	单点相对误差/%	中误差/mm	相对中误差/%
走向方向	0.21	6.59	92.50	2.86
倾向方向	0.11	3.18	48.10	1.45

从表 3-16 可以看出，倾向曲线拟合精度较走向拟合精度好。主要由于在倾向上，开采工作面一直处于充分采动状态，地表移动变形较为集中，不受工作面推进时间、推进速度的影响，观测数据相对较为稳定。走向和倾向的单点相对误差都在 7% 以内，而相对中误差

均在 3.0%以内，拟合效果总体较好。

3）概率积分法预计参数的确定

根据曲线拟合方法，并综合考虑在主断面曲线上采用特征点求取参数的情况，并参阅相关文献，得到神东矿区部分生产矿井概率积分法预计参数，如表 3-17 所示。

表 3-17　神东矿区概率积分法参数

生产矿井名称	下沉系数	主要影响角正切	拐点偏移距/m	水平移动系数	开采影响传播角/（°）
哈拉沟矿 22407	0.65	1.6	$0.21\sim0.23H_0$ （27.0～30.0）	0.41	89.2
补连塔矿 31401	0.54	4.9	$0.10\sim0.14H_0$ （20.9～28.9）	0.13	—
补连塔矿 32301	0.54	3.4	$0.10\sim0.14H_0$ （20.9～28.9）	0.16	—
补连塔矿 2211	0.65	2.4	$0.35H_0/38.0$	0.37	85.6
补连塔矿 12406	0.45	2.2	$0.11H_0/23.0$	—	84.5
榆家梁矿 45101	0.60	2.0	$0.39H_0/36.0$	0.30	—
孙家沟矿	0.58	2.4	$0.10H_0/26.0$	0.11	—
活鸡兔矿	0.73	2.0	$0.23H_0/20.0$	0.33	89.0
大柳塔矿	0.59	2.7	$0.35H_0/20.4$	0.29	89.5
乌兰木伦	0.78	1.9	$0.22H_0/20.4$	0.44	89.8

4）概率积分法预计参数特性分析

为了进一步分析高强度开采条件下的概率积分法预计参数特性，将我国不同地质采矿条件下的概率积分法预计参数一并列出，进行对比分析，如表 3-18 所示。

表 3-18　神东矿区概率积分法参数与其他矿区概率积分法参数对比

矿区	下沉系数	主要影响角正切	拐点偏移距与采深比值	水平移动系数	开采影响传播角/（°）	地质采矿条件
神东矿区	0.50～0.70	1.6～2.4	0.21～0.23	0.29～0.44	84.5～89.5	浅埋深、风积沙区、厚松散层、高强度开采
开滦矿区	0.80～0.98	1.6～2.4	0.10～0.01	0.20～0.35	79.0～82.0	厚松散层深部开采
与神东差值	-0.30～-0.25	基本相等	0.1～0.2	0.1～0.2	5.0～7.0	
潞安矿区	0.75～0.90	2.0～3.5	0.1～0.03	0.20～0.35	82.0～83.0	厚松散层薄基岩浅埋深综放开采
与神东差值	-0.20～0.30	-0.4～-1.0	0.1～0.2	0.1～0.2	1.0～2.0	
新汶矿区	0.50～0.70	2.0～3.0	0.1～0.05	0.25～0.35	80.0～85.0	厚基岩深部综放开采
与神东差值	基本相等	-0.4～-0.6	0.1～0.22	0.05～0.20	4.0～6.0	
平煤矿区	0.70～0.78	1.9～2.7	0.1～0.05	0.20～0.35	75.0～82.0	薄松散层厚基岩普采
与神东差值	-0.20～-0.30	-0.3～-0.5	0.1～0.15	0.1～0.2	6.0～8.0	

由表 3-18 可知，在风积沙区高强度开采条件下，概率积分法预计参数呈现出自身特殊规律，具体如下。

A. 下沉系数整体偏小

由表 3-17、表 3-18 可知，在风积沙区高强度开采条件下，下沉系数为 0.5.0～0.70，相对偏小。主要原因分析如下。

（1）高强度开采条件下直接顶的影响分析。高强度开采工作面直接顶和老顶主要是由中细砂岩（$f=10$）粉细砂岩（$f=7.3$）组成，其综合坚固系数 f 为 9.3，属中硬岩性。在高强度开采条件下，工作面每天推进 15m，推进速度非常快，造成直接顶板在较短时间内出现大面积悬空现象。在自重力及其上覆岩层的作用下，直接顶发生了向下的移动和弯曲。当其内部拉应力超过岩层的抗拉强度极限时，直接顶岩层冒落充填采空区。由于中硬岩石的碎胀系数较大（碎胀系数达到 1.5 左右），限制了冒落带的发展速度与发展空间。

（2）高强度开采条件下老顶的影响分析。高强度开采工作面采厚为 5.4m，冒落带高度约为 10m，其冒采比为 1.9～2.2。冒落带上方岩层在冒落岩堆的支托下，以悬梁弯曲的形式沿层理面法线方向移动和弯曲。随着工作面的快速推进，直接顶的悬梁越来越长，顶板下沉速度也逐渐增加，到达一定程度时，产生了断裂、离层，进而影响到老顶，老顶出现断裂、离层现象，产生了顺层理面的离层裂缝。覆岩中离层裂缝的存在，以及冒裂带岩石的碎胀、空隙等因素共同作用，进一步限制了上部岩层的移动。

B. 水平移动系数整体偏大

主要原因是松散层厚度在覆岩中所占比例较大，加之松散层上部较厚的风积沙具有流变和蠕变特性，造成风积沙自动填充下沉空间与下沉盆地，使水平移动系数随松散层厚度增大而增大。

C. 主要影响角正切偏小

主要原因是开采深度较浅。同时，由于松散层上部厚风积沙的影响，地表移动变形影响范围进一步扩大，主要影响半径 r 得以增大，造成主要影响角正切偏小。

D. 拐点偏移距与开采深度之比较大

原因在于，神东矿区上覆岩层构造简单，主要以较硬的呈灰色的中粒石英砂岩为主。从钻孔柱状图可知，直接顶厚 6.7m 坚硬的细粒砂岩作用，限制了覆岩移动变形，使得下沉曲线上拐点位置偏移于煤壁正上方，偏向于采空区。同时，神东矿区煤层埋藏浅，造成拐点偏移距大小与开采深度之比（s/H）呈现出较大的特点。

E. 开采影响传播角 θ_0 偏大

开采影响传播角 θ_0 大小主要与煤层倾角和上覆岩层岩性有关。从表 3-17 可以看出，神东矿区开采影响传播角 θ_0 为 84.5°～89.5°，整体偏大。其主要原因是神东矿区煤层倾角较小的缘故。

3.2.7　基于三维激光扫描技术的地表移动变形规律

1. 大柳塔煤矿 52505 工作面概况

研究区域为位于神东矿区大柳塔煤矿的五盘区的首采面 52505 工作面，工作面设计宽度 300m，推进长度 4000m，开采煤层设计采高 6.7m，日进尺 13.8m。开采煤层赋存稳定，煤层倾角平均 2°，煤层平均埋深 90m。开采方法采用一次采全高全部垮落后退式综合机械化采煤。52505 工作面地表上方地势平坦，视野开阔，无重要的建（构）筑物。地下开采引起的地表沉陷受到人为影响因素少，易于观测。52505 开采工作面开采深厚比小，推进速度快，工作面开采强度大，属于典型的高强度开采方式。

研究区域内开采工作面的相互空间位置关系如图 3-37 所示。

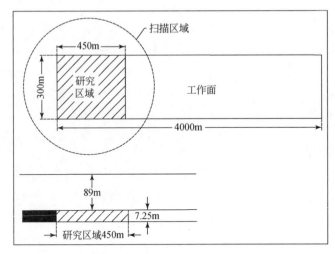

图 3-37　研究区域与工作面空间关系

2. 三维激光扫描技术

地面三维激光扫描技术（terrestrial laser scanning，TLS），可以获取真实场景下高分辨率和高精度的激光点云数据。TLS 具有非接触测量，数据采样率高，主动发射扫描光源，高分辨率，高密度，数字化采集，兼容性好的特点，不需反射棱镜就可直接获得高精度的扫描点云数据。该技术可广泛应用于三维物体表面的变形监测和开采沉陷地表形变监测。

地面三维激光扫描系统由四部分组成，包括：三维激光扫描仪、数码相机、后处理软件、电源以及附属设备。其中，三维激光扫描仪是地面三维激光扫描系统的核心组成部分，它是由高速精确的激光测距仪，配上一组可以引导激光并以均匀角速度扫描的反射棱镜构成，同量集成 CCD 和仪器内部控制和校正系统等。本书现场观测采用的是 Riegl VZ-1000 三维激光扫描仪，如图 3-38 所示。

图 3-38　Riegl VZ-1000 三维激光扫描仪

3. 观测线布设方案与实地观测

A. 外业扫描中应注意的问题

（1）点云配准用到标靶控制点时，应根据扫描点间距的大小确定使用不同大小的控制点标靶。一般控制点标靶的直径约为扫描点间距的 3 倍。

（2）力求最佳的距离和角度。

（3）设站合理，尽量保证较少遮挡或干扰，及时补漏。

（4）环境温度、湿度、光照对获取激光扫描点云数据有一定的影响。

（5）保证电力充足。

B. 数据采集前的准备

（1）确定扫描的测站数、测站位置及间距，控制标靶（用来匹配每站扫描的点云）的个数和位置。

（2）安置地面三维激光扫描仪，调整好扫描仪面对的方向和倾角；连接好扫描仪、计算机、电源；软件控制扫描过程，设置好扫描参数（行数、列数、扫描分辨率等），扫描仪自动进行扫描；集成的数码相机得到扫描对象的影像。

C. 数据采集过程

新建工程：工具栏 Project→→New→→project；新建站点：右击 SCANS→→New Scanposition→→Scanpos001（默认或重命名）；新建扫描：右击 Scanpos001→→New single scan。

D. 观测线布设方案与实地观测

根据实地地形勘踏结果，测区地势平坦，但植被较多，采用田字形的测站布设方案，在测区走向方向与倾向方向布设站点进行扫描。

在观测现场，采用 Riegl VZ-1000 三维激光扫描仪进行测区地形扫描，设置扫描参数。

4. 内业数据处理方法及精度分析

1）内业数据处理流程

外业数据采集完成后，首先需要对采集完成的点云数据进行预处理，点云数据预处理主要包括点云拼接、去除噪声、点云滤波、数据简化、坐标转换等步骤，具体流程图如图 3-39 所示。

2）点云拼接

A. Riscanpro 软件点云拼接操作流程

打开软件，点击左上角 "project" — "open" —找到拟处理的数据。如图 3-40 所示选中工程文件图标，点击 "打开"。点击打开后进入软件主界面，如图 3-41 所示。

在左侧为工程项目文件夹显示窗口，展开 "SCANS" 文件夹（点开 SCANS 前面 "+" 号），可以看到该工程进行扫描设站情况。如图 3-42 所示，以打开工程项目为例，可以看到共有 14 站 ScanPos001～ScanPos014。展开每一站可以看到该站数据扫描情况，进行数据拼接需要选择合适的扫描数据，一般采用全扫描数据进行拼接。将扫描数据拉入主窗体中，弹出选择视图模式窗口，通过选择不同的视图模式可以用不同方式查看本次扫描的点云数据。常采用 3D 视图模式、Linear scaled 方式查看点云数据，点击 OK 打开点云，如图 3-43 所示。查看各站的扫描点云，确定用于拼接的扫描数据进行点云拼接。

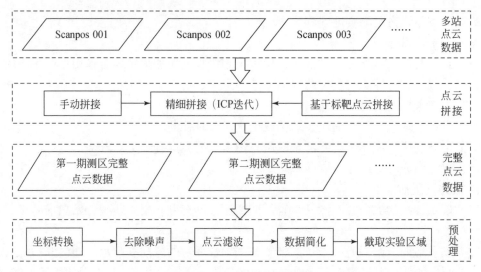

图 3-39　点云预处理流程图

图 3-40　打开工程　　　　　　　　　图 3-41　软件主界面

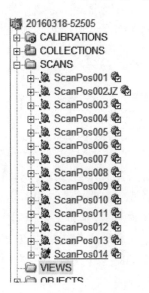

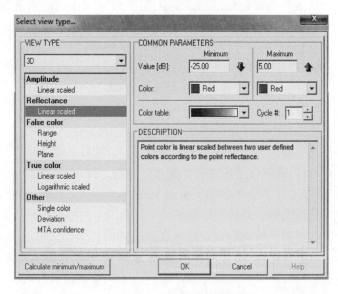

图 3-42　扫描设站　　　　　　　　　图 3-43　设置点云视图方式

一个工程项目一般要进行多次扫描设站，因此需要确定一个基准站作为统一坐标系统，一般尽量选择与其他几站公共区域较多的一站作为基准站。鼠标右键单击某一站，如ScanPos001，弹出快捷菜单选择"Registered"，选定后在该站名后出现一个带有对勾的小地球图标，此时该站已经设为拼接完成，即成为基准站。

将需要进行拼接的站设定为活动站点，该站点云为待拼接点云，需要与基准站点云有公共重叠区域。鼠标右键点击需要设定的站点，弹出快捷菜单选择 Activated，此时在该站前面的小图标上会出现一个红色的小箭头，若该站被设定为 Registered，需要再次点击 Registered 取消设定。

第一步，将基准站中用于拼接的扫描数据拉入到中间灰色窗口中，用 3D 视图模式、Linear scaled 方式打开点击 OK，然后缩小窗口；第二步，将活动站中需要拼接的数据同样拉入灰色窗口中。注意：不要将第二站拉入到第一站的窗口内；第三步，点选软件上方的并列窗口按钮。此时需要拼接的两站数据已经准备完成。

a. 手动拼接

将具有公共区域的两张数据并列显示之后，将数据调整为大致方向，然后点选软件上方工具栏中"Registration"—"Coarse registration"—"Manual"，弹出对话框，如图 3-44 所示；用鼠标点击"ViewA"后的文本框（click here to define），然后点击基准站数据所在的窗口；用鼠标点击"ViewB"后文本框，然后点击待拼接数据所在的窗口。点击完成后，在 View A 与 View B 中出现了选择的点云数据名称，如图 3-45 所示。

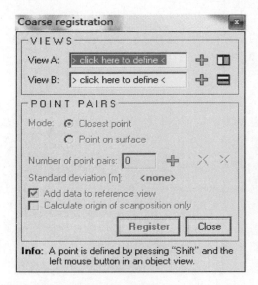
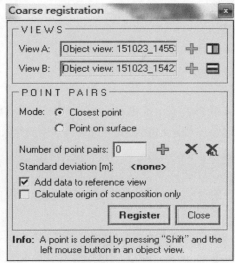

图 3-44 选择窗口 　　　　图 3-45 完成选择

此时 Number of point pairs 为 0，即同名点为 0。旋转调整两个窗口中的点云，找到公共部分，在两个窗口中分别选择相似的两个点（Shift+鼠标左键），顺序不分先后，然后点击加号，此时加号前面的数字会由 0 变为 1，证明已经成功地选择了一组同名点。如果选择错误，可以点击 ✕ 删除该对同名点重新选择。

四组同名点添加完成之后，点击对话框中的"Register"进行拼接，弹出如图 3-46 所示对话框，其中，"standard deviation［m］"后数字表示手动拼接误差。

图 3-46　拼接完成

此时两站拼接已经完成，关闭对话框即可。拼接完成后的站点后出现拼接完成图标。进行其他站点拼接时需要按照上述步骤重复进行拼接，直到所有站点云数据拼接完成。手动选取同名点拼接完成。

拼接完成后需要查看拼接效果。将基准站中用于拼接的点云数据拉入中间灰色窗口，将其他站用于拼接的点云数据依次拉入打开的基准站点云数据中，可以看到拼接完成的效果，在右侧目录中可以将各站点云进行颜色设置等操作。

b. 基于标靶的点云拼接

标靶拼接原理与手动选取同名点拼接基本相同。当在不同的站点进行扫描时，可以在扫描的重叠区域设置带有反射片的标靶或者设置固定的反射片，保证不同站点之间扫描到一定数量的相同标靶（反射片）。利用三对以上相同标靶（反射片）作为同名点进行点云数据拼接。

该种方法优点是反射片具有很强的反射度，三维激光扫描仪能够自动识别出反射片并记录反射片信息，进行拼接时采用反射片拼接可以实现自动拼接。缺点是外业测量时要考虑标靶位置与测站之间的关系，保证拼接两站都能扫到同一标靶，而且进行标靶扫描需进行细扫标靶。以 VZ-1000 为例，该操作需要将扫描仪与笔记本电脑通过网线连接，在笔记本上打开 RiSCAN PRO 软件进行操作，增加了单站扫描所需时间和野外测量的工作量。

与手动拼接确定基准站一样，需将某一站作为基准站。尽量选择与其他几站公共区域较多的一站作为基准站，设置方法与手动拼接一致。随后将需要进行拼接的站设定为活动站点，该站点云为待拼接点云，需要与基准站具有一定数量的相同标靶。打开项目后，可以查看各测站扫描反射片情况，如图 3-46 所示，打开"TIEPOINTSCANS"查看标靶扫描情况。

设置好基准站之后，只需要双击待拼接站点下面的"TPL（SOCS）"，全部选中所弹出的对话框里面的反射片，点选上方的 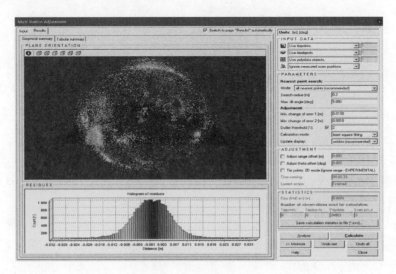（寻找同名点）。勾选中基准站，设定两站同名点的个数，两站之间公共反射片个数与同名点的个数设置为一致。点击"Start"，进行反射片拼接，弹出拼接结果对话框。

c. 精细拼接（ICP 迭代）

由于手动拼接时容易引入人为误差，用标靶拼接时也可能引入标靶误差，导致观测精度降低。为了提高各个测站拼接精度，需要进行多站点测量平差。

在进行多站点测量平差之前，首先要准备数据。点选软件工具栏上方"Registration"—"Multi Station Adjustment"—"Preparedata"，弹出准备数据对话窗，勾选需要进行平差的测站点数据，点击"Settings"，勾选"Plane surface filter"，在"Referencerange"的空格中，输入参考值，该参考值是决定多站点平差最终精度的关键因素。依靠参与调整的两站或多站直接的共同区域到扫描仪距离的一半，来设置此值，设置完成后点击 OK。

准备数据完成之后，点选工具栏上方数据调整中多站数据平差中的开始平差。具体操作为"Registration"—"Multi Station Adjustment"—"Start Adjustment"，勾选需要参与平差的站点。在参与平差的每站中，均有六个参数参与运算，分别为 X，Y，Z，Roll，Pitch，Yaw。开始运算之前要确定平差的基准，将基准站的"X，Y，Z"三个参数锁定，在基准站上用鼠标点击右键，点选"Lock position"。

确定好基准站之后，设置平差的细节参数：

"Search radius"（查找半径）。该值代表着参与运算的两站或多站之间软件自动搜索误差的范围，这个值的设定必须要大于之前手动拼接得到结果的两倍，但不要超过 4 倍。

"error 1"该值代表第一次调整之后，期望两站或多站之间达到的拟合精度；"error 2"代表第二次调整之后，期望两站或多站之间达到的拟合精度。点"Analyse"，分析完成之后，可以获取多站之间的平均误差。如果小于之前设定的"Search radius"大于"error1"的值，即证明设定的这几组参数是准确的。此时便可以点击"Calculate"，计算完成之后误差减小。平差结果如图 3-47 所示。

图 3-47　平差结果

依照软件计算出来的误差结果，将相应的三个计算参数进行减小设置，再次重复操作。根据误差结果 0.0060m，将"Search radius"设置为 0.02m，"error 1"设置为 0.001m，"error 2"设置为 0.0005m，分析结果为 0.0063m，计算结果为 0.0038m。计算后发现误差值继续减小，此时可以按照之前的方法，循序地将参数再次减小设置，以达到预期的理想精度。

B. 点云拼接结果

采用 Riegl VZ-1000 三维激光扫描仪完成点云数据采集，首先进行手动拼接，然后进行精细拼接，完成点云拼接的点云数据如图 3-48 所示。

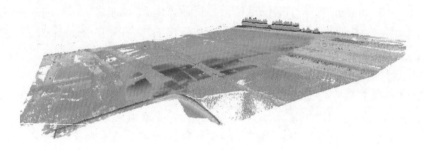

图 3-48　完整点云视图

C. 点云预处理

完成点云拼接后，需要对实验区点云数据进行预处理。首先通过 Riscan Pro 软件进行点云去噪，点云滤波去除植被，数据简化减少数据量，然后截取实验区域，即完成预处理点云数据，如图 3-49 所示。

图 3-49　完成预处理点云数据

5. 地表下沉分析

点云数据完成预处理后，根据多期点云数据求取下沉盆地，绘制下沉曲线，分析地表下沉变化情况。

Geomagic Studio 软件能够从点云数据中创建优化的多边形网格、表面，将三维扫描数据和多边形网格转换成精确的三维数字模型，通过创建 NURBS 模型精确表达观测对象表面信息并用于 Geomagic Qualify 软件的对比分析。

　　利用该软件的分析功能可以进行矿区的地表沉陷监测点云数据分析，其数据处理基本流程如图 3-50 所示。

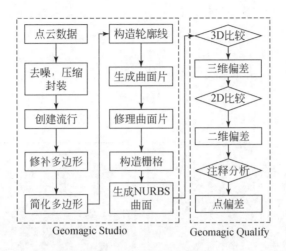

图 3-50　数据处理流程图

　　运用 Geomagic Qualify 软件的 3D 比较功能模块，实现了两期数据的 3D 对比，将采后点云数据设置为测试面，得到了点云数据相对于参考平面的 3D 偏差图，如图 3-51 所示，通过偏差图的颜色分带进行研究区的整体下沉变化分析。

图 3-51　3D 偏差比较图

　　通过比较得到下沉的最大值是 -4.592m，平均值是 -2.903m。将色谱的颜色段个数设置为 15 个，其中变化区间 -0.3～0.3m 表示为地形基本无变化的区域。从颜色偏差图中可以看出，在高强度开采影响下研究区域地表下沉明显，已经形成下沉盆地（近似矩形的深色区域），下沉的大小可以通过颜色的变化直观地显示出来，周围地形略有下沉，变化不大，整体上所获得下沉盆地符合开采区的实际情况。

　　利用 Geomagic Qualify 的 2D 比较功能进行剖面分析，生成能以图形方式说明的测试对象与参考对象之间偏差的二维横截面，选择截面分别为 *XZ* 平面与 *YZ* 平面，即可实现对走向方向与倾向方向截取剖面，通过调整位置得到不同位置的剖面。

本次实验沿着走向与倾向方向分别截取了 6 个剖面，截取走向剖面的剖面线位置如图 3-52 所示，其编号分别为 *A-A′*，*B-B′*，*C-C′*，*D-D′*，*E-E′*，*F-F′*；倾向剖面线的位置如图 3-53 所示，编号分别为 *G-G′*，*H-H′*，*I-I′*，*J-J′*，*K-K′*，*L-L′*。通过截取剖面得到 12 个二维横截面，图 3-54、图 3-55 分别是 6 个走向剖面图与 6 个倾向剖面图。为了更直观地表示下沉变化情况，对偏差进行了缩放处理，其中，剖面图中间黑色曲线为实际截取的由点云组成的下沉剖面线，而剖面图为下沉量放大 5 倍后的效果。

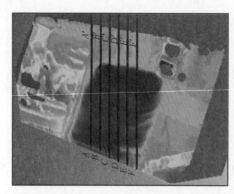
图 3-52　走向剖面线截取位置

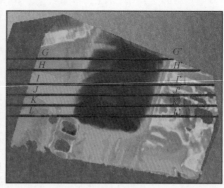
图 3-53　倾向剖面线截取位置

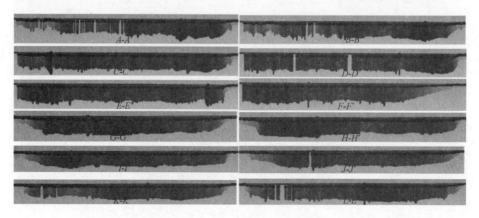

图 3-54　走向剖面图　　　　　　图 3-55　倾向剖面图

通过截取剖面可以直观地给出开采前与开采后的地表下沉变化情况，以及不同截面位置的下沉变化情况和最大下沉值。其中，走向主断面的最大下沉值为 4.584m，平均下沉值为 2.644m，倾向主断面的最大下沉值为 4.134m，平均下沉值为 3.003m。通过 5 倍放大观察发现下沉盆地的截面线并非一条直线，而是起伏变化的曲线，这是由开采沉陷引起的地表裂缝以及不均匀的下沉所致。

6. 地表采动裂缝发育特征分析

1）拉伸区裂缝特征

在采空区边界附近，由于拉伸应力作用，在高强度开采条件下，加之煤层埋深小、煤层开采厚度大、推进速度快等因素，现场发现该区域内裂缝具有宽度大（0.3～0.5m）、台阶落差大（0.4～0.9m）、深度大（最深 3.5m 左右）、裂缝发育密集（两台阶仅相距 2～3 m）、裂缝发育走向大致平行于采空区边界。该区域内的裂缝不具备自修复现象，一般为永久裂缝。裂缝在开采边界附近整体呈现"O"形，局部呈"C"形分布特征。该区域内裂缝以拉伸、剪切为主。地表裂缝发育特征如图 3-56、图 3-57 所示。

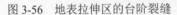

图 3-56　地表拉伸区的台阶裂缝　　　图 3-57　采空区地表压缩区的挤压凸起

2）压缩区裂缝特征

压缩区地表裂缝发育时由覆岩的周期破断垮落引发的，因该区域承受水平方向上的压应力，使得压缩区内的裂缝发育一般较小，裂缝间距比拉伸区稍大。通过现场观测，在地表移动变形压缩区出现有明显规律的挤压凸起现象，如图 3-57 所示。其发育特征为地表在相隔 10～16m 之处，出现 3～6 条裂缝凸起，其高度在 0.6m 左右，长度在 30～50m，方向与工作面回采方向垂直的挤压凸起带。同时，在两挤压凸起之间，同时发育着 2～5 条、宽度为 50mm 左右、方向大致与挤压凸起平行的地表裂缝。在压缩区内，既有挤压凸起又有裂缝发育，说明该区域覆岩在移动变形中受到挤压和顶板周期破断的双重影响。

3）先拉伸后压缩区裂缝特征

该区域内裂缝一般先出现在工作面推进位置的前方，当工作面推过裂缝的正下方后，该裂缝的受力由拉伸转换为压缩，属动态裂缝。动态裂缝宽度和落差一般较小，近似呈直线分布，方向与工作面平行，长度与采宽相近。动态裂缝主要受采动过程中的拉应力而产生，压应力而闭合（自修复）。较大的动态裂缝两侧存在 200～450mm 的落差，裂缝走向与工作面布置方向近似垂直，每间隔 10～15m（该距离同顶板周期来压的步距基本一致）发育一条 150～400mm 宽的大裂缝。在两条大裂缝之间，近乎均匀间隔 3～5m 发育着数条 50～150mm 宽的中等宽度裂缝。在中等宽度裂缝之间，分布着宽 0～50mm 的规律性不明显的小裂缝。如图 3-58 所示。该区域内地表裂缝一般具有一定的自我修复能力。在整个采动区域内，地表裂缝呈"C"形和"O"形分布，如图 3-59 所示。

7. 概率积分法预计参数确定

概率积分法开采沉陷预计参数主要包括 5 个：下沉系数 q，表示充分采动时地表最大下沉值与煤层法线采厚在铅垂方向投影长度的比值；主要影响半径 r（或用 r 求得的主要影

响角正切 $\tan\beta$）；拐点偏移距 s_0，表示拐点偏离采空区边界的距离；开采影响传播角，表示偏移后的拐点与同侧计算边界的边线与水平线在下山方向的夹角；水平移动系数，表示地表最大水平移动值与地表最大下沉值的比值。

图 3-58　开采影响区内的动态裂缝

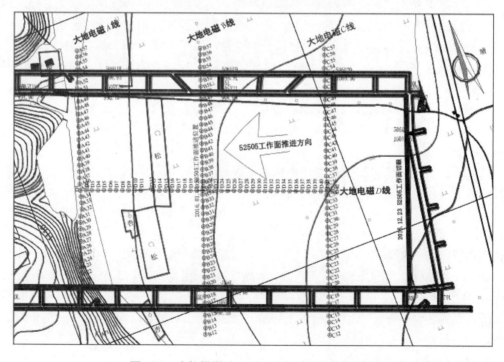

图 3-59　大柳塔煤矿 52505 工作面地表裂缝分布

本书在 2D 比较中均匀地选取了 12 条剖面线，依次在 12 条剖面线上均匀地选取点进行标注，每条剖面线标注完成后将记录的点信息导出到 Excel 表格中保存，共选取了 164 个点创建注释。Geomagic Qualify 的创建注释功能，用于 2D 比较选取的截断面位置创建测试对象与参考对象之间偏差的标注，该标注记录了参考对象与测试对象的坐标位置与 Z 方向的偏差，在截断面上创建注释即可实现对具体点的偏差分析。根据注释分析提取的下沉点求取开采沉陷预计参数。利用 MSCS 开采沉陷预计系统计算开采沉陷预计参数，该系统是基于概率积分法开发的开采沉陷预计系统，将整理好的点导入 MSCS 开采沉陷预计系统中，得到开采沉陷预计参数，如表 3-19 所示。

表 3-19 开采沉陷预计参数

下沉系数 q	主要影响角正切 $\tan\beta$	拐点偏移距 s /m	影响传播角/（°）
0.48	2.4	$s=30$	90

8. 地表移动变形实测值与预计值分析比较

根据开采沉陷预计参数，求取剖面点的下沉预计值，并进行预测值与实测值的对比分析。据此得到 A-F 剖面、G-K 剖面实测值与预计值对比情况，绘制出走向断面图实测点与预计的下沉曲线、倾向断面图实测点与预计的下沉曲线，如图 3-60、图 3-61 所示。

通过曲线图可以看出实测值与预计值拟合度高，拟合效果好，通过计算得到下沉拟合准确度达到 92%。求取的开采沉陷预计参数具有较高的精度。

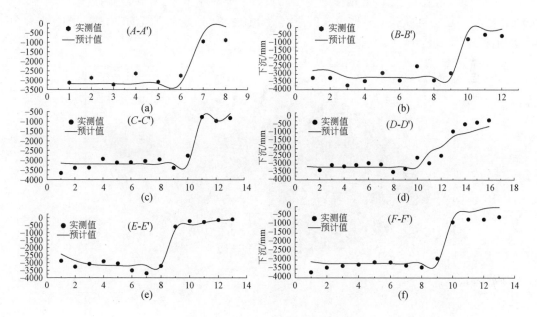

图 3-60 走向断面实测值与预计值

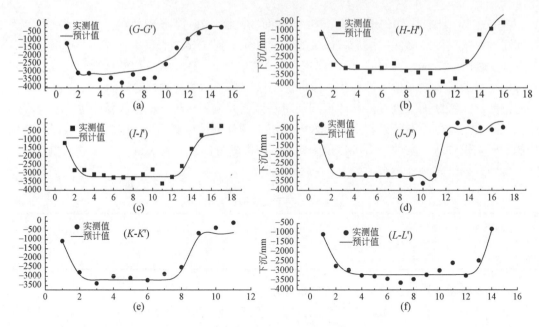

图 3-61　倾向断面实测值与预计值

9. 地表移动变形三维图的建立

根据求取的下沉点绘制多种模式的 DEM 视图。可以直观立体地描绘出地表下沉变化情况，以及地形起伏变化，其地形细节信息被较好地显示出来。同时，通过带有颜色偏差的下沉等值线图，可以获取所在位置的下沉值。图 3-62 为地表下沉 DEM 图，图 3-63 为下沉等值线图。

图 3-62　地表下沉 DEM 图

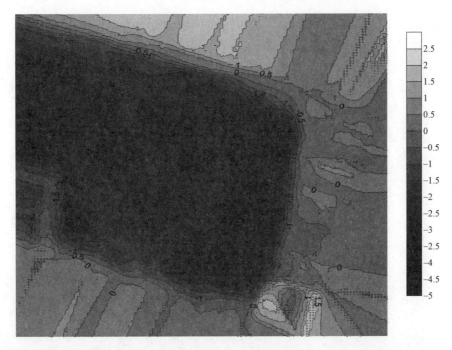

图 3-63　地表下沉等值线图

3.3　高强度开采覆岩与地表非连续变形特征

3.3.1　地表非连续变形规律及主控因素

1. 地表非连续变形规律

地表裂缝是高强度开采后地表非连续变形的主要表现形式之一。一般说来，裂缝的发育程度与开采强度、覆岩的岩性、采深、采厚，以及工作面推进速度等地质采矿条件有关。利用神东矿区哈拉沟矿 22407 地表移动观测站，在现场对高强度开采过程中地表出现的非连续变形情况进行了全过程的动态监测，记录了其发生、发展、闭合演变的整个过程。

现场观测发现，在高强度开采工作面推进过程中，地表动态非连续变形主要分布在工作面走向中心线位置及工作面开采边界处，大致呈弧形分布。同时，在每个观测时段，地表裂缝总是以一定间距出现在工作面前方的地表处。其中地表较大裂缝以一定间隔呈"带状"形态分布，而每两条"带状"裂缝之间，又分布若干细小裂缝。随着高强度开采工作面的快速推进，工作面前方总是不断产生新的地表裂缝，其宽度与长度不断增大。当工作面推进过后，地表裂缝又呈现逐渐闭合趋势，如图 3-64 所示。

在风积沙区高强度开采条件下，地表动态非连续变形主要分布特征如下：

1）地表动态拉伸型裂缝密度大，宽度相对较小

动态拉伸型裂缝由地表采动过程中拉伸变形所致。根据现场监测，动态拉伸型地表裂缝位置总是出现在工作面前方 15m 处，并随工作面推进而周期性向前移动，即大约超

前 1 天时间出现在开采工作面前方（工作面平均开采速度约为 15m/d）。地表动态拉伸型裂缝超前角约为 83°。同时在现场发现，在工作面上方两个测站之间（间隔 15m），拉伸型裂缝的数量都在 15 条左右，即拉伸型地表裂缝密度基本上为 1m/条，裂缝分布密度较大，其延伸方向与开采工作面大致呈平行分布；宽度相对较小，以 1～3cm 的裂缝为主，如图 3-65 所示。

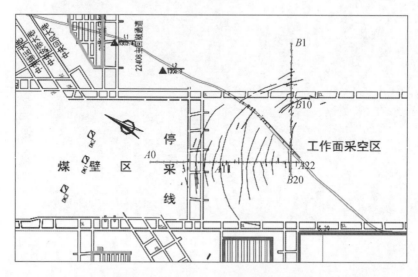

图 3-64　地表裂缝与工作面位置关系

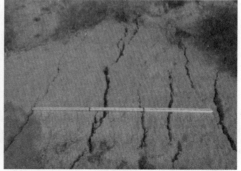

图 3-65　动态拉伸型裂缝分布

2）地表台阶型裂缝落差相对较小，具有一定分布规律

通过现场观测发现，台阶型地表裂缝位置总是出现在工作面开采边界和停采线、开切眼上方。裂缝发育呈"带状"平行于开采边界，延伸方向与地表变形主拉伸方向正交。而工作面停采线上方台阶型裂缝呈圆弧"带状"形式，大致平行于停采线方向。裂缝台阶落差达到了 10～40cm，裂缝宽度最大达 20cm，两条台阶型裂缝之间的距离 8～11m，如图 3-66 所示。台阶型地表裂缝总是滞后于工作面开采位置约 4.2m，裂缝滞后角约为 86°。

图 3-66　台阶裂缝分布形态

3）地表动态裂缝具有一定的自动修复功能

随着高强度开采工作面不断推进，当地表裂缝形成约 30 天后，裂缝宽度逐渐由大变小，自动愈合。出现该现象原因是，当高强度开采工作面快速推进后，地表裂缝很快处于压缩变形区。同时，地表覆存较厚的风积沙层的流动性和松散性为裂缝的自动修复提供了一定条件。随着压缩变形不断增大，地表裂缝逐渐闭合，如图 3-67 所示。

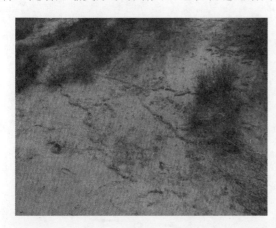

图 3-67　动态裂缝自动闭合

2. 影响地表非连续变形的主控因素

1）上覆岩层中关键层结构断裂，是地表非连续变形形成的关键性因素

由 22407 工作面岩性柱状图可知，工作面煤层埋藏浅，上覆岩层构造简单，基岩厚度较薄，平均为 67.0m。

在高强度开采条件下，随着主关键层的垮断，上覆岩层形成整体垮落，出现上覆岩层与地表基本同步垮落现象。在地表变形集中的区域（如开采边界、停采线上方、开切眼附近），由于关键层周期破断后，造成其破断结构块体失稳而导致地表出现台阶型裂缝。

2）工作面开采的高强度，是地表非连续变形形成的诱因

在高强度开采条件下，地表水平变形量的大小是衡量地表能否出现非连续变形的重要指标之一。由于高强度开采，地表下沉量与下沉速度急剧增大，地表移动变形异常集

中，下沉盆地形状极为陡峭，地表产生不均匀下沉，水平拉伸变形极大，因而地表裂缝大量出现。

3）开采过程中的周期来压，影响着地表台阶型裂缝的分布状态

由矿压观测数据分析可知，工作面初次来压步距约为 70m，周期来压步距约为 10m。周期来压步距（10m）与台阶型裂缝间距（8～11m）基本一致，说明台阶型裂缝的发生发育与周期来压步距具有一定的联系。

4）工作面上方风积沙及厚松散层覆盖，影响动态拉伸型地表裂缝的发育过程

22407 工作面上方为风积沙及松散层所覆盖，第四纪松散层平均厚度为 55.5m，其中风积沙厚度为 15.7m。风积沙具有抗拉能力很差、透水性强、保水性较差的特点。工作面上方地表厚风积沙覆盖，影响着地表动态裂缝的发育位置，以及非连续变形分布特征。

在高强度开采条件下，风积沙自然特性使垂直裂隙发育程度较高，地表在开采引起的拉伸变形作用下，容易造成地表开裂，出现非连续变形。随着工作面快速推进，地表出现的裂缝不断向前、向外扩张。当工作面推进过后，拉伸变形区演变为压缩变形区。由于风积沙在自重作用和风力作用下具有流变性和蠕变性特点，在岩层移动变形作用下，地表裂缝又渐渐愈合。应该指出的是，在工作面推进过程中，由于第四纪风积沙层底部隔水层较差，因此采动覆岩产生的地表裂缝与工作面上方的覆岩裂隙常常连通，严重时则会产生溃砂、溃水，甚至淹井事故。

3.3.2 覆岩破坏类型及破坏高度

1. 覆岩破坏类型及特征

1）覆岩破坏形式

当地下煤层开采形成采空区后，破坏了覆岩原有的应力平衡，直接顶板岩层在自重应力及其上覆岩层的作用下，产生向下的移动和弯曲。当其内部拉应力超过岩层的抗拉强度极限时，直接顶首先断裂，相继垮落，充填堆积在采空区。老顶岩层则以梁或悬臂梁弯曲的形式沿层理面法线方向移动、弯曲，进而产生断裂、离层，如图 3-68 所示。

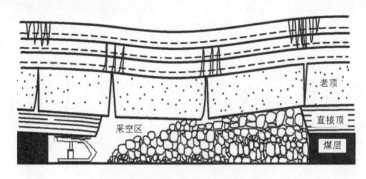

图 3-68　采空区上覆岩层移动

从时间和空间概念出发，覆岩与地表移动分为连续移动变形和非连续移动变形。连续变形在覆岩内部形成弯曲带，在地表呈现为下沉盆地形式。非连续变形在覆岩内部呈现为裂缝、离层及断裂形式，在地表则呈现为裂缝、台阶下沉、塌陷坑等破坏形式。

在采动过程中，覆岩破坏呈现两种运动形式，即弯曲破坏和剪切破坏。

A. 岩层弯曲破坏

采动覆岩弯曲破坏发展过程如图 3-69 所示。随着开采工作面的不断推进，直接顶覆岩悬露，如图 3-69（a）所示。采动覆岩在自身重力和上部岩层压力作用下，产生法向弯曲（挠曲）变形，如图 3-69（b）所示。当覆岩弯曲变形到临界值时，伸入煤体的部分首先裂开，如图 3-69（c）所示。当采空区面积达到一定程度时，覆岩顶板中间部位断裂，如图 3-69（d）所示。随之采空区上方岩层出现垮落，如图 3-69（e）所示。

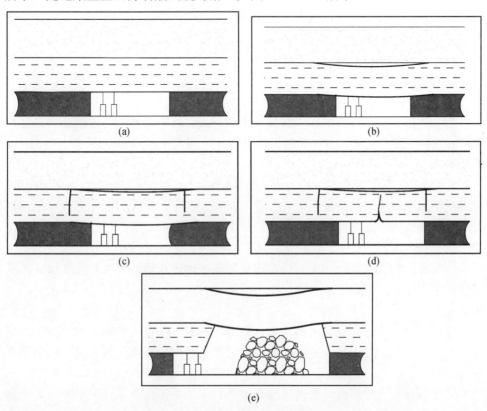

图 3-69　上覆岩层弯曲破坏发展过程

B. 岩层剪切破坏

岩层剪切破坏形式一般发生在高强度开采条件下。此时，煤层开采厚度大、基岩薄、埋深浅。在开采初期，岩层悬露后只产生较小弯曲变形，悬露岩层端部出现开裂现象，如图 3-70（a）所示。由于高强度开采工作面推进速度极快，在一次采全高的条件下，顶板将出现大面积的整体垮落。此时，基岩沿全厚切落，覆岩剪切破断角较大，一般在 60°以上，如图 3-70（b）所示。基岩沿全厚剪切破断会直接波及地表，极易出现台阶裂缝、塌陷坑等非连续变形形式。

综上分析可知：

（1）覆岩移动变形是一个动态过程，随着工作面开采强度和地质采矿条件的不同，其移动变形在时间和空间上呈现的形式也不相同。

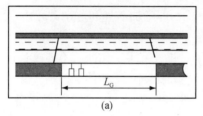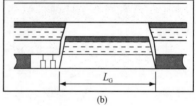

图 3-70　覆岩剪切破坏形式

（2）在工作面开采过程中，覆岩移动变形经历"稳定、失稳、破坏、再稳定"循环变化过程。其中，开采强度、覆岩岩性、赋存状态是影响覆岩移动变形的关键性因素。

（3）地表显现的移动变形分布形态是覆岩移动变形的结果，是煤层开采后覆岩由下往上逐步发展到地表的过程。

2）高强度开采"两带"特征

"两带"包括冒落带和裂缝带，合称导水裂缝带。其中，岩体的冒落是高强度开采过程中覆岩移动最剧烈的形式。在高强度开采条件下，覆岩中"两带"具有以下特征。

A. 冒落带

（1）岩块不规则性。在冒落带内，冒落岩块的块度大小不一，无规律地充填在采空区。岩层不再保持其原有的层状结构。

（2）岩块碎胀性。主要体现在岩块体积增大，可使覆岩垮落自行停止。同时，冒落岩块间的空隙在覆岩压力作用下，在一定程度上可得到压实。

（3）密实性差。冒落岩块的密实性是衡量冒落带的透水透沙能力的重要指标。冒落带内的岩块间空隙较大，有利于水、砂、泥土的通过。

B. 裂缝带

（1）裂隙发育。在高强度开采条件下，裂缝带内岩层中裂缝贯穿于整个覆岩，覆岩被分割成形状、大小不一的岩体。覆岩中出现垂直裂缝和离层裂缝两种形式，其中垂直裂缝发育程度较高。

（2）具有强导水和导沙性。在高强度开采条件下，采深较小，开采厚度较大。当一次采全高时，垂直裂缝发育增强，离层裂缝和垂直裂缝连通，裂缝带高度可直达地表，裂缝带具有较强的导水性和导砂（沙）性。

3）覆岩破坏影响因素分析

A. 覆岩力学性质及结构

覆岩破坏与覆岩的力学性质密切相关。在相同的采矿条件下，覆岩强度是决定覆岩破坏的主要因素。哈拉沟矿 22407 工作面上方存在着两层坚硬岩层，分别为中粒砂岩（厚 6.5m）和粉砂岩（厚 6.7m）。它们在快速推进过程中不易冒落而形成悬顶。当开采到一定面积后顶板会突然断裂，岩体破坏高度大。同时，坚硬岩层破裂后不易重新压实，形成良好的导水、导砂（沙）通道，导水裂缝带高度发育。

B. 采煤方法和顶板管理方法

管理方法主要表现在开采空间大小、岩体垮落、断裂的充分程度，以及垮落岩体的运动形式。神东矿区高强度开采条件和单一长壁后退式全部垮落综合机械采煤方法，加剧了覆岩的破坏程度。

C. 工作面上方厚松散层和风积沙

工作面上方地表是否有松散层覆盖，对地表移动变形特征分布有较大影响，特别是对地表水平移动和水平变形的影响更为显著。在高强度开采条件下，当松散层厚度较厚，而基岩较薄时，即埋深较浅时，基岩会出现大面积垮落和断裂，覆岩破坏程度剧烈，导水裂缝带发育到达地表。特别是当地表有风积沙覆盖时，风积沙自身特性使地表出现抽冒等非连续变形，工作面会出现溃砂（沙）现象。

D. 采厚和采空区尺寸

采厚和采空区尺寸是决定覆岩破坏范围及高度的主要因素。现场实测表明：初次开采时，冒落带、裂缝带高度与采厚近似地呈直线关系。由于采空区面积决定了充分采动程度，所以只有在非充分采动条件下采空区面积才会对冒落带、裂缝带高度具有破坏的作用。对于哈拉沟矿 22407 工作面来说，工作面开采尺寸很大，达 3224m×284m，采厚达 5.2m。造成覆岩破坏剧烈，地表形成台阶型裂缝和拉伸型裂缝。

E. 开采时间

开采时间的长短决定了覆岩破坏和重新压密的程度。导水裂缝带高度在发育到最大高度以前，随时间的推移而增大。对于高强度开采来说，工作面推进速度极快，覆岩破坏程度剧烈，在工作面开采后的 1～2 天内，覆岩破坏高度就达到了最大值。同时，开采时间除了对覆岩破坏高度存在一定的作用外，还表现在影响覆岩导水裂缝带的导水渗透程度上。

2. 覆岩破坏高度及特征分析

神东矿区煤层埋藏浅，开采深度一般小于 200m，松散层厚度大，而基岩比较薄，造成覆岩破坏高度大。通过现场观测及资料收集，导水裂缝带发育高度如表 3-20 所示。

表 3-20　神东矿区实测"两带"高度　　　　　　　　（单位：m）

矿井名称	采深	基岩厚度	采厚	冒落带高度	导水裂缝带高度	备注
哈拉沟矿	130	73	5.3	9.8	大于 73m	无弯曲带
大柳塔矿 20601	72	33	4.3	7.5	大于 33.0m	无弯曲带
活鸡兔矿	85	66	3.5	6.0	75.0	无弯曲带
大砭窑矿	95	38	5.0	5.0	大于 38.0m	无弯曲带
大柳塔矿 1203	58	33	6.0	9.0	大于 33.0m	无弯曲带
海湾 3 号井	—	53	3.3	5.0	70.0	无弯曲带
乌兰木伦	98	67	3.0	10.0	65.0	无弯曲带

在高强度开采条件下，覆岩发育呈现出以下特征。

1）突发性

覆岩顶板沿全厚切落，顶板在很短时间内（1～2 天）大量下沉，下沉速度极快。基岩破断角较大，破断直接波及地表。

2）"两带"特征

大量实测资料表明，在高强度开采条件下，神东矿区工作面上方采动覆岩大部分不存在传统意义上"三带"中的"弯曲带"，而只存在"两带"，即冒落带、裂缝带，高强度开采条件下覆岩移动是最为独特、显著的特征。

3）变形的非连续性

在高强度开采条件下，覆岩顶板大面积垮落，下沉活动剧烈，造成地表出现非连续变形特征明显。但在较短的时间内，顶板剧烈活动停止，进入稳定状态。

现场观测发现，在煤层埋深小于 200m 的情况下，大部分生产矿井采动覆岩不存在具隔水、隔沙作用的"弯曲带"。在高强度开采条件下，地表裂缝直通地表，地表非连续变形特征明显，井下工作面出现有溃砂（沙）、溃水等现象，工作面通风系统漏风现象严重。

3.3.3 高强度开采覆岩破坏大地电磁探测

1. 大柳塔煤矿 52505 工作面概述

大柳塔煤矿 52505 工作面为五盘区的首采面，开采 5^2 煤层。设计长度 301.3m，推进长度 4268.8m；煤层厚度 7.1～7.3m，平均 7.2m，设计采高 6.7m，日进尺 13.84m，赋存稳定；煤层倾角 1°～3°，平均 2°；底板标高 981.3～1032.8m，地面标高 1083.4～1229.3m，煤层平均埋深 90.5m；地质储量 1191.5 万 t，回采率 93%，回采煤量 1108.1 万 t，一次采全高全部垮落后退式综合机械化采煤。工作面上方地表情况如图 3-71 所示。

图 3-71　工作面上方地表地物地貌

52505 工作面煤层以上的地层有：侏罗系中下统延安组第一至五段，中统直罗组，第四系下更新统三门组，中更新统离石组，上更新统萨拉乌苏组与全新统风积沙。工作面上覆基岩主要有中下侏罗统延安组；上覆基岩厚度为 70～200m，基岩厚度为切眼到回撤通道逐渐递增。煤层埋深为 82～209m，埋深从切眼向回撤通道方向递增。52505 工作面覆岩柱状图如图 3-72 所示。

主要含水层为上覆中下侏罗统延安组 J_{1-2y} 裂隙承压水，含水层岩性主要为各类砂岩，整体富水性弱，但厚度大且局部裂隙发育处富水，对工作面回采有一定影响。工作面切眼处上覆岩层在巷道掘进期间顶帮淋水大，工作面切眼自 2015 年 4 月 1 日开始掘进，截至 2015 年 7 月 25 日累计顶帮涌水量 9.2 万 m^3，说明该区域含水层富水性较强；工作面东侧邻近府谷石岩塔地下调解水库（水库底部有 52 煤采煤巷道），现水库内积水量超过 80 万 m^3，工作面切眼掘进期间对该水库巷道通过定向钻孔进行了探测，截至 2015 年 7 月 25 日定向钻孔累计放水量 19.7 万 m³。工作面重点防治水区域在工作面初采时，为减少工作面上覆含水层富水性，减少含水层静储量，于 2015 年 6 月在该区域实施了井下探放水工程，累计施工钻孔 25 个，钻孔累计初始水量 123m³/h，现 26m³/h，截止到 2015 年 7 月 20 日，累计放水量 5.02 万 m³。

岩石名称	岩性描述	采取率	岩心采长	层厚/m	层深/m	柱状
风积沙	土黄色，未固结，松散			8.75	8.75	
粉砂岩	灰色，泥质胶结，块状构造，局部夹煤线和薄层砂质泥岩	62	4.35	7.02	15.77	
4-2煤	黑色，块状构造，以暗煤为主	82	0.80	0.98	16.75	
粉砂岩	灰色，泥质胶结，块状构造，局部夹煤线和薄层砂质泥岩	62	7.25	11.68	28.43	
砂质泥岩	灰-深灰色，泥质胶结，水平层理	100	1.90	1.90	90.33	
粉砂岩	灰色，水平层理，泥质胶结，块状构造	67	8.08	12.06	42.38	
细粒砂岩	灰白色，泥质胶结，块状构造，局部夹薄层砂质泥岩	90	1.40	1.56	43.94	
砂质泥岩	灰色，泥质胶结，块状构造，水平层理，局部含少量植物碎屑化石	89	2.76	3.10	47.04	
细粒砂岩	灰白色，泥质胶结，块状构造	94	0.58	0.62	47.66	
粉砂岩	灰色，泥质胶结，块状构造，局部夹薄层煤线	96	13.96	14.56	52.22	
粗粒砂岩	灰白色，泥质胶结，块状构造，成分以石英、长石为主，分选中等，次棱角状	92	3.10	3.36	55.58	

图 3-72　52505 工作面钻孔地质柱状图

2. 大地电磁原理及其观测

大地电磁法（MT）是以天然电磁场为场源来研究地球内部电性结构的一种重要的地球物理手段。因为不同的岩性在物质成分、胶结物和固结性等方面具有明显差异，由电磁趋肤效应知，通过不同岩性层的电磁波会包含有与岩层有一定对应关系的频率与振幅反射信号，通过采集来自不同深度岩层反射的电磁波信号，能够分析地下不同深度的岩性及流体信息，了解地层深部岩性变化，推断地下岩性界面、煤层、水层、地下热储层及构造等。本次观测选用 CAN-I 型大地电磁岩性探测仪作为观测工具，仪器及其原理如图 3-73 所示。

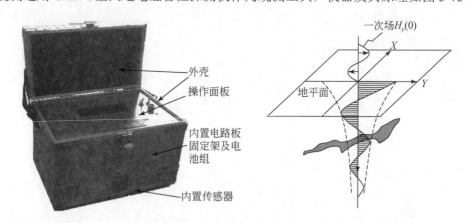

图 3-73　大地电磁法探测仪器及其原理示意图

1）均匀介质电阻率和视电阻率

若地面为无限大的水平面，且地下充满均匀各向同性的导电介质。那么均匀介质电阻率 ρ 计算公式为

$$\rho = K \cdot \frac{\Delta U_{MN}}{I} \qquad (3\text{-}12)$$

式中，K 为电极装置系数；ΔU_{MN} 为点位差；I 为测电流，A。

实际上大地介质常不满足均匀介质条件，地形往往起伏不平，地下介质也不均匀，各种岩石相互重叠，断层裂隙纵横交错，或者有矿体充填其中，这时由式（3-12）得到的电阻率值在一般情况下既不是围岩电阻率，也不是矿体电阻率，称之为视电阻率（apparent resistivity），用 ρ_s 表示，单位 $\Omega \cdot m$。视电阻率虽然不是岩石的真电阻率，但却是地下电性不均匀体的一种综合反映。故可采用分析视电阻率值的变化，研究岩层的不均匀性，达到解决地质问题的目的。

2）视电阻率反演

反演是根据实测视电阻率反推覆岩结构的过程，需要实测数据和先验模型系统两个基本条件。图 3-74 为根据视电阻率反演覆岩层结构的原理示意图。

反演常用极化模式有：横电波（TE）、横磁波 TM、横电磁波（TEM）。TE：是指垂直于传播方向的场分量，只有电场；TM：是指垂直于传播方向的场分量，只有磁场。大地电磁测深中常说的极化模式是以场源的极化方式来区分的，并且这种区分一般只在二维情况下才有意义。一维情况虽然可以解耦出 TE 和 TM 模式，但不能带来更多的信息。三维模型下不能解耦出 TE 模式和 TM 模式。

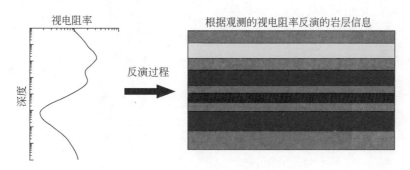

图 3-74　视电阻率反演岩层结构示意图

3）视电阻率曲线特征

在视电阻率曲线上，高阻岩层对应高的视电阻率，低阻岩层对应低的视电阻率。一般厚度较厚、硬度较大、结构完整等地质特征的覆岩，其对应的（视）电阻率也较大，曲线形态也较平缓光滑，这些特性为识别覆岩地层结构提供了理论依据。图 3-75 为覆岩地质特征及对应视电阻率的响应特性。

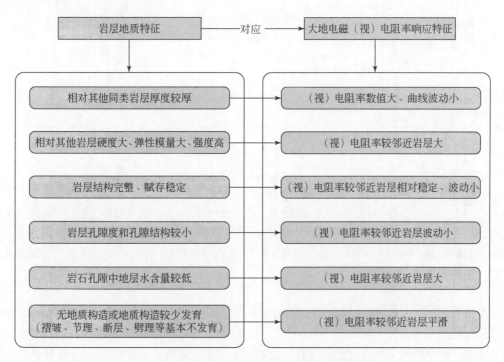

图 3-75　覆岩地质特征及对应视电阻率的响应特性

在大地电磁探测过程中，对于不同的电位电极系，梯度电极系依据极值确定岩层界面，电位电极系依据半幅点的位置来确定岩层界面。图 3-76 为梯度电极系和电位电极系下岩层的视电阻率理论曲线，图 3-77 为不同电极系下岩性对视电阻率的影响曲线。

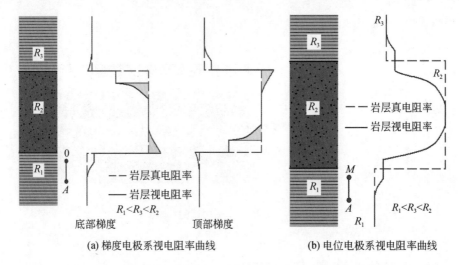

(a) 梯度电极系视电阻率曲线　　　　　　　　(b) 电位电极系视电阻率曲线

图 3-76　梯度电极系和电位电极系下岩层的视电阻率理论曲线

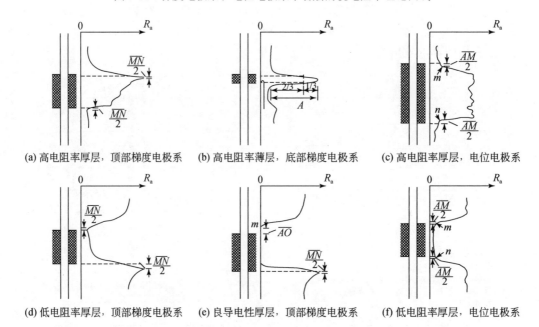

(a) 高电阻率厚层，顶部梯度电极系　　(b) 高电阻率薄层，底部梯度电极系　　(c) 高电阻率厚层，电位电极系

(d) 低电阻率厚层，顶部梯度电极系　　(e) 良导电性厚层，顶部梯度电极系　　(f) 低电阻率厚层，电位电极系

图 3-77　不同电位电极系下视电阻率的响应特征

　　本书所用的 CAN-I 型仪器采用电位电极系模式。当电位电极系上下围岩电阻率相等时，视电阻率曲线对称于地层中部，地层中部有极大值，接近于地层真电阻率；曲线的半幅点上下外推一个电极距是地层的层界面，可利用这一特点对覆岩岩性及结构进行分析。

　　4）视电阻率的影响因素

　　在自然状态下，岩土的电阻率除了和组分有关外，还和其他许多因素有关，如岩石的结构、构造，孔隙度及含水性等。岩石由于受内外动力地质作用而出现裂隙及裂隙中含水等原因，一般岩石的电阻率要低于其所含矿物的视电阻率。比较致密的岩石，孔隙度较小，所含水分也较少，视电阻率较高；结构比较疏松的岩石，孔隙度较大，所含水分多，视电阻率较低。一些孔隙度大而渗透性强的岩层如砂层、砾石层等，其视电阻率明显地取决于含水条件。图 3-78 列举了视电阻率的相关影响因素。

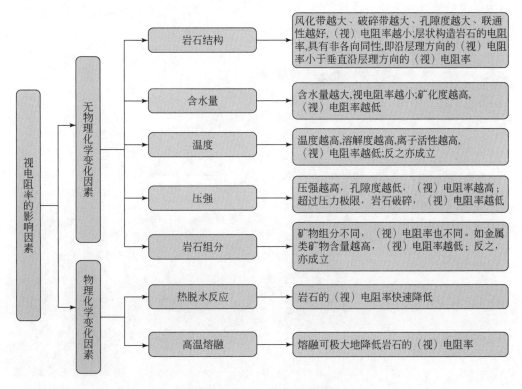

图 3-78　视电阻率的影响因素

3. 大地电磁法覆岩破坏观测线布置

根据现场踏勘和大柳塔煤矿 52505 工作面回采地质说明书可知，自工作面开切眼（海拔 1083.4m）至其前方 550m（海拔 1089.2m）范围内为平整的风积沙耕地区域，该区域高差仅为 5.8m；自 550～4268m 为海拔 1089.2～1229.3m 的风积沙沟壑区，高差达 140.1m。平坦区域有利于观测工作的进行。

工作面开采充分程度为：

倾向方向采动系数：$n_1=K_1（D_1/H_0）=0.7×（300/90.47）=2.32>1$

走向方向采动系数：$n_3=K_3（D_3/H_0）=0.7×（500/90）=4.26>1$

可见倾向、走向方向上采动系数均大于 1，采空区能达到超充分采动。因此，结合该区域的地形地貌，将自开切眼至其前方 550m 范围内的平整区域，作为大地电磁法高强度开采覆岩破坏的观测区域是合适的。

为充分探测高强度开采条件下采空区覆岩的破坏特征，结合 CAN-I 型大地电磁岩性探测仪自身的特点，探测点间距设定为 10m。在 52505 工作面上方的地表设置呈 "王" 字形 A、B、C、D 共四条大地电磁观测线，其中 A、B、C 三条线垂直于工作面推进方向，D 线位于采空区中部且平行工作面的推进方向。探测方案设计时（2016 年 1 月 23 日），A 线（A_{20}～A_{57}）位于工作面推进位置正前方 200m，B 线（B_{12}～B_{57}）位于工作面推进位置处，C 线（C_{12}～

C_{57}）位于工作面后向 200m 处，D 线（D_2～D_{42}）为 A 线与 C 线的两线中间的采空区中心上方。按照该设计于 1 月 24～27 日进行了首次观测。2016 年 3 月 16～21 日对 A、B、C、D 四条线进行了复测，此时，该区域下方煤炭已采出。52505 工作面覆岩破坏大地电磁探测测点布置情况如图 3-79 所示。

图 3-79　大柳塔 52505 工作面覆岩破坏大地电磁探测测点布置

4. 特征点视电阻率特征及覆岩破坏分析

一般来说，采动覆岩破坏"两带"发育最大高度平面投影位置处于采空区边界附近，应选取处于边界点处的大地电磁测点作为特征点，本书选取的特征点分别为 A_{20}、A_{49}、B_{20}、B_{49}、C_{20}、C_{49} 等测点；考虑到 A_{49} 观测点距地质钻孔最近，因此，首选特征点为 A_{49} 号测点。

图 3-80 为大地电磁探测 A 线上 52505 采空区边界内侧（胶运顺槽内侧）A_{49} 号测点采动前后视电阻率变化曲线 [图 3-80（a）]，及其附近的地质钻孔柱状图 [图 3-80（b）]。

在图 3-80（a）中，细实线表示采前 15 天覆岩的视电阻率（未受采动影响时）曲线，在其峰值（高程 1048m）上下两侧，视电阻率整体平滑，近似呈"直线状"分布，仅在地表及煤层顶板处发生了小幅波动。由视电阻率反演岩层结构理论知，采动前该处覆岩岩层较为完整，无明显的地质构造且赋存稳定；其附近的地质状态图 [图 3-80（b）] 展示的岩层信息表明地层较少，岩性单一（以粉砂岩和细粒砂岩为主），赋存完整。在图 3-80（a）中，粗实线为采动覆岩破断后 37 天的视电阻率曲线，该视电阻率曲线与采前的视电阻率曲线相比产生了一些变化，具体表现在：①视电阻率在数值上显著增大，在 1031m 高程处，视电阻率变化最大，采后该高程处视电阻率增大 171.12%；②采动后视电阻率曲线波动点增多，视电阻率曲线变化特征与采前明显不同；③采动后覆岩视电阻曲线平缓，在一定

（1033~1047m）高程处，视电阻率在数值上"几乎相等"。

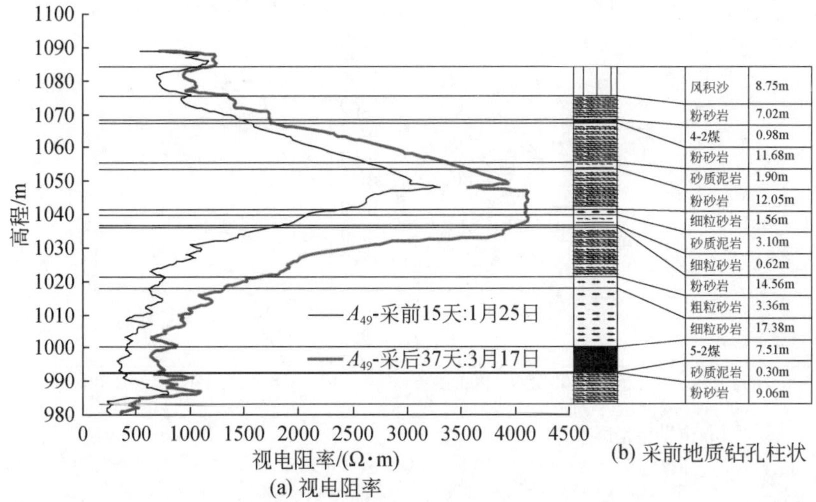

图 3-80　A_{49} 号测点视电阻率特征及采前地质柱状图

采动后覆岩视电阻率出现以上变化的原因可能是：①覆岩破坏在其内部有离层发育，且处于 4-2 煤（厚 0.98m）与粉砂岩的层界面处，不同的岩性，造成在层界面处产生变形和离层；②采动后视电阻率发生了"断崖式"陡降，且位于粉砂岩和细粒砂岩的接触面，说明采动后覆岩完整性、致密性遭到破坏；③对于采动前后视电阻率"几乎相等"部分，是因为处于最大离层的正下方，岩层破断应力得到充分释放，离层再次闭合，覆岩能基本保持完整，且呈层状上下堆置，加之该部分岩性单一，且分布均匀，导致在该区域覆岩的视电阻率基本相同；④视电阻率由"陡峭"变"平缓"，该处为垮落带最大高度处，在视电阻曲线为较为"平滑"部分，其原因是垮落带上部的层状垮落；视电阻率曲线波动增加，这是煤层顶板硬度相对小，且呈无规则垮落破坏引起的；⑤采动后视电阻率整体增大是覆岩破坏运移形成离层（裂隙空间）及含水量下降等因素共同作用导致的。

为论证以上分析的合理性，分别选取部分大地电磁探测 A 线、B 线和 D 线上位于采空区边界、采空区中间区域和工作面推进位置前后方一定距离的探测点作为特征点，进行视电阻率变化分析（D 线属于采动过程中平行于工作面推进方向的动态观测线，且其上的部分点和 C 线重合，因此可代表 C 线）。A 线、B 线和 D 线上特征点的视电阻率变化曲线，如图 3-81~图 3-83 所示。从图中可知，其视电阻率曲线形态采前采后基本一致，说明在开采整个区域，覆岩性质及赋存条件基本相同，视电阻率呈现的波动性及"断崖式"陡降特征（高程 1040m 附近）也基本相同，说明覆岩在破坏过程中离层、裂隙等变形特征在该区域大致相同。由于 A、B、D 测线本身位置的不同，其下方形成采空区时间亦不同，所以在视电阻率曲线上，视电阻率峰值上方的岩层由于岩层本身硬度相对较大，该部分覆岩破坏以离层及伴生裂隙发育为主，但岩层总体上仍能保持其完整形态。因此，视电阻率在该高程范围内趋于相同。而在视电阻率的峰值下方至煤层顶板的部分，由于覆岩发生剧烈垮落，完整性受到彻底破坏，在其内部形成了大量裂隙，裂缝空间被空气充满，从而导致该高程范围内的视电阻率比采动前明显增大（地面附近的空气电阻率约为 $3 \times 1013\Omega$），远大于岩石的电阻率。覆岩的电阻率虽然不能等同于视电阻率，但两者反映的特性是一致的。

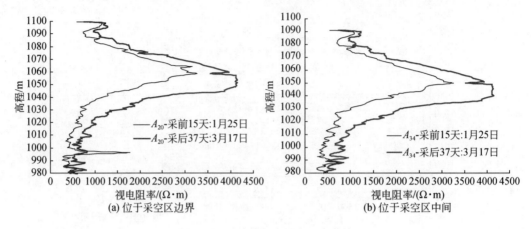

图 3-81　A 线特征点视电阻率曲线

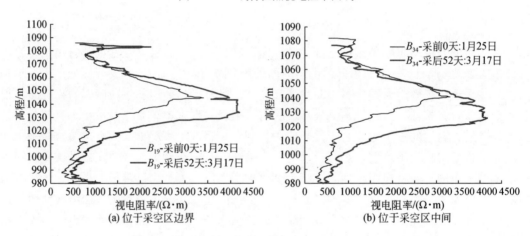

图 3-82　B 线特征点视电阻率曲线

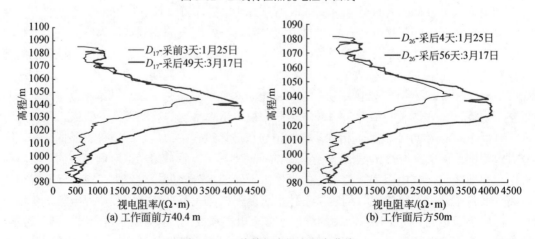

图 3-83　D 线特征点视电阻率曲线

由前述分析，根据视电阻率曲线特征与其对应的高程信息，即可获知覆岩破坏的基本情况。图中覆岩垮落带的高度 H_m=24.3m（高程 1031.0～1006.7m）；导水裂隙带高度 H_{li}=75.3m（高程 1082.0～1006.7m），因为从该高程处，其下侧的采动后视电阻率始终大于采动前的视电阻率。

对于特征点下方覆岩的破坏形态，可根据视电阻率曲线的变化特征，给予基本的判断。根据图 3-81～图 3-83 可知，采动后覆岩虽然出现明显沉降，但其完整性未受到破坏，为覆岩导水裂隙带的离层发育区，覆岩呈"板"或"梁"的形状在水平端点处相接触，竖直方向上，覆岩呈层状相叠加；煤层上方至最大视电阻率位置处为覆岩垮落带，由于开采煤层厚度大（6.7m）和推进速度较快（13.84m/d），造成覆岩垮落剧烈，垮落带下部覆岩破碎程度高，呈无规则状堆积，垮落带内的上部覆岩呈大块状铰接相互支撑。

5. 主断面视电阻率变化特征及覆岩破坏分析

特征点视电阻率反演分析仅能揭示地表某一点下方岩层的地质赋存情况，鉴于地质条件及采动覆岩破坏本身的复杂性，用某一点处视电阻率信息特征反演结果代表该区域覆岩结构及特征不够全面，特别是在研究采动引起的覆岩破坏时，缺乏足够的可信度。为此，需要分析在开采过程中，更多的视电阻率信息特征和不同采动时刻覆岩的视电阻率变化特征，以此探讨较大范围内的覆岩变形和破坏情况。

将位于 52505 工作面每个主断面上各测点的视电阻率数据按照点号依次排列，绘制出各主断面的大地电测特征图。

1）主断面 A 大地电磁探测覆岩破坏分析

图 3-84 和图 3-85 分别为大柳塔煤矿 52505 工作面大地电磁探测 A 线，在采前 15 天未受采动影响、采后 37 天覆岩垮落破坏后的视电阻率特征云图。由图 3-84 知，采动前煤层上覆岩层视电阻率云图层状分明，形状规则，呈水平状分布，说明采动前煤层上覆岩为整体赋存稳定、地质构造较少、覆岩结构简单，各岩层基本呈水平状分布。仅在高程 1045～1055m，A_{22}（竖线 a 处）、A_{25}（竖线 b 处）、A_{27}（竖线 c 处）、A_{45}（竖线 d 处）、A_{51}（竖线 e 处）、A_{51}（竖线 f 处）等 6 个测点，视电阻率云图呈现"椭圆形"闭合圈，说明在对应高程处的覆岩较其上下两侧覆岩的稳定性差，存在小的地质构造；但该区域正处于视电阻率最大的区域，说明该处岩层仍相对完整、坚硬和致密。

对比图 3-84 和图 3-85 可知，采动后视电阻率图发生了明显的变化，主要表现为：

（1）视电阻率图疏密程度产生明显变化。由采前的近乎均匀层状分布，变为采后的由上至下"基本不变——比较密集——稀疏——十分密集——层数增多"的状态，且采动后在相同高程处视电阻率比采前增大。表明煤炭开采后，原岩应力重新分布，视电阻率等值线密集位置处覆岩破坏严重，等值线稀疏的位置，覆岩受到破坏的程度较低。

（2）风积沙层视电阻率变化不明显，这是由其松散均匀的物理特性所决定的。

（3）图 3-84 中 a～f 线间隔的视电阻率云图呈"椭圆形"闭合圈，其对应的图 3-85 中 a'～f'位置处的视电阻率均出现向下方覆岩"凹陷"的特点。说明采前视电阻率最大位置处在采后受到覆岩破坏的影响更为敏感，此位置可能为覆岩离层裂隙发育集中区。

（4）依据特征点确定的垮落带高度位于视电阻率图"密集"的下边缘，根据覆岩垮落的特征，图中视电阻率等值线疏密分界位置是覆岩变形破坏的分界线。

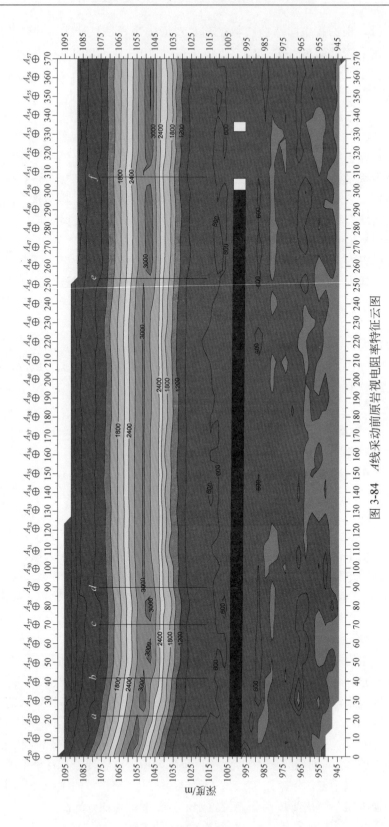

图 3-84　A 线采动前原岩视电阻率特征云图

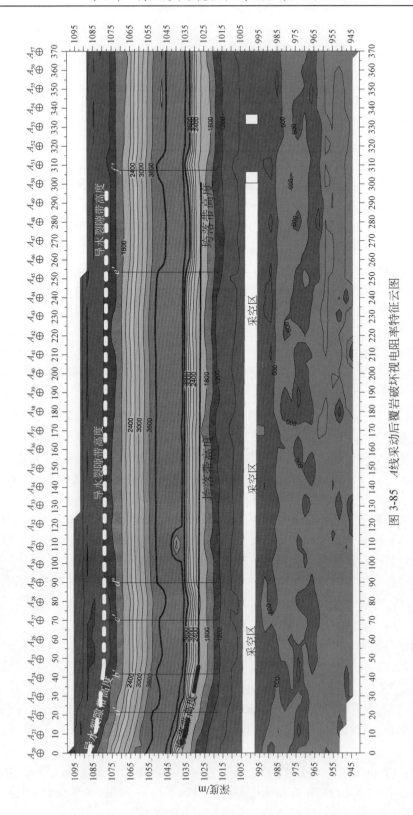

图 3-85　A线采动后覆岩破坏视电阻率特征云图

（5）由于埋深浅、采厚大，导水裂隙带发育至覆岩的表层，因风积沙层的存在，风积沙作为载荷对导水裂隙带施加作用，而风积沙松软且抗拉抗压强度均很低，导致风积沙层作为"随动层"随导水裂隙带覆岩变形破坏而变形破坏。

（6）该处风沙砂层厚度小，高强度开采未能形成弯曲下沉带，仅有"两带"发育，"两带"形状仍呈"马鞍"形。

2）主断面 B 大地电磁探测覆岩破坏分析

图 3-86 为大地电磁探测 B 线采动当天的覆岩视电阻率等值线图，由该图知覆岩视电阻率云图整体上仍能保持层状，但在 a、e 两斜线之间，视电阻率云图明显向下，说明采动前日该区域已受到采动覆岩破坏的影响。a、e 线与水平线形成的夹角分别为 78°、77°。竖线 b、c、d、f、g 位置处高程在 1040～1050m 范围内，为视电阻"椭圆形"闭合圈区域，说明竖线位置为该岩层覆岩性质发生局部变化处。

图 3-87 为 B 线采后 52 天时的覆岩视电阻率等值线图，此时覆岩已充分垮落。B 线采后覆岩的视电阻率等值线图呈现以下特征：

（1）同一高程视电阻率比采动当日明显增大。

（2）视电阻率"椭圆形"闭合圈消失，同时该高程处视电阻率曲线疏密度比其他位置处视电阻率曲线疏密度降低或释疏。

（3）视电阻率向下弯曲范围比采动当日范围显著增大，a 线向外侧移动 36.9m 至 a' 处，a' 线与水平线夹角比 a 线减小 6°，至 72°；e 线向外侧移动 22.2m 至 e' 处，e' 线与水平线夹角比 e 线减小 3°，至 74°。采空区两侧视电阻率向下弯曲边界线与水平线的夹角大致相同，说明采动后覆岩变形破坏的范围在两侧相同，竖直方向上采空区至影响边界距离为 16.2m。

（4）依据 A 线确定的"两带"高度和 B 线视电阻率特征，显示出 B 线处"两带"形状仍为"马鞍形"的变形特征。可能因覆岩变形剧烈，在采空区边界处"两带"轮廓发育陡峭，而在采空区中部"两带"轮廓线呈近似水平状发育。

（5）视电阻率疏密相间变化特征与 A 线基本相同，风积沙较薄，无法形成弯曲下沉带。

（6）采动中视电阻率的"高阻"岩层，采后离层发育集中，仍为"高阻"岩层。相比采空区边界处的"高阻"上下边界，采动后的"高阻"上下边缘降低了 7.5～8.5m，比同高程的覆岩下沉和垮落量大 1.1～2.1m。表明视电阻率变形特征与覆岩下沉垮落有关，这一特征与覆岩失水、离层发育和大地电磁反演技术等因素有关。

3）主断面 D 大地电磁探测覆岩破坏分析

图 3-88 为采动过程中 D 线的大地电磁探测线视电阻率云图。覆岩视电阻率云图层状清晰，说明覆岩稳定且结构简单，此时覆岩处于采动变形过程中，在 c 线右侧的采空区，视电阻率出现了明显的下沉趋势。c 线与水平线的夹角称为超前影响角（ω=74°），比一般地质条件下大，超前影响距为 24.7m。在高程 1040～1055m 处，b、c 线间出现视电阻率"椭圆形"闭合圈，a、b 线间为同高程视电阻率"低值区"，说明该处岩层均一性或完整性发育较差。

图 3-89 为采动后覆岩的视电阻率云图。视电阻率疏密相间变化特征与 A、B 线基本相同；在测点 D_{20}～D_{28} 处，视电阻率云图出现了局部不均匀下凹。该现象出现的原因为月底工作面设备检修，停产数日引发的覆岩不均匀破坏导致的。

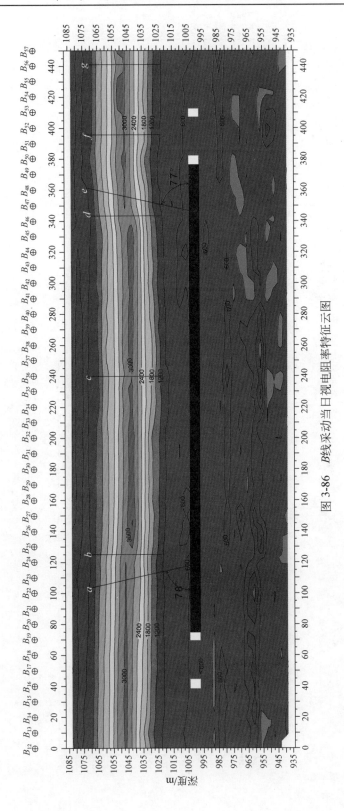

图 3-86　B 线采动当日视电阻率特征云图

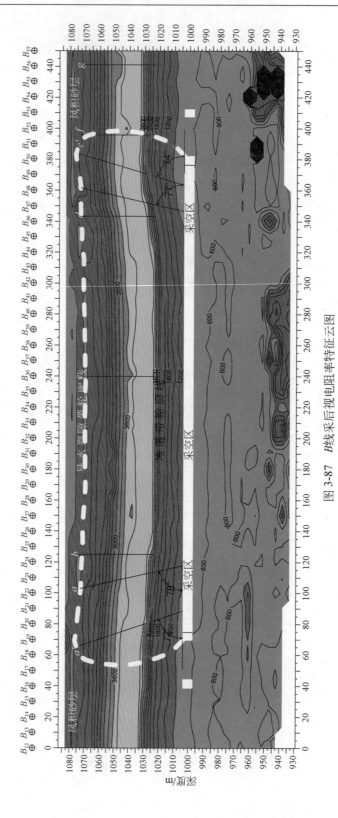

图 3-87　B 线采后视电阻率特征云图

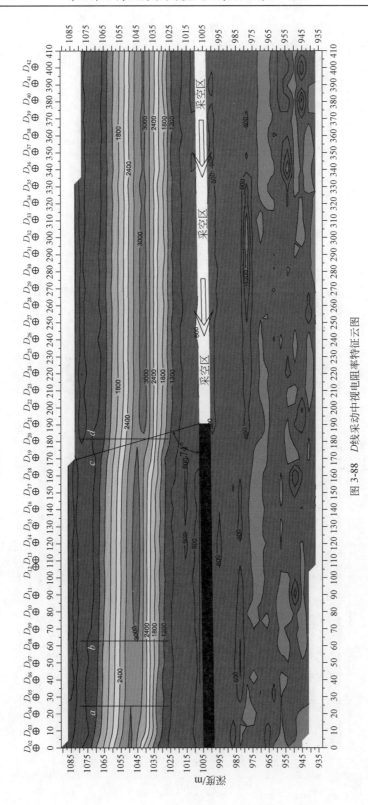

图 3-88　D 线采动中视电阻率特征云图

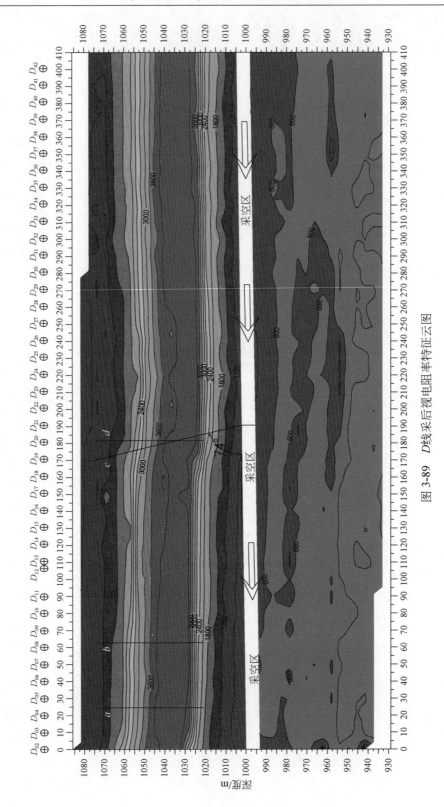

图 3-89　D线采后视电阻率特征云图

　　4）覆岩"两带"高度检验分析

　　根据前述对特征点及主断面视电阻率的分析，获得了该研究区域高强度开采的破坏特征。

　　（1）在未受采动影响时，研究区域内覆岩整体上呈层状均匀分布，无明显的地质构造，地质条件简单稳定。由于开采煤层厚度大、埋深小、推进速度快等因素的影响，从视电阻率特征图分析可知，采动后视电阻率普遍增大，且视电阻率等值线发生明显的稀疏、密集分布，说明覆岩采动破坏后，原岩的层状结构遭到了破坏。

　　（2）对于采前分布"均匀"的视电阻率等值线，在采后视电阻率出现了明显的稀疏区和密集区。等值线密集的区域即为变化最为剧烈的区域，稀疏的等值线部分为采动前后变化较小的部分。因此，由大地电磁探测得出的覆岩垮落带高度 H_m=24.30m（3.63H）；导水裂隙带高度 H_{li}=75.30m（11.24H）。

　　（3）高强度开采未能形成弯曲下沉带，仅发育有"两带"，"两带"形状呈扁平化的"马鞍"形。在覆岩破坏的外边缘区域，其边界线发育陡峭，在采空区中部"两带"轮廓线呈近似水平状。

　　（4）高强度开采超前影响角 ω=74°，超前影响距为 24.7m（3.69H）。

　　为检验由视电阻率信息揭示的高强度开采覆岩破坏特征的正确性，对覆岩破坏的"两带"高度予以验证。采动覆岩硬度为中硬，采厚 m=6.7m。验证结果如表 3-21 和表 3-22 所示。

表 3-21　垮落带计算高度

序号	公式	计算垮落带高度/m	平均高度/m
1	$H_m=M/[(K-1)\cos\alpha]$	23.33	26.71 3.99H （大地电磁获得的垮落带高度：24.30）
2	$H_m=100M/[0.2M+20.87]\pm6.43$	30.16±6.43	
3	$H_m=100M/[0.49M+19.12]\pm4.71$	29.90±4.71	
4	$H_m=(3\sim4)M$	20.10～26.80	

表 3-22　裂隙带计算高度

序号	公式	计算裂隙带高度/m	平均高度/m
1	$H_{li}=100M/[0.19M+7.74]\pm13.26$	74.34±13.26	74.70 11.15H （大地电磁获得的裂隙带高度：75.30）
2	$H_{li}=100M/[0.26M+6.88]\pm11.49$	77.71±11.49	
3	$H_{li}=100M/[0.31M+8.81]+8.21$	69.75	
4	$H_{li}=10M+10$	77.00	

　　由表 3-21、表 3-22 可知，大地电磁探测获得的垮落带高度及裂隙带高度与计算的高度值比较接近，说明大地电磁探测获得的分析结果是正确的。此外，52505 工作面煤层平均埋深 90.47m，风积沙平均厚度 10m 左右（风积沙作为岩层载荷对其下方覆岩起作用），计算 52505 工作面覆岩厚度共计 80.47m，与探测裂隙带高度相差不大，由此可判断覆岩破坏将直达地表。现场观测表明，采动后地表产生了剧烈的移动变形，并出现了大量的台阶型

裂缝。

6. 基于大地电磁法高强度覆岩破坏特征分析

根据大地电磁覆岩破坏反演分析及高强度开采覆岩"一带""二带"破坏特征，绘制高强度开采覆岩破坏特征图，如图 3-90 所示。图 3-90（a）的呈现的主要特点是，随着高强度开采工作面的推进，覆岩以一定步距进行周期破断垮落，周期破断处裂缝直达地表，覆岩在垮落过程中，由于垮落覆岩发生回转，并在回转过程中发生二次破碎。在图 3-90（b）中，垮落带破断特征与图 3-90（a）呈现特征基本相同，在其上部为裂隙带与垮落带的分界线，对应于采动后视电阻率等值线密集区；在裂隙带内，裂隙发育步距比垮落带步距增大，在其内发育大量横向和竖向裂缝及离层，覆岩内破断裂缝与垮落带周期破断裂隙沟通，形成自地表至采空区的沟通裂隙。在基岩与松散层的接触面处，基岩面发生破坏及松散层产生运移，造成地表下沉，伴随发育大量地表裂缝及台阶。在垮落带内，垮落量大覆岩发生剪切型破坏；裂隙带内产出张拉应力，覆岩发生张拉破坏。

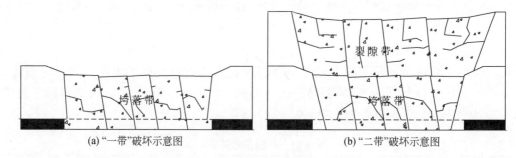

(a)"一带"破坏示意图　　　　　　　　(b)"二带"破坏示意图

图 3-90　高强度开采覆岩破坏特征

7. 高强度开采地表移动变形

采动后导水裂隙带发育直达地表，致使地表发育大量裂隙，地表移动变形不再连续，其移动变形规律仍可采用概率积分法进行计算。

1）预计参数

52505 高强度开采工作面深厚比 H/m 小，仅为 13.4。经现场观测，采动后 52505 工作面最大下沉达 5360mm，最大水平移动为 1500mm。其下沉系数 $q=0.80$。水平移动系数 $b=0.28$；依据现场观测和开采工作面覆岩的岩性，得到概率积分法预计参数，如表 3-23 所示。

表 3-23　概率积分法预计参数

工作面名称	q	$\tan\beta$	$\tan\beta_1$	$\tan\beta_2$	b	$\theta_0/(°)$	S_1/m	S_2/m	S_3/m	S_4/m
52505	0.80	2.10	2.10	2.10	0.28	88.5	18.0	17.6	17.8	17.8

2）地表移动变形预计

52505 工作面在走向和倾向上均达到了超充分采动，煤层倾角平均 2°，属近水平煤层开采。通过计算，该工作面地表移动变形预计极值列于表 3-24 中。下沉盆地三维立体图如图 3-91 所示。

表 3-24　地表移动变形预计极值

指标 内容	下沉/mm	倾斜/（mm/m）	曲率/（mm/m²）		水平移 动/mm	水平变形/（mm/m）	
			凸	凹		拉伸	压缩
走向	5360	125	4.4	-4.4	1500	53	-53
倾向		123	4.4	-4.2		53	-51

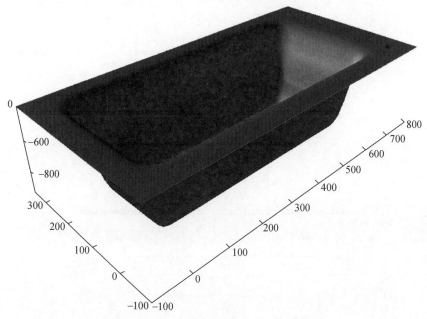

图 3-91　52505 工作面预计下沉盆地

8. 研究区地表采动裂缝发育机理

地表裂缝产生是由于覆岩中积累的拉应力超过了岩体或土地的抗拉强度，导致岩体或土体被拉断，产生开裂或切落。根据国内外采矿经验，当采深与采厚之比 H/m 小于 30 时，采动过程中其地表移动和变形在空间和时间上都有明显的不连续特征，特别是在浅埋深厚煤层开采时更容易在地表形成裂缝。

1）主断面拉伸及压缩变形分区

主断面下沉曲线拉伸、压缩区域的划分可根据对应的水平变形曲线特征进行。水平变形曲线上，水平变形值 ε 大于零对应的横轴区域为覆岩移动变形的拉伸区，水平变形值 ε 小于零对应的横轴区域为覆岩移动变形的压缩区。对于水平煤层，非充分采动时，水平变形曲线有三个极值，两个相等的正极值和一个负极值，正极值表示最大拉伸量，负值表示最大压缩量。最大拉伸位于边界点和拐点之间，最大压缩位于最大下沉点处，边界点和拐点处水平变形为零。充分采动时，下沉曲线的拉伸区，其水平变形 ε 与非充分采动时相同，但在压缩区内，水平变形曲线形态由"V"（图 3-92）变为"W"（图 3-93）。超充分采动时，下沉曲线呈平底盆地，其对应的水平变形 ε 在开采边界附近时与充分采动类似，但在下沉曲线盆底的中部，出现了一定的先拉伸后压缩影响（复合影响）区域。图 3-94 和图 3-95 为按照超充分采动时主断面下沉及水平变形特征划分的地表移动变形的主断面和全盆地拉伸、压缩区域的划分。

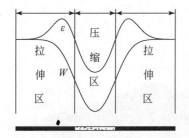 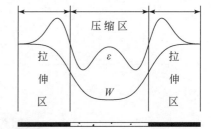

图 3-92　非充分采动主断面拉伸区和压缩区　　　　图 3-93　充分采动主断面拉伸区和压缩区

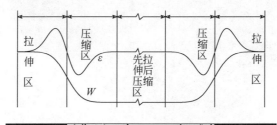

图 3-94　超充分采动主断面拉伸区和压缩区

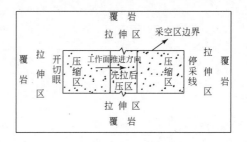

图 3-95　超充分采动地表拉伸区和压缩区

2）采动裂缝与变形分区的关系

采动裂缝是因采空区覆岩经复杂运移传递至地表而产生对地表的拉伸或剪切作用引起的。因此，采动裂缝多出现在拉伸区。根据拉伸压缩区域的划分，当非充分和充分采动时，在采空区边界附近的拉伸区会出现拉伸裂缝。对于超充分采动，在地表上出现了平底盆地，在平底区域为移动变形复合影响区域（平底部分先经受拉伸后经受压缩作用），因此采动裂缝出现在边界拉伸区域和平底中心区域的复合影响区。理论上在压缩区由于不承受拉伸作用，一般不出现拉伸裂缝，这是由覆岩和地表的抗压强度远大于抗拉伸强度决定的。但在实际观测中发现，在压缩区也可能出现裂缝，这可能是因覆岩周期破断引发的覆岩剪切破断或松散层受到水平挤压而产生的剪切破坏所致。

采动区外边缘的裂缝位于拉伸区，此区域分布的裂缝往往为永久性裂缝。在开采沉陷区由于存在着在走向和倾向两个方向上向采空区几何中心移动，移动变形叠加致使裂缝在平面分布上出现，非充分采动和充分采动时的裂缝分布近似于"O"形，而超充分开采时的裂缝分布近似于"椭圆形"。采空区地表拉伸主应力分布情况，如图3-96所示。

图 3-96　采空区地表拉伸主应力理论分布

超充分采动的平底区域，由于先遭受拉伸后遭受压缩，故该区域的裂缝将经历裂缝出现直至达到该地质采矿条件下的最大宽度和深度，之后在压缩变形下，裂缝宽度逐渐收缩甚至闭合，但一般仍留有裂缝痕迹，即该区域的裂缝呈现出"出现——宽度逐渐发育——裂缝宽度至最大——裂缝宽度变小——裂缝停止发育或消失"的演变过程。其原因是，由于在工作面回采过程中，覆岩在拉伸应力的作用下发生周期破断，随着工作面的不断推进，该区域由遭受拉伸应力逐渐演变为压缩应力，以至于地表裂缝出现了自我修复闭合现象。

3）地表裂缝的形成机理及判别

52505工作面地表覆盖40～69m厚的风积沙。风积沙具有无聚性和非塑性，抗剪性极差。52505工作面开采时在其拉伸区、压缩区及复合影响区均有裂缝发育。相邻单位长度水平变形差$\Delta\varepsilon$在开切眼（距离0m处）附近有两极值，若将拐点偏移对变形曲线的影响因素考虑在内，在地表拉伸区两$\Delta\varepsilon$极值间是地表拉伸裂缝集中分布区，如图3-97、图3-98所示。

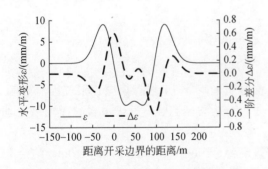

图 3-97　走向水平变形及其一阶差分曲线

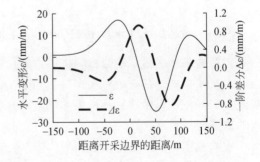

图 3-98　倾向拟合水平变形及其一阶差分曲线

9. 基于大地电磁法高强度开采地表裂缝发育特征分析

大柳塔煤矿52505工作面主断面下沉曲线的拉伸长度。由下沉曲线长度计算理论，计算得52505工作面走向和倾向方向下沉曲线对地表的拉伸量ΔL_1、ΔL_2分别为81mm（对应的走向主要影响半径r=103m）和70mm（对应的倾向下山主要影响半径r_1=87m）。因此走向和倾向方向的下沉曲线拉伸率P分别为0.78mm/m和0.80mm/m。走向方向拉伸区内最大水平移动值达 906mm；倾向方法拉伸区最大水平变形达 25mm/m。下沉及水平移动变形特征，如图 3-99～图 3-102 所示。

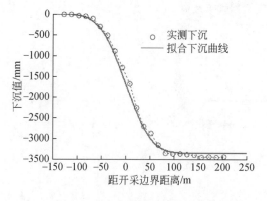

图 3-99　走向下沉及其拟合曲线

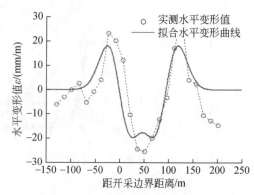

图 3-100　走向水平变形及其拟合曲线

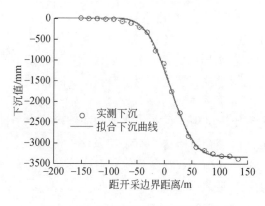

图 3-101　倾向实测下沉及其拟合曲线

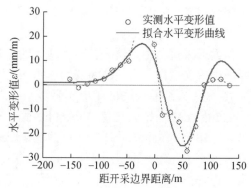

图 3-102　倾向实测水平变形及其拟合曲线

3.3.4　高强度开采顶板运动与覆岩破坏相似模拟

1. 覆岩与地表破坏相似材料模拟方案设计

本次模拟实验基于哈拉沟煤矿 22407 工作面地质采矿条件，模拟煤层开采过程，观测、记录模型开挖过程中覆岩和地表移动及破坏特征，分析总结高强度开采覆岩破坏规律与地表非连续变形特征。

实验选用可调可旋转相似模型实验装置，该平台长 3.6m，宽 0.25m，高 2.0m。结合矿区地质采矿条件和实验条件，实验选用相似系数如下：几何比为 1∶150，时间比为 1∶12.25，容重系数为 0.6，强度比为 0.004，弹模比为 0.004，泊松比比为 1。

结合矿区地质采矿条件和实验条件，实验选用 1∶150 比例尺，模型尺寸设计为 3.6m×0.25m×1.0m，采空区长度设计为 2.4m×0.25m×3.59cm。模拟煤层以上覆岩和底板两层岩层，模拟原型总高度 150.00m。如图 3-103 所示，实验模型选用 45° 为边界角，在停采线一侧预留 1.0m 煤柱，采挖从另一侧距模型架 30m 处开始开挖。模型材料选取和配比，如表 3-25 所示。

图 3-103　相似材料实验模型图

模型在开挖过程中采用全站仪和摄影测量系统进行观测。全站仪选用广州中海达公司生产的海星达 ATS-320R 型全站仪，测角精度为 ±2″，测距精度为 ±（3+2ppm）mm。摄影测量系统采用西安交通大学开发的 XJTUDP 系统，从不同方向拍摄标志点，计算出观测点的三维坐标。测量精度为被测物体尺寸的 1/100000。

移动变形观测线设置于煤层上覆岩层中，共布设 6 条观测线，每条观测线设置 35 个观测点，观测点间距为 15m。观测线自上而下编号分别为 A 线、B 线、C 线、D 线、E 线、F 线，上覆岩层中 6 条观测线总共设置了 210 个观测点。

在相似模型控制架上共布设 8 个控制点，其中左右两侧支架上各设置 3 个控制点，相似模型控制架的底部中间位置布设 2 个。同时，为了保证观测点与控制点连接起来，布设中间连接点若干。

2. 相似模型的开挖过程及观测

22407 工作面平均开采速度为 15m/d，360m 的走向工作面实际开挖时间应为 24 天。按时间相似系数，则开挖时间为 24/12.25=1.96 天。设计开挖速度为 10.2cm/2h，即 15m/d。以每 4 小时 20cm（即 30m）的进度开挖，共开挖 240cm（360m）。

在模型观测方面，全站仪观测方法可以逐渐观测模型上观测点的移动变形，但是，该方法工作量较大，存在一定的局限性。而采用 XJTUDP 摄影测量方法进行观测，利用拍摄的多幅数字图像，在与之相配套的系统软件中可以实现自动识别标志点，计算出其精确的三维坐标。具有观测速度快、自动化程度高的特点，并能有效地减少累积误差，提高观测效率和测量精度。XJTUDP 三维光学摄影测量系统，如图 3-104 所示。

当相似材料模型制作完成后，在开挖前采用全站仪观测方法和摄影测量系统方法进行了首次观测，得到了模型开挖前的相关原始数据。

（1）第 1 次开挖 30m（即开挖到 30m 处）。采用摄影测量系统进行第 1 次观测。第一次开挖之后直接顶未出现移动变形，覆岩保持完整，如图 3-105 所示。

表3-25 相似模拟模型材料选取和配比

序号	岩石名称	岩层厚度/m	各层总质量/kg	材料用量/kg				
				砂	碳酸钙	石膏	水	硼砂
1	风积沙	15.66	258.39	203.28	20.33	8.72	25.82	0.26
2	黄土	26.34	434.63	312.62	54.71	23.45	43.43	0.44
3	粗砂岩	13.49	222.59	160.11	12.00	28.02	22.23	0.23
4	砂质泥岩	4.89	80.67	63.48	2.72	6.35	8.06	0.08
5	粉砂岩	5.35	88.22	59.48	9.92	9.92	8.81	0.09
6	中粒砂岩	6.47	109.66	71.87	7.19	16.77	13.69	0.13
7	细粒砂岩	4.57	75.32	50.79	8.47	8.47	7.52	0.07
8	粉砂岩	4.88	80.59	54.36	9.05	9.05	8.05	0.08
9	中粒砂岩	13.98	237.09	155.38	15.55	36.25	29.62	0.29
10	粉砂岩	2.02	33.25	22.47	3.75	3.75	3.33	0.03
11	细粒砂岩	6.87	113.36	76.44	12.74	12.74	11.33	0.12
12	细粒砂岩/煤线	3.64	60.06	40.50	6.74	6.75	6.00	0.06
13	中粒砂岩	4.42	75.05	49.19	4.92	11.48	9.38	0.09
14	细粒砂岩	5.66	99.62	62.97	10.50	10.50	9.33	0.09
15	砂质泥岩	3.29	54.30	42.71	1.83	4.28	5.43	0.06
16	中粒砂岩	2.84	48.21	31.61	3.15	7.38	6.02	0.06
17	粉砂岩	6.68	110.22	74.33	12.39	12.39	11.01	1.05
18	2-2煤层	5.39	88.94	68.54	8.00	3.44	8.88	0.09
19	粉砂岩	5.80	95.70	64.53	10.76	10.76	9.56	1.05
20	细粒砂岩	4.41	69.63	49.13	8.19	8.19	8.19	0.04
合计		146.65	2435.50	1713.79	222.91	238.66	251.58	4.41

图 3-104　摄影测量系统

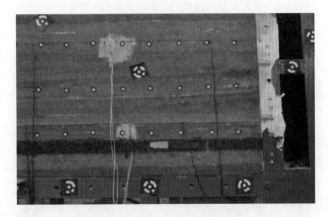

图 3-105　开挖到 30m 时岩层破坏情况

（2）第 2 次开挖 30m（即开挖到 60m 处）。在开挖至 45m 处时，直接顶弯曲，直接顶上部有离层出现，但直接顶未出现垮落，如图 3-106 所示。稳定后采用摄影测量系统进行第 2 次观测。当开挖到 60m 处时，距煤层顶板之上的 11.3m 的直接顶出现离层情况，离层宽度 4.5～30cm，长度达 46.5m。开采稳定后，直接顶出现垮落现象，垮落高度达到 9.8m。如图 3-107 所示。

图 3-106　开挖到 45m 时岩层破坏情况

图 3-107　开挖到 60m 时岩层破坏情况

（3）第 3 次开挖 30m（即开挖到 90m 处）。稳定后采用摄影测量系统进行第 3 次观测。覆岩在煤层顶板 31.5m 处出现明显离层现象，离层高度最大可达 0.5～0.8m，长度为 27.8m。从综合柱状图可知，此处的离层空间为老顶位置出现的。此处为老顶初次垮落，垮落长度为 49.5m。同时，在煤层顶板以上 46.5m 处覆岩出现裂隙，如图 3-108 所示。

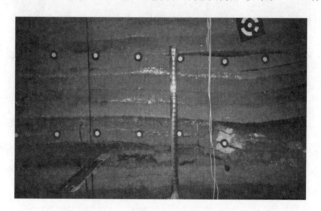

图 3-108　开挖到 90m 时岩层破坏情况

（4）第 4 次开挖 30m（即开挖到 120m 处）。稳定后分别采用摄影测量系统和全站仪进行测量，其中全站仪为第 1 次测量，摄影测量系统为第 4 次观测。覆岩在 63.0m 处出现明显离层，离层宽度达 1.5～2.3m，长度达 12.8m。从综合柱状图上可知，此处离层位于综合柱状图岩层中 15 号岩层、厚 6.5m 中粒砂岩关键层之下。由于关键层的支撑作用，覆岩中出现了离层现象。同时，覆岩在 79.5m 处出现裂缝，由工作面综合柱状图可知，导水裂缝带已发展到覆岩第四纪松散层。同时发现，在开挖工作面上方约 15m 的顶板悬顶未垮落，充当悬臂梁，支撑其上覆岩层，如图 3-109 所示。

（5）第 5 次开挖 30m（即开挖到 150m 处）。开挖稳定后采用摄影测量系统进行第 5 次观测。观测发现上次开挖到 120m 处的近 15.0m 的顶板悬顶已垮落，垮落步距为 13.5m。同时，覆岩在煤层上方 105.0m 处出现裂隙，此处位置已接近到第四纪松散层的风积沙底部。

与此同时，上次开挖到 120m 处的关键层上部的离层已经出现逐渐闭合趋势。而在距煤层 76.5m 处覆岩又出现新的离层，离层宽度为 0.75～1.2m，离层长度为 60m 左右。说明 15 号岩层厚 6.5m 中粒砂岩关键层已经断裂。随着开采空间的不断增大，采动覆岩中的离层此消彼长，如图 3-110、图 3-111 所示。

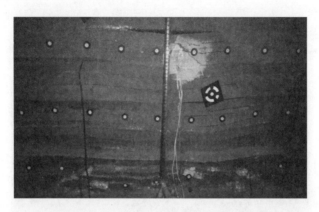

图 3-109　开挖到 120m 时岩层破坏情况

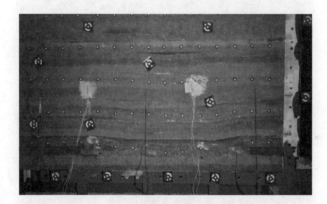

图 3-110　开挖到 150m 时岩层破坏情况

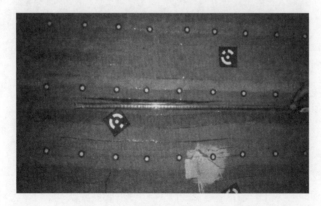

图 3-111　开挖到 150m 时离层长度

（6）第 6 次开挖 30m（即开挖到 180m 处）。开挖稳定后分别采用全站仪和摄影测量系统进行测量。其中，全站仪为第 2 次观测，摄影系统为第 6 次观测。顶板出现了再次垮落现象，垮落高度仍为 9.8m，垮落步距为 9.0m。此时发现，上次开挖到 150m 处时出现的离层呈现逐渐闭合趋势。同时，采空区边界两侧的两条竖向裂缝继续向覆岩上部发展，直通模型表面，即当开挖到 180m 处时，采动覆岩中出现了竖向裂缝直达地表的情况，地表两条裂缝宽度为 4.5～7.5cm，开切眼和停采线处覆岩破断角分别为 55°和 53°，两条裂缝自右向左记为第 1 条、第 2 条，如图 3-112、图 3-113 所示。

图 3-112　开挖到 180m 时岩层破坏情况

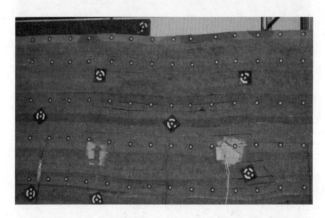

图 3-113　开挖到 180m 时竖向破坏直达模型顶部情况

（7）第 7 次开挖 30m（即开挖到 210m 处）。稳定后采用摄影测量系统进行第 7 次观测。直接顶再次垮落，垮落高度为 9.5m，垮落步距为 12.0m。同时，停采线上方出现新的裂缝并发育到模型顶部，即地表新出现第 3 条裂缝，裂缝宽度约为 4.5cm，与其相邻的第 2 条裂缝间隔达 13.5m，如图 3-114 所示。

（8）第 8 次开挖 30m（即开挖到 240m 处）。稳定后采用摄影测量系统进行第 8 次观测。而上次开挖到 210m 时出现的离层呈现闭合趋势。直接顶再次垮落，垮落步距为 10.5m，如图 3-115 所示。

（9）第 9 次开挖 30m（即开挖到 270m 处）。开挖稳定后采用摄影测量系统进行第 9 次观测。顶板垮落，垮落高度为 8.3m，垮落步距为 9.8m。同时，停采线上部覆岩顶部出现第 4 条裂缝，裂缝宽度为 3.0～7.5cm。与其相邻的第 3 条裂缝间距为 12.8m。同时，先前出现的第 1 条裂缝已完全闭合，如图 3-116 所示。

图 3-114　开挖到 210m 时岩层破坏情况

图 3-115　开挖到 240m 时岩层破坏情况

图 3-116　开挖到 270m 时岩层破坏情况

（10）第 10 次开挖 30m（即开挖到 300m 处）。开挖稳定后分别采用全站仪和摄影测量系统进行测量，即全站仪为第 3 次观测，摄影系统为第 10 次观测。此时直接顶再次垮落，垮落高度为 9.8m，垮落步距为 13.5m。而随着采空区的不断扩大，覆岩 52.5m 处出现新的离层，离层宽度达 15.0~23.0cm，长度为 12.0m，如图 3-117 所示。

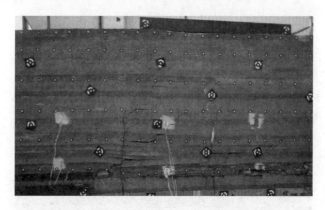

图 3-117　开挖到 300m 时岩层破坏情况

（11）第 11 次开挖 30m（即开挖到 330m 处）。开挖稳定后采用摄影测量系统进行第 11 次观测。停采线上部直接顶垮落，垮落高度 9.8m，垮落步距为 12.0m。随着工作面的推进，模型顶部出现第 5 条裂缝，裂缝宽度为 4.5~7.5cm，与第四条裂缝间隔为 11.3m。同时，先前出现的第 2 条裂缝已完全闭合，如图 3-118 所示。

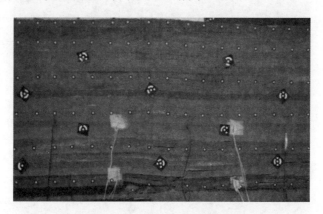

图 3-118　开挖到 330m 时岩层破坏情况

（12）第 12 次开挖 30m（即开挖到 360m 处）。稳定后分别采用全站仪和摄影测量系统进行观测，即全站仪为第 4 次观测，摄影系统为 12 次观测。此时，直接顶又出现垮落现象，垮落步距为 9.0m。伴随着直接顶的垮落，覆岩 39.0m 处的老顶上方出现新的离层，离层宽度为 7.5~30.0cm，离层长度为 150.0m。同时，先前出现的第 3 条裂缝闭合，如图 3-119、图 3-120 所示。

（13）开挖结束 12 小时后。通过多次观测，发现覆岩已处于稳定状态。分别采用全站仪和摄影测量系统进行观测。全站仪为第 5 次观测，摄影系统为第 13 次观测，得到模型开挖结束后的覆岩最终移动变形数据。

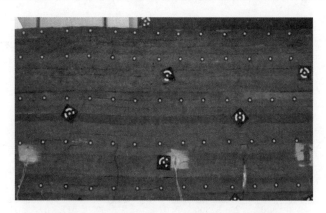

图 3-119　开挖到 360m 时上覆岩层破坏局部图

图 3-120　开挖到 360m 时覆岩破坏情况

3. 覆岩与地表破坏观测结果

覆岩与地表移动变形曲线如图 3-121～图 3-131 所示。

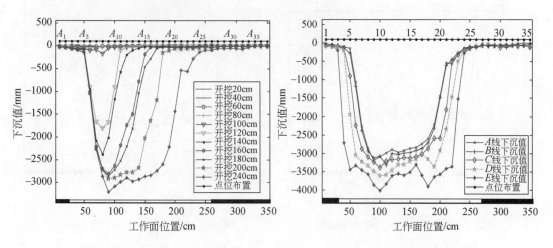

图 3-121　地表动态下沉曲线图　　　　图 3-122　覆岩下沉曲线

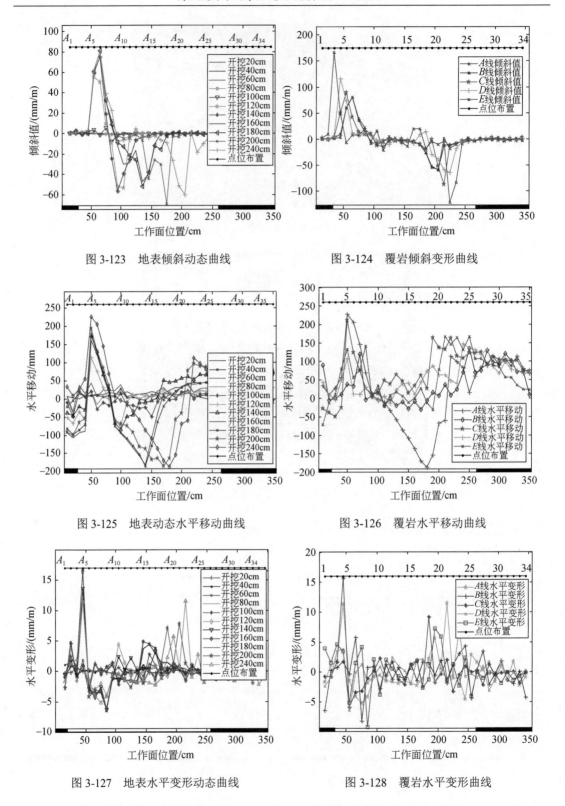

图 3-123　地表倾斜动态曲线　　　　　图 3-124　覆岩倾斜变形曲线

图 3-125　地表动态水平移动曲线　　　图 3-126　覆岩水平移动曲线

图 3-127　地表水平变形动态曲线　　　图 3-128　覆岩水平变形曲线

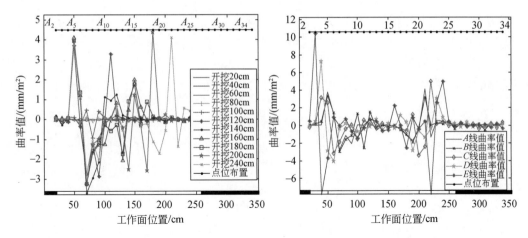

图 3-129 地表曲率动态变形曲线   图 3-130 覆岩曲率变形曲线

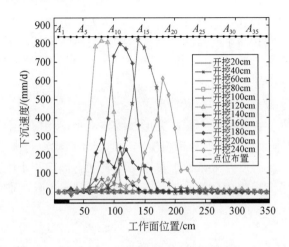

图 3-131 地表动态下沉速度曲线

4. 覆岩与地表破坏动态过程分析

1）覆岩与地表动态破坏情况

从覆岩与地表各类移动变形曲线可以看出，覆岩与地表基本符合一般开采条件下的移动变形规律。但是，在高强度开采条件下，覆岩与地表动态移动变形呈现如下特点：

A. 覆岩与地表动态下沉情况

从图 3-121 可以看出，地表下沉曲线大致呈对称分布。当开挖长度小于 120m 时，覆岩移动变形未反映到地表。当开挖长度达到 150m 时，地表移动变形在地表有所反映，最大下沉值达 165.0mm，说明此时覆岩老顶已产生弯曲。当开挖至 180m 时，覆岩中关键层断裂、垮落，移动变形反应剧烈，下沉值急剧增大，最大下沉值增大至 1743.0mm。说明此时老顶已经断裂。同时，覆岩破坏影响很快反映到地表。当开挖至 210m 时，地表下沉值达 2480.0mm。当开挖至 240m 时，地表下沉值达 2864.0mm。此后，随着开挖的不断进行，地表移动变形变化幅度明显减小。

当开挖结束后，从图 3-122 可以看出，覆岩中所有的观测线的下沉曲线急剧增大，下沉盆地很快形成。同时，所有观测线中的下沉盆地均出现平底现象。当开挖结束后，下沉曲线收敛很快，曲线形态极为陡峭。其中 A 线（最接近地表）下沉值总体上小于覆岩内部各条观测线相对应的下沉值。而最为靠近煤层的观测线 E 线下沉值最大，最大下沉值达 4007.5mm。主要原因是 E 线处于覆岩冒落带位置。但总体上，各条下沉曲线相对应的下沉值差别不大。

B. 地表最大下沉速度

由图 3-131 可知，地表动态下沉速度曲线极为陡峭。说明在开挖过程中，当关键层断裂后，覆岩与地表下沉量急剧增大。当开挖到 150m 时，地表最大下沉速度达 75.0mm/d，当开挖 180m 时，地表下沉速度急剧增大，最大下沉速度竟高达 836.0mm/d。此后，当开挖至 210m 时，地表下沉速度又出现减小现象，最大下沉速度减小至 283.0mm/d。当开挖到 240m 时，地表最大下沉速度又急剧增大，最大值达 801.5mm/d。随着开挖的进行，又出现减小现象，当开挖到 270m 时，最大下沉速度减小至 218.0mm/d。当开挖至 300m 时，最大下沉速度又增大至 839.0mm/d。随着开挖的进行，最大下沉速度又减小到 603.5mm/d。最大下沉速度出现反复增大和减小的原因是与覆岩的反复垮落密切相关，其最大下沉速度值峰值不断出现的间距基本上为 60m。同时，开挖停止后，最大下沉速度急剧减小，但速度值减小到一定程度后处于缓慢减弱状态。

C. 覆岩与地表动态倾斜和水平移动情况

本书模拟矿区是水平煤层开采，倾斜变形曲线与水平移动曲线形状基本相似，二者区别仅是大小、单位的不同。所以本书分析将覆岩与地表动态倾斜与水平移动变形一并分析。

从曲线形态上看，高强度开采条件下覆岩与地表动态倾斜和水平移动的分布规律符合一般开采条件下的开采沉陷规律。覆岩与地表倾斜曲线和水平移动曲线以采空区中央呈反对称分布，且呈现一正一负两个最大值。

a. 倾斜变形情况

从观测线 A 线（最接近地表）可以看出，在开挖至 150m 之前，倾斜变形在地表反映不甚明显。当开挖至 180m 时，地表急剧出现了一正（A_6 观测点为 55.0mm/m）一负（A_9 观测点为-53.0mm/m）两个最大值。当开挖至 210m 处时，倾斜变形量继续增大，正负倾斜值分别增大至 77.5mm/m 和-56.4mm/m。随后，随着开挖的进行，倾斜变形量增幅变化不大。当开挖到 300m 时，倾斜变形达到最大值，分别为 80.2mm/m 和-68.5mm/m，如图 3-123 所示。

对于覆岩中各条观测线中的倾斜变形来说，变形曲线形状基本相似。其中，靠近覆岩顶部的 A 线倾斜变形最小，而覆岩中最为靠近模型底部的 E 线倾斜变形最大，最大倾斜值分别达到 167.0mm/m（E_3 观测点）和-121.8mm/m（E_{22} 观测点），靠近煤层处的倾斜变形量比靠近地表倾斜变形值大了近一倍。主要原因是由于直接顶的垮落，造成最为靠近直接顶的 E 线上倾斜变形量最大，而在覆岩传递过程中倾斜量逐渐减小，造成模型顶部倾斜变形减小，如图 3-124 所示。

b. 水平移动情况

当开挖至 150m 时，地表观测点急剧出现了一正（A_6 观测点达 118.0mm）一负（A_{10} 观测点达-65.5mm）两个最大值。当开挖至 240m 处时，一正一负两个最大值持续增大，分别增大至 162.0mm 和-76.5mm。随后，水平移动量增幅减小。当开挖至 360m 停采线时，水平移动值分别增大到 232.5mm 和-198.0mm，如图 3-124 所示。

对于覆岩中各条观测线中的移动值来说，最为靠近模型顶部的 A 线水平移动量最大。而受覆岩自身性质的影响，覆岩内部各条观测线的移动量基本相近，如图 3-125 所示。

D. 覆岩与地表动态水平变形与曲率变形情况

从曲线形态上看，覆岩与地表动态水平变形和曲率变形的分布特征较为相似。在模型不断开挖过程中，拉伸变形与压缩变形频繁地交替出现。同时，正曲率与负曲率也频繁地交替显现。

a. 水平变形情况

由图 3-127 可知，当模型开挖至 100cm（即 150m）之前时，地表水平变形显现不明显。当开挖至 150m 时，地表水平变形曲线上拉伸、压缩变形依次显现，但变形值相对较小。当开挖至 180m 时，拉伸与压缩变形明显增大，分别增加到 11.2mm/m 和-3.7mm/m。受到拉伸变形的影响，覆岩与地表出现裂缝。当模型开挖至 300m 时，拉伸变形与压缩变形达到最大值，分别为 16.9mm/m 和-6.3mm/m，模型顶部裂缝显现明显。

对于覆岩中各条观测线中的水平变形，由图 3-128 可知，C 观测线 C_4 观测点（C 线基本上处于煤层上方覆岩 74.5m 处，即基岩与松散层结合处）出现了最大拉伸变形，达16.3mm/m。最大拉伸变形出现后，随着开挖的持续进行，拉伸变形迅速减小至 0，然后覆岩很快又进入压缩变形状态，最大压缩变形达到-5.9mm/m。随后，压缩变形随着工作面推进又减小至 0，重新进入拉伸变形状态。在开采过程中，拉伸与压缩变形反复出现。同时，水平变形曲线极为陡峭，说明变形速度极快。

b. 曲率变形情况

由图 3-129 可知，在模型开挖至 150m 之前，曲率变形在地表未显现。而当模型开挖至180m 时，曲率变形突然显现，覆岩中出现了正负曲率变形，最大值分别为 4.2mm/m^2 和-2.8mm/m^2。但随着开挖的不断进行，覆岩中正负曲率值增大不明显。

对于覆岩内各条观测线的曲率变形值来说，曲率变形曲线均异常陡峭，说明覆岩中各条观测线上的变形速度变化极快，变形剧烈。同时，各条观测线曲率变形值差别较大。其中，靠近覆岩顶部的 A 线曲率变形值最小，而覆岩中最为靠近模型开挖底部的 E 线曲率变形值最大。E 线上两个观测点的最大曲率值竟高达 10.3mm/m^2 和-6.8mm/m^2。主要原因是在高强度开采条件下，由于受开挖的影响，直接顶垮落，造成最为靠近直接顶的 E 线上曲率变形量最大。而曲率变形量在覆岩传递过程中逐渐衰减，所以造成靠近模型顶部 A 线的曲率变形值总体偏小，如图 3-130 所示。

2）覆岩与地表破坏关系分析

通过对以上覆岩与地表变形特点描述，基本掌握了覆岩与地表变形之间的关系，具体如下：

（1）从覆岩与地表变形曲线的分布形态看，各类曲线形状均异常陡峭，说明在风积沙区高强度开采条件下，覆岩与地表变形速度极快，变形剧烈。开采对覆岩破坏程度明显，进而影响到地表移动变形。

（2）在开采过程中，当覆岩关键层垮落后，覆岩变形很快反映到地表，地表下沉值急剧增大，地表下沉盆地在较短时间内形成。当采动稳定后，最为靠近开采煤层的覆岩下沉值较地表下沉值大，下沉盆地呈平底形状。

（3）在工作面推进过程中，由于覆岩周期垮落，地表下沉速度出现反复增大和减小现象。

（4）覆岩与地表倾斜曲线和水平移动曲线，以采空区中央呈反对称分布，呈现一正一负两个最大值。随着开采的不断进行，倾斜变形和水平移动正负值随之动态向前移动。当采动稳定后，覆岩中最为靠近开采煤层处的直接顶处的倾斜变形值比地表倾斜变形值大了将近一倍。而覆岩中最为靠近开采煤层处的直接顶处的水平变形值却比地表水平变形值小了将近一倍。

（5）在开采过程中，地表首先显现为拉伸变形，而后随着开采的进行演变为压缩变形。随着开采的不断进行，拉伸、压缩、再拉伸、再压缩变形依次以较快的频率动态显现。同时，在开采过程中，覆岩与松散层结合部分，即煤层上方覆岩 74.5m 处出现最大拉伸变形。

（6）地表上曲率变形最大值出现后，正负曲率值随着开采的进行动态向前移动。但总体上，最大曲率值不再增加。覆岩中最为靠近开采煤层处的曲率变形值最大。

应该指出是，相似模型实验在模拟覆岩与地表移动变形过程中，还存在以下问题：

由于条件限制，在相似模型设计与制作时，将模型表面制作成了平面。所以，在模型顶部呈现裂缝分布形态，实际上消除了哈拉沟煤矿开采工作面上方地形地貌起伏的影响，因此实验时在模型顶部未出现的台阶型地表裂缝，造成实验室模拟结果与开采实际有出入。

由于模型制作时观测点密度设置原因，造成观测量不够，总体上使得各移动变形曲线不甚光滑。同时，移动变形曲线出现不匀滑的位置即为模型发生非连续变形之处，这是应该观测的重点，但本次模型观测时受到了影响。

5. 覆岩破坏发育高度及过程分析

1）覆岩破坏发育情况

在开挖过程中，及时采用全站仪及摄影测量系统对相似材料模型中覆岩移动变形状态进行观测，记录、测量开挖过程中覆岩中出现的破坏现象。采动过程中覆岩破坏及裂缝发育情况，如表 3-26 所示。

表 3-26　覆岩破坏观测结果

开挖位置	离层位置、高度	裂缝位置/宽度	垮落步距	冒落带高度	导水裂缝带高度	备注
挖至 30m	无离层出现	无裂缝出现	覆岩没有垮落	0	没有出现导水裂缝带	覆岩保持完整
挖至 45m	—	无裂缝出现	覆岩没有垮落	0	没有出现导水裂缝带	覆岩中有离层出现
挖至 60m	煤层上部覆岩 11.3m 处出现离层，宽度 4.5～30cm，长度 46.5m	覆岩开切眼、开挖位置 60m 处上部覆岩出现裂缝，发育高度 9.8m	直接顶垮落	9.8m	9.8m	采用摄影测量系统进行第 2 次观测
挖至 90m	煤层上部覆岩 31.5m 处出现离层，宽度达 0.5～0.8m，长度 27.8m	两条裂缝继续发育，发育高度为 46.5m	覆岩 31.5m 处（老顶位置）垮落，长度达 49.5m	9.8m	46.5m	采用摄影测量系统进行第 3 次观测

续表

开挖位置	离层位置、高度	裂缝位置/宽度	垮落步距	冒落带高度	导水裂缝带高度	备注
挖至 120m	煤层上部覆岩 63.0m 处（关键层之上）出现离层，宽度 1.5～2.3m，长度 12.8m	两条裂缝继续发育，发育高度为 79.5m	—	9.8m	79.5m	采用全站仪第 1 次观测、摄影测量系统第 4 次观测。导水裂缝带发展到第四系
挖至 150m	煤层上部覆岩 105.0m 处出现离层，宽 0.8～1.2m，长度 60.0m	两条裂缝继续发育，发育高度为 105.0m	13.5m	9.8m	105.0m	关键层断裂。导水裂缝带接近风积沙
挖至 180m	—	两条裂缝发育角为 55°、53°，裂缝宽 4.5～7.5cm，裂缝发育至顶部	9.0m	9.8m	导水裂缝带直通模型顶部	采用摄影测量系统进行第 6 次观测。采用全站仪第 2 次观测
挖至 210m	—	第 3 条裂缝出现，宽 4.5cm，与第 2 条间隔 13.5m	12.0m	9.8m	导水裂缝带直通顶部	采用摄影测量系统进行第 7 次观测
挖至 240m	—		10.5m	9.8m	导水裂缝带直通模型顶部	采用摄影测量系统进行第 8 次观测
挖至 270m	—	第 4 条裂缝出现，宽度 3.0～7.5cm，与第 3 条裂缝间隔 12.8m	8.3m	9.8m	导水裂缝带直通模型顶部	采用摄影测量系统进行第 9 次观测
挖至 300m	煤层上部覆岩 52.5m 处出现离层，宽度 15.0～23.0cm，长度 12.0m		13.5m	9.8m	导水裂缝带直通模型顶部	先前出现的第 1 条裂缝闭合
挖至 330m	—	第 5 条裂缝随开挖不断进行，发育至顶部。裂缝宽度 4.5～7.5cm。与第 4 条裂缝间隔 11.3m	12.0m	9.8m	导水裂缝带直通模型顶部	采用摄影测量系统进行 11 次观测
挖至 360m	上部覆层 39.0m 处（老顶上方）又出现离层，宽 7.5～30cm，长度 150.0m	—	9.0m	9.8m	导水裂缝带直通模型顶部	采用全站仪进行第 4 次观测，摄影测量进行第 12 次观测。第 2 条裂缝闭合
稳定后	全站仪第 5 次观测，摄影测量系统进行第 13 次观测。得到模型开挖后覆岩最终移动变形数据					

2）覆岩破坏发育特征分析

通过模拟厚松散层高强度开采条件下的地质采矿条件，得到了覆岩动态破坏与发育情况，掌握了地表出现非连续变形的基本特征。具体如下：

（1）当开挖距离超过 60m 时，直接顶突然垮落，成块状堆积充填于采空区。同时，老顶出现一定的挠度，造成覆岩上方存在多处离层。

（2）当开挖长度达到 90m 时，老顶出现初次垮落，初始垮落距为 49.5m。随着高强度开采工作面的快速推进，老顶出现周期性垮落，周期垮落步距平均为 11.0m。

（3）老顶垮落后，覆岩呈块状堆积在采空区，并不断被压实，但在采宽达到一定程度时，仅在开切眼处、停采线上方覆岩存在小段悬梁，采空区上方岩体全部破断，不能对覆岩起到支撑作用。冒落带形成后，其发育高度为9.8m，在开采过程中基本保持不变。按煤层厚度5.2m计算，跨落带高度是煤层厚度的1.9倍。

（4）随着开挖的不断进行，覆岩中由于关键层作用，离层显现较为明显，宽度为4.5cm至2.3m，长度为12.0～150.0m。离层呈现出"出现、增大、减小、闭合"的发育规律。当开挖距离超过150m时，煤层上部65.0m处关键层突然垮落，造成覆岩破坏剧烈，破坏高度在较短的时间内发育到地表。

（5）导水裂缝带发育充分。当开挖长度达120m时，导水裂缝带已发育至第四纪松散层。当开挖到150m时，导水裂缝带已接近到松散层上部的风积沙。当开挖到180m时，导水裂缝带直通地表，形成地表裂缝。采动覆岩中存在冒落带和导水裂缝带，即存在"两带"形式。同时，本次相似模拟观测的结果与现场实测结果一致。

（6）在开挖过程中，开切眼位置、停采线处，裂缝发育充分，覆岩破断角分别为55°和53°，裂缝宽度为3.0～7.5cm。同时，地表裂缝间隔平均为12.5m，与现场观测到的裂缝宽度8.0～11.0m基本吻合。同时也与矿压的来压步距10.0m相一致，说明矿压的周期来压步距影响着地表裂缝的分布特征。

3.3.5　高强度开采覆岩破坏数值模拟

1. 高强度开采覆岩破坏特征数值模拟方案设计

1）概述

相比其他研究手段，数值模拟具有其独特优势，主要表现为：①基本不受外界影响；②模拟可选方案灵活多样；③模拟结果直观形象；④花费时间及经济成本低。本书采用的数值模拟软件为FLAC^{3D}，后期模拟结果处理借助Tecplot 10进行。

2）数值模拟模型的建立

A. 数值模拟方案设计

大柳塔煤矿52505工作面开采长度D_1=301.30m，推进长度D_3=4268.80m，煤层平均埋深H_0=90.47m，属典型的浅埋深大尺寸工作面开采。模拟模型的尺寸设计为：（走向×倾向×高度）分别为1000.00m×400.00m×99.83m，开挖尺寸（走向×倾向×竖向）800.00m×301.30m×6.70m（采深90.47m），即模型在倾向、竖向上与实际尺寸相同，在走向上数值模拟模型进行了"截断"处理，这样既可以充分展示覆岩破坏过程，又可以减小计算规模。52505高强度开采工作面为中等硬度覆岩，计算模型在倾向、走向方向上均为超充分采动。

B. 本构模型及模拟参数

（1）本构模型。Mohr-Coulomb模型是最适用于模拟普通土壤和岩石力学行为的模型。Mohr-Coulomb模型的破坏包络线对应于剪切屈服函数（即Mohr-Coulomb判据）加上拉应力屈服函数（拉伸分离点），关联于拉应力流动法则，与剪切流动不相关。

（2）数值模拟岩层物理力学参数如表3-27所示。

表 3-27　数值模拟岩层物理力学参数

序号	岩性	容重/ (kg/m³)	泊松比	体积模量 /GPa	剪切模量 /GPa	抗拉强度 /MPa	黏聚力 /MPa	内摩擦角/ (°)
1	风积沙	1600	0.25	3.57	0.00246	0.0481	0.016	27.00
2	粗粒砂岩	2580	0.22	3.60	3.40	2.05	3.20	54.45
3	粉砂岩	2650	0.21	4.54	4.29	1.20	2.74	39.00
4	5-2 煤	1400	0.25	2.40	0.48	0.05	0.8	38.00
5	砂质泥岩	2520	0.14	1.34	1.09	0.82	0.28	29.00
6	细粒砂岩	2680	0.21	8.22	1.51	4.28	5.72	48.97

C. 数值模拟的力学模型

根据获得的覆岩地质柱状及物理力学参数，结合数值模拟理论及确定的模型范围，建立三维数值模拟模型，如图 3-132 所示。

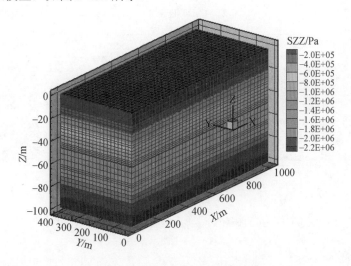

图 3-132　数值模拟三维模型

2. 高强度开采覆岩破断演变特征

1) 覆岩破断前阶段（开挖初始阶段）

依据快速推进和便于模型开挖的原则，确定数值模拟开挖步距为 10m。在开挖初始阶段，由于开挖距离较短及覆岩自身强度和原岩应力的共同作用，顶板覆岩并未因开挖而发生断裂破坏，而是随着开挖距离的增大顶板覆岩内应力重新分布调整。在开采范围不大时，采空区周边围岩应力发生重新分布，采空区上方的顶板岩层悬空，该部分覆岩以"梁"、"板"的形式提供应力支撑，将悬壁部分覆岩及其上方的岩层的重力及构造应力的合力传递到采空区四周边界的岩层上，使得在采空区四周覆岩内部一定距离范围内形成了应力集中。顶板覆岩破断前，应力集中区域的应力值随着开采区域的扩大，集中应力值不断增大，直至"梁"、"板"或四周煤壁处覆岩发生受压屈服时，产生断裂或片帮时，顶板覆岩发生应力集中区的首次卸压。覆岩破坏初始阶段的判断标准是覆岩未发生大面积明显的破断或垮落，此时对应的工作面推进距离即为"初次破断距"。

图 3-133（a）～（f）为工作面自开挖 10～60m 时覆岩的竖向位移。由图可知，工作面推进距离小于 50m 时，顶板覆岩最大竖向移动为 0.015m；而工作面推进至 60m，顶板覆岩最大竖向位移为 0.15m，较之前产生了显著了下沉。据此可将工作面覆岩破坏初始阶段的距离划分为 0～60m。这与相似材料模拟实验获得的初次破断距（70m）的认识基本一致。

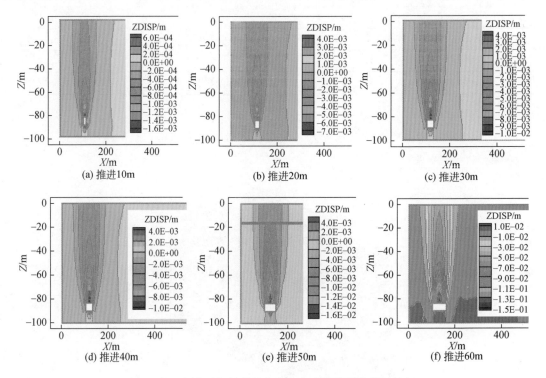

图 3-133　覆岩破坏初始阶段竖向位移演化数值模拟特征

2）覆岩破断发展阶段

覆岩破断发展阶段是自覆岩发生初次破断垮落后，工作面继续推进至覆岩破断逐渐传递至地表，并使地表产生最大竖向位移（下沉）工作面所推进的距离。图 3-134（a）～（d）呈现了覆岩破断发展阶段覆岩竖向位移的变化过程。在工作面由 70m 逐渐开挖至 100m 时，

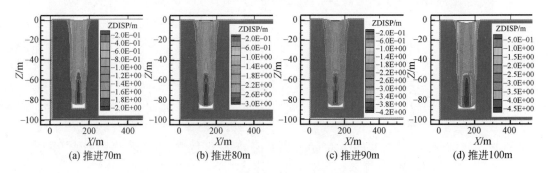

图 3-134　覆岩破坏发展阶段竖向位移演化数值模拟特征

覆岩最大下沉值由 2.0m 增大至 4.5m，已经比较接近该地质条件下的地表最大下沉值，因此根据模拟结果，可确定工作面推进距离在 110m 左右时，出现最大下沉值，此距离（70～110m）即为覆岩破坏发展阶段。此阶段是覆岩破坏范围快速扩展期，在该阶段的后期覆岩垮落带、裂隙带及地表最大移动变形均达该地质采矿条件下的最大值。

　　3）覆岩破断周期扩展阶段

　　高强度开采一般在走向和倾向上均为超过充分采动，且工作面推进距离一般为千米级。覆岩破断周期扩展阶段为自达到该地质条件下充分采动时刻起至工作停采线止（非充分采动无此阶段）。此阶段覆岩破断垮落的特征是：随着工作的不断推进，覆岩"两带"发育高度及地表移动变形量均达到该地质条件下的最大值，只是覆岩破坏的范围随工作面的向前推进而不断增大；对于覆岩内部破断来讲，垮落带及导水裂隙带均在高度上不再发展，仅在破坏范围上逐渐扩大（地质条件较为均匀、不受或少受地质构造的影响，其他特殊情况除外），地表移动变形范围也相应增大。图 3-135（a）～（g）显示了覆岩破断周期扩展阶段时覆岩的竖向移动数值模拟特征。从图 3-135（a）可知此开挖位置处覆岩已发生较大面

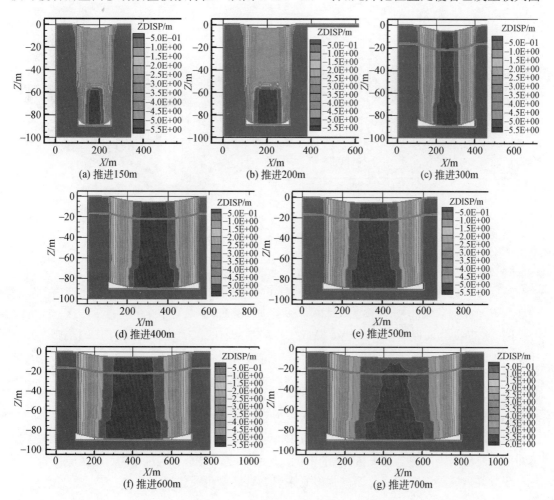

图 3-135　覆岩周期破断阶段竖向位移演化数值模拟特征

积和较为严重的垮落下沉，采空区上方垮落高度已基本发育至最大 $H_m = 25.96m$（与 4.3 节中计算的垮落带高度相近），导水裂隙带已直达地表 $H_{li} = 82.96m$；地表产生了剧烈的移动变形和裂缝（地表为厚 8～20m 的风积沙层，其抗拉伸压缩的能力均很小），在地表部分区域此阶段可能出现严重的"断崖式"下沉（如在开切眼上方附近）或塌陷槽。从图 3-135（b）～（g）可知，覆岩破坏形式、轮廓特征等已不再发生显著变化，仅在推进方向上产生了范围更大的破断和垮落。

4）覆岩破断收敛阶段

该阶段是指自工作面停采后至其影响范围内覆岩变形破坏完全停止，该阶段的终态对应的地表移动变形为静态移动变形盆地。该阶段覆岩破坏及地表移动变形呈现的特点主要为：覆岩及地表移动变形速度放缓，移动变形量逐渐收窄；覆岩"两带"破坏影响范围发育逐渐停止；该阶段内覆岩内部应力调整由不平衡逐渐达到平衡，并最终保持稳定，该阶段历时一般较长。图 3-136（a）、（b）分别为模拟开挖终态时走向主断面覆岩破坏特征及地表静态下沉盆地发育特征。

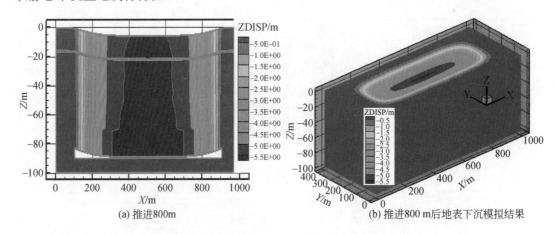

(a) 推进800m   (b) 推进800 m后地表下沉模拟结果

图 3-136 覆岩破断收敛阶段竖向位移数值模拟特征

5）倾向及水平方向的覆岩破坏

采动覆岩破坏是在三维立体空间内完成的。为全面研究高强度开采覆岩"两带"发育特征，下面分别从倾向及水平方向对覆岩破断进行分析。

图 3-137 为倾向覆岩破坏数值模拟特征，从左至右的剖面位置分别为工作面推进 0m、100m、…、700m，共 8 个剖面的倾向覆岩破坏特征切片。由于模型在倾向上为超充分采动，覆岩移动变形破坏状态与走向大致相同，顶板覆岩破坏程度随开挖距离的增加，无论在破坏高度还是破坏范围均显著增大，直至达到充分采动后，覆岩两带破坏高度发育至最大，但覆岩破坏范围随工作面的推进继续扩大，停采后覆岩破坏历经一系列演化后最终停止。

图 3-138 为水平方向上，埋深分别为 42.38m、62.22m 处两层覆岩下沉数值模拟特征。可知这两层覆岩均产生了最大 5.5m 的下沉，说明在覆岩破断下沉过程中，这两层覆岩下沉量一致，其破坏程度亦相近，即高强度开采覆岩破坏同步发生。

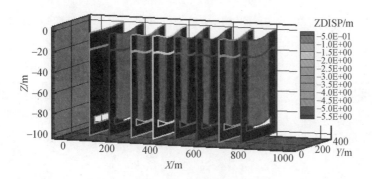

图 3-137　工作面倾向覆岩破坏数值模拟特征

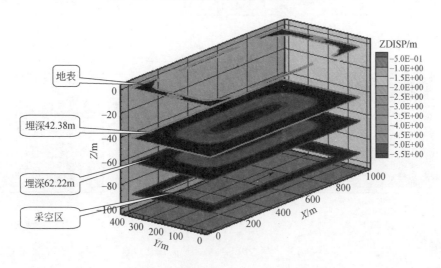

图 3-138　数值模拟覆岩水平破坏特征

3. 高强度开采覆岩应力演化及分布特征

煤炭开采是引发原岩应力变化的根本原因，并最终以覆岩破坏变形的形式出现。因此，分析高强度开采覆岩应力演化特征有助于解释覆岩破坏的内在行为。在原岩应力一系列复杂演化过程中，不同的应力演化阶段，造成了不同的覆岩破坏形态。对于本次模拟的地质采矿条件，覆岩应力调整演化随着工作面的推进，先后经历了自开挖开始至破断垮落前的应力演化阶段、初次垮落应力演化阶段、周期垮落的应力演化阶段和工作面停采后应力演化结束阶段。

1）覆岩破断前竖向应力演化特征

如前所述，在覆岩开挖后的一定范围内，覆岩不会产生垮落现象，而是以"梁"或"板"的形式支撑着顶板覆岩，使其不产生破断和垮落。图 3-139 在走向方向展示了开挖后覆岩破断前顶板内原岩应力受扰动后，10m、20m、…、60m 位置处的应力分布特征。可知，覆岩内应力在开挖后立即发生了应力调整，原本呈水平层状分布的竖向原岩应力等值线向下部采空区弯曲变形，且随着推进距离的增大，覆岩应力调整的范围逐渐向左右两侧更远处及上部更高处传递。采空区中心上方相同高度处竖向应力小于未开挖时的应力值，说明该区域在开挖后应力产生了"卸荷减压"。而覆岩内部的应力系统总是要维持其平衡稳定的，与之对应的"卸荷减压"部分应力被转移到采空区两侧边界附近的覆岩内，进而该区域顶板覆岩竖向应力增大，产生应力集中。覆岩内应力经初步重新分布后，在覆岩内部分别形成了原岩应力区、应力增高区（应力集中区）和应力降低区（卸荷减压区）3个区。

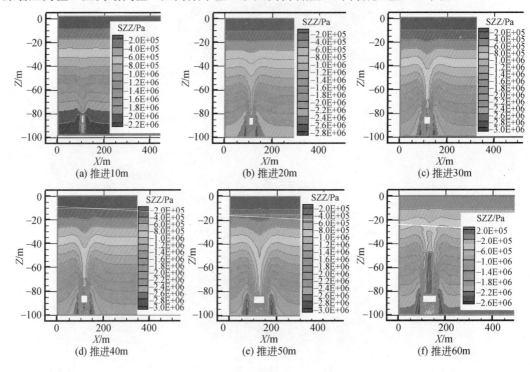

图 3-139　覆岩破断前竖向应力演化过程

2）覆岩应力发展阶段

覆岩应力发展阶段是从覆岩出现首次破断垮落至开采达到充分采动这一段距离。图 3-140 呈示了覆岩初次垮落至充分采动时，工作面推进距离分别为 70m、80m、90m、100m 时覆岩内竖向应力演化分布图。当工作面推进距离至 70m 时，采空区上出现了竖向应力为 0Pa 的红色"卸荷减压"区，该区域最宽 50m、高 52.9m；在工作面同一推进位置处"卸荷减压"竖向高度大于覆岩的破断垮落高度。在"卸荷减压"区左右两侧采空区边界附近，各有一处应力集中区域，在应力集中区域向两侧扩展是呈水平层状的原岩应力区域。

随着工作面的推进，该阶段内"卸荷减压"区域宽度继续增大，但高度发育变化不大，在走向剖面上，红色卸荷减压区（0Pa 竖向应力区）形状逐渐变成"广口瓶"状；应力集中区无论形态还是数值上均保持了一致。与原岩应力相比，采空区上方中间区域一定高度内的岩层为卸荷减压区，但从模拟结果看，图 3-140（a）～（c）采空区上方中间卸荷减压区域的压力并不一样，一个为 0Pa，另两个为 $2.0 \times 10^5 Pa$，应力由"负"变"正"，这说明在工作面推进过程中"卸荷减压区"的应力也是不断演化的。在工作面推进至 80m 和 90m 时，卸荷减压区域的应力性质已由压应力经 0 应力后演变为拉应力，但在工作面推进至 100m 时，卸荷减压区应力又重新降低为 0Pa。该过程说明在工作面推进过程中，卸压区应力方向存在循环交替现象，这是覆岩产生周期破断的应力演化过程。

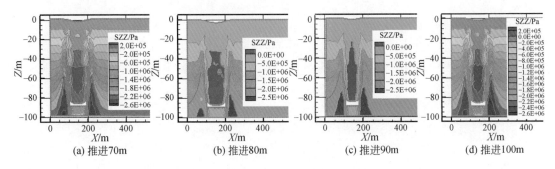

图 3-140 覆岩应力发展演化过程

3) 覆岩应力周期扩大阶段

覆岩应力周期扩大阶段是从开采达到充分采动始至工作面停采止（非充分采动无此阶段），该阶段竖向应力的演化特征主要为：随着超充分采动的进行，采空区上部不同高度岩层内应力进行重新调整，处于采空区正上方距离采空区较近的覆岩，由于覆岩的破断、垮落、堆积，该部分覆岩在自身重力的作用下，原来的卸荷减压区部分覆岩（0Pa 应力区），出现了符号为"正"的拉应力，见图 3-141（a）、（b）红色区域部分；图 3-141（c）、（d）

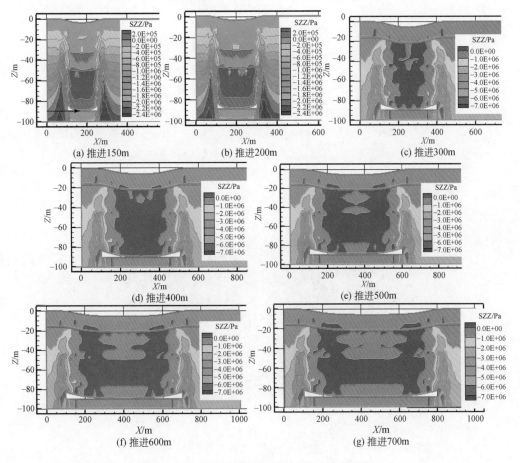

图 3-141 推进过程中覆岩竖向应力演化特征

等该位置处竖向应力再次调整为 0Pa，但无论如何调整，该区域整体上仍属卸荷减压区。在卸荷减压区（对应覆岩发生破断垮落）的上部，该区域存在不规则闭合团状的应力分布区，从力学角度分析，该区域极有可能存在离层发育（现场观测及相似材料模拟均证实了该区域发育有离层）。

4）覆岩应力再平衡阶段

该阶段是指工作面停采后至覆岩移动变形终止。在该阶段内，由于工作面的停采，覆岩失去了应力调整的动力，只能在停采线边界附近应力调整至最终平衡后停止，与此同时覆岩移动变形也随之渐趋稳定。图 3-142 显示了走向竖向应力在平衡后的分布特征。图中 0Pa 应力轮廓边界线清晰，在竖直方向靠近应力集中区为覆岩垮落、裂缝边界（图中实线）。

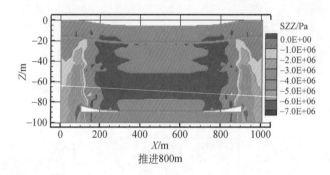

图 3-142　停采后覆岩竖向应力演化再平衡状态

5）倾向及水平方向覆岩应力演化

覆岩破断过程中工作面倾向不同位置及水平方向不同高度处也发生了应力的一系列演化。图 3-143 和图 3-144 分别显示了倾向在工作面推进 0m、100m、…、700m 和埋深 42.38m、62.22m 处水平方向上覆岩应力的模拟分布特征。由于数值模拟局限性，现实中一些复杂或未知的小地质构造等在模拟过程中难以完全兼顾，即在建模时进行了理想化处理，且在倾向方向上亦为超充分采动。因此，仅从模拟的角度，倾向方向上应力演化特征同走向方向应力演化特征基本相同，此处不再赘述。

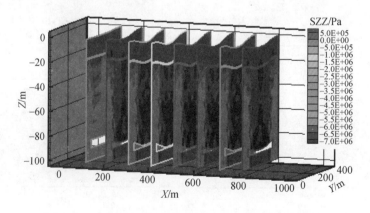

图 3-143　倾向不同位置处覆岩应力数值模拟特征

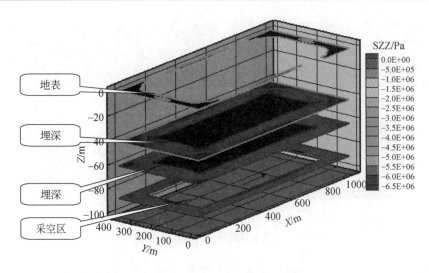

图 3-144　覆岩竖向应力数值模拟特征

图 3-144 显示的覆岩破坏水平应力分布在特征、范围及数量关系均基本相同，这是由该区域特定的地质条件（如埋深小、覆岩硬度不大、煤层倾角小）及开采工艺（采厚大、速度快）等多种因素共同决定的。在埋深 42.38m 及埋深 62.22m 处的覆岩应力范围及数值相近说明，下层部分覆岩破坏能同步传递到上方的覆岩，并造成更大范围的破断，这是高强度开采覆岩破坏的显著特征。

4. 覆岩破坏塑性区演化与分布特征

塑性区是指覆岩受力超过弹性极限后产生不可恢复的屈服变形区域。通过对高强度开采覆岩破坏塑性区发育特征的研究，可以更好地理解高强度开采覆岩的破坏形式和特征。

图 3-145 给出了工作面推进至 40m、60m、70m、100m、150m 时，走向方向覆岩塑性区分布特征。从图 3-145（a）可看出，当工作面推进至 40m 时，覆岩的塑性区分布于采空区的正上方且发育高度较为有限，从形态上分析此时覆岩仍未发生垮落，只是小部分覆岩在应力演化过程中产生了屈服，在塑性区周边形成了压力拱。继续推进至 60m 时［图 3-145（b）］，覆岩塑性区高度达 53.4m。工作面推至 70m 时［图 3-145（c）］，塑性区高度达 70.2m，增速较快，其发育高度基本达到了基岩面。工作面推至 100m、150m 时，如图 3-145（d）、（e）所示，塑性区发育高度达到基岩面，高度分别为 73.1m 和 77.4m。实际上由于区域地表覆盖有厚度 8～15m 的风积沙层，风积沙层硬度极低呈松散状，所以现场开采实际中塑性区的高度不会大于 75m；此后工作面继续推进中，塑性区高度不再发生变化，塑性区范围仅随工作面的推进而不断向前扩展，而形态上不再产生明显变化。

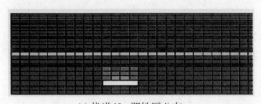

(a) 推进40m塑性区分布

(b) 推进60m塑性区分布

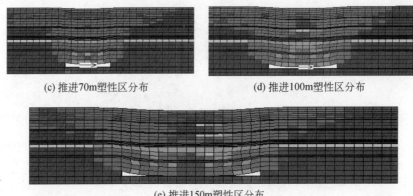

(c) 推进70m塑性区分布　　　　　　　(d) 推进100m塑性区分布

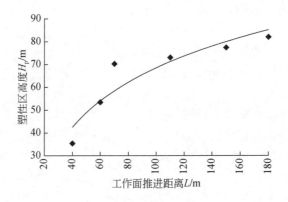

(e) 推进150m塑性区分布

图 3-145　采动覆岩塑性分布及压力拱发育

图 3-146 和式（3-13）分别为工作面推进距离与塑性区高度之间的统计关系、数据拟合曲线和拟合公式。可知，开采覆岩塑性区高度与工作面推进距离之间符合对数关系。

图 3-146　工作面推进距离与塑性区高度之间的关系

$$H_p = 30.83\ln(L) - 72.19 \tag{3-13}$$

3.4　高强度开采覆岩结构及其破坏机理

3.4.1　覆岩结构及关键层判别

1. 关键层基本特征

"关键层理论"是钱鸣高等（2003）提出的。由于上覆岩体中各个岩层的厚度和岩性的差异，其对各自上覆岩层的控制支撑作用明显不同。关键层的特征如下。

（1）几何特征：关键层岩层相对于其他岩层，厚度较大。

（2）岩性特征：关键层相对于其他岩层，其弹性模量较大，较为坚硬。

（3）变形方面：当关键层下沉时，其上部全部或局部岩层的下沉量是同步协调的。

（4）破断特征：关键层的破断将导致其控制的上覆岩层的破断，同时，将会引起较大范围内的岩层移动。

（5）承载特征：在其破断之前以"板"或梁结构的形式承载上部岩层的重量，断裂后可形成砌体梁结构，继续成为承载主体。

2. 关键层变形破坏

将覆岩简化为计算模型，解释关键层变形破坏原理。设开采煤层的上覆岩层中有 m 层岩层，其中有两层及以上基岩，基岩上部为无承载能力的松散层。煤层上覆岩层有 m 层岩层，地表为松散层，其荷载为 q。

由关键层理论可知，第一层老顶所控制的从下至上 $1 \sim n$ （$n \leqslant m$）层同步协调变形，则有（黄森林，2006）：

$$\frac{M_1}{E_1 I_1} = \frac{M_2}{E_2 I_2} = \frac{M_3}{E_3 I_3} = \cdots = \frac{M_n}{E_n I_n} \tag{3-14}$$

式中，M_i 为第 i 岩层的弯矩，N·m；E_i 为第 i 层岩层的弹性模量，MPa；

I_i 为第 i 层岩层的惯性矩，$I_i = \dfrac{b h_i^3}{12}$，m^4；$b$ 为梁的横截面宽度，m；

由式（3-14），可得

$$\frac{M_1}{M_2} = \frac{E_1 I_1}{E_2 I_2}, \quad \frac{M_1}{M_3} = \frac{E_1 I_1}{E_3 I_3}, \quad \ldots, \quad \frac{M_1}{M_n} = \frac{E_1 I_1}{E_n I_n} \tag{3-15}$$

覆岩 $1 \sim n$ 层岩层形成了组合岩梁，于是其弯矩 M 为

$$M_\alpha = M_1 + M_2 + M_3 + \cdots + M_n = \sum_{i=1}^{n} M_i \tag{3-16}$$

对于第一层老顶岩梁，将式（3-15）代入式（3-16）可得

$$M_1 = \frac{E_1 I_1 M_\alpha}{\sum_{i=1}^{n} E_i I_i} \tag{3-17}$$

同理，对于第二层老顶所控制的 $n+1 \sim m$ 层到地表松散层，其弯矩为

$$M_\beta = M_{n+1} + M_{n+2} + M_{n+3} + \cdots + M_m = \sum_{i=n+1}^{m} M_i \tag{3-18}$$

将式（3-16）代入式（3-18）得

$$M_{n+1} = \frac{E_{n+1} I_1 M_\beta}{\sum_{i=n+1}^{n} E_i I_i} \tag{3-19}$$

在高强度开采条件下，当开采范围较小，达不到关键层断裂程度时，第一层关键层、第二层关键层都不断裂。当开采范围持续扩大，将会造成第一层关键层断裂而第二层关键层不断裂。当工作面继续推进时，第一层关键层、第二层关键层同时断裂，此时开采范围为极限跨距。

3. 关键层判别方法

关键层判别应满足两个条件：第一个条件是，确定岩梁所承受的荷载 q，然后根据其荷载进行比较，该条件实际上是对关键层形变判别。第二个条件是，在满足第一个条件的

前提下，还要满足强度条件，即假如第 n 层为关键层，则它的破断距还要大于第一层关键层的破断距。

具体说来，关键层的判定分为以下三步。

1）计算关键层所受荷载

当第一层关键层只控制第 1 层岩层时，则关键层所受的载荷为

$$q_1 = \gamma_1 h_1 \tag{3-20}$$

当第一层关键层控制第 1 层、第 2 层岩层时，关键层所承受的载荷为

$$q_2 = \frac{E_1 h_1^3 (\gamma_1 h_1 + \gamma_2 h_2)}{E_1 h_1^3 + E_2 h_2^3} \tag{3-21}$$

当第一关键层控制第 1 层、第 2 层、第 3 层岩层时，关键层所承受的载荷为

$$q_3 = \frac{E_1 h_1^3 (\gamma_1 h_1 + \gamma_2 h_2 + \gamma_3 h_3)}{E_1 h_1^3 + E_2 h_2^3 + E_3 h_3^3} \tag{3-22}$$

若由于第 1 层岩层至第 n 层岩层的曲率相同，则各层岩层组成了组合梁，则据此可知，第一关键层控制到第 n 层岩层时，关键层上所承受的荷载为

$$(q_n)_1 = \frac{E_1 h_1^3 (\gamma_1 h_1 + \gamma_2 h_2 + \gamma_3 h_3 + \cdots + \gamma_n h_n)}{E_1 h_1^3 + E_2 h_2^3 + E_3 h_3^3 + \cdots + E_n h_n^3} = \frac{E_1 h_1^3 \sum_{i=1}^{n} \gamma_i h_i}{\sum_{i=1}^{n} E_i h_i^3} \tag{3-23}$$

式中，$(q_n)_1$ 为第一关键层控制到第 n 层岩层时承受的荷载，MPa；E_1、E_2、$\cdots$、E_n 为第 1 层、第 3 层、$\cdots$、第 n 层岩层的弹性模量，GPa；h_1、h_2、$\cdots$、h_n 为第 1 层、第 2 层、$\cdots$、第 n 层岩层的厚度，m；γ_1、γ_2、$\cdots$、γ_n 分别为第 1 层、第 2 层、$\cdots$、第 n 层岩层的容重，g/cm^3。

在以上分析中，若第 $n+1$ 层岩层为坚硬岩层（即第二层关键层），则其挠度应小于下部岩层的挠度。所以，第 $n+1$ 层以上岩层已不再需要其下部岩层承担它所承受的荷载，即

$$(q_{n+1})_1 < (q_n)_1 \tag{3-24}$$

式中，$(q_n)_1$ 为第一关键层控制到第 n 层岩层时承受的荷载，MPa；$(q_{n+1})_1$ 为第一关键层控制到第 $n+1$ 层岩层时承受的荷载，MPa。

其中，

$$(q_{n+1})_1 = \frac{E_1 h_1^3 \sum_{i=1}^{n+1} \gamma_i h_i}{\sum_{i=1}^{n+1} E_i h_i^3} \tag{3-25}$$

将式（3-23）、式（3-25）代入式（3-24），可得

$$E_{n+1} h_{n+1}^2 \sum_{i=1}^{n} h_i \gamma_i > \gamma_{n+1} \sum_{i=1}^{n} E_i h_i^3 \tag{3-26}$$

2）计算关键层的初次破断距

根据哈拉沟矿 22407 开采工作面的空间条件，工作面四周两面为煤壁，两边为煤柱。严格意义上讲，关键层的岩层破断是在弹性基础上板的破断问题，但为了简化计算，关键层的破断距采用固支梁结构模型进行计算，如图 3-147 所示。

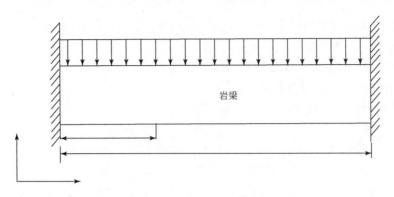

图 3-147　老顶关键层固支梁模型

岩梁内任一截面的弯矩为

$$M_x = \frac{q}{12}(6Lx - 6x^2 - L^2) \tag{3-27}$$

则在梁的两端，为最大弯矩：

$$M_{max} = \frac{qL^2}{12} \tag{3-28}$$

而在梁的中部，其弯矩为

$$M_{max} = \frac{qL^2}{24} \tag{3-29}$$

式中，L 为岩梁跨距，m；q 为老顶关键层荷载，MPa。

研究表明，岩石的微观破坏为拉破坏。所以可以认为浅埋煤层老顶结构初次破断的破坏的形式为拉破坏失稳。若关键层岩梁厚度为 h，则固支梁上下边缘（$y = \pm\frac{h}{2}$）的正应力为

$$\sigma = \frac{12M_y}{h^3} = \pm\frac{q}{2h^2}(6Lx - 6x^2 - L^2) \tag{3-30}$$

其中，在梁端最大拉应力为

$$\sigma_{max} = \frac{qL^2}{2h^2} \tag{3-31}$$

由式（3-31）可知，第 i 层关键层的破断距 l_i 为

$$l_i = h_i\sqrt{\frac{2\sigma_i}{q_i}} \tag{3-32}$$

式中，h_i 为第 i 层关键层的厚度，m；σ_i 为第 i 层关键层的抗拉强度，MPa；q_i 为第 i 层关键层所承受的荷载，MPa。

3）计算周期破断距

当高强度开采工作面推进到一定距离后，覆岩顶板发生初次破断、垮落。随着工作面的继续推进，工作面将发生周期性的破断、垮落。其周期垮落步距为

$$L_i = 2h_i\sqrt{\frac{\sigma_i}{3q_i}} \tag{3-33}$$

式中，h_i 为第 i 层关键层的厚度，m；σ_i 为第 i 层关键层的抗拉强度，MPa；q_i 为第 i 层关键层所承受的荷载，MPa。

4）确定关键层的位置（关键层的强度判别条件）

根据关键层理论，关键层特性在符合式（3-26）的基础上，还应满足关键层的破断距小于其上部所有硬岩层的破断距，即满足：

$$l_i < l_{i+1} \quad (i=1,\ 2,\ 3,\ \cdots,\ n\text{-}1) \tag{3-34}$$

式中，l_i 为计算到第 i 层的破断距，m；l_{i+1} 为计算到第 $i+1$ 层的破断距，m。

在计算过程中，若 $l_i > l_{i-1}$，即第 i 层的破断距大于其上方第 $i-1$ 层的破断距，则将 $i-1$ 层硬岩层所承受的荷载加到第 i 层硬岩层上，重新计算第 i 层硬岩层的破断距。若重新计算的第 i 层破断距小于第 $i+1$ 层硬岩层的破断距，则取 $l_i = l_{i+1}$。说明此时第 i 层硬岩层受控制于第 $i+1$ 层硬岩层，即第 $i+1$ 层硬岩层破断前，第 i 层硬岩层不破断。一旦第 $i+1$ 层硬岩层破断，其荷载作用于第 i 层硬岩层上，导致第 i 层硬岩层随之破断。经过多次计算和循环，最终确定关键层的位置。

3.4.2 采动覆岩顶板"砌体梁"结构受力分析

研究区神东矿区哈拉沟煤矿，其 22407 工作面 2-2 煤层顶板的岩性参数如表 3-28 所示。

表 3-28 22407 工作面岩性参数

岩层序号	岩层名称	岩层厚度/m	容重/（MN/m³）	密度/（10³kg/m³）	抗压强度/GPa	抗拉强度/GPa	弹性摩量/GPa	泊松比
17	风积沙	15.66	0.0158	1.61	5.6	—	12	0.30
16	黄土	26.34	0.0180	1.84	15.3	—	20	0.30
15	砂砾石层	13.47	0.0243	2.48	36.6	2.2	35	0.25
14	砂质泥岩	4.89	0.0225	2.30	22.8	3.5	23	0.28
13	粉砂岩	5.35	0.0246	2.51	40.6	2.3	35	0.25
12	中粒砂岩	6.47	0.0239	2.44	45.3	2.5	33	0.25
11	细粒砂岩	4.57	0.0250	2.55	44.6	2.8	32	0.28
10	粉砂岩	4.88	0.0246	2.51	40.6	2.3	35	0.25
9	长石石英中	13.98	0.0225	2.30	22.8	3.5	23	0.28
8	粉砂岩	2.02	0.0246	2.51	40.6	2.3	35	0.25
7	细粒砂岩	6.87	0.0250	2.55	44.6	2.8	32	0.28
6	细粒砂岩/煤线	3.64	0.0250	2.55	44.6	2.8	32	0.28
5	中粒砂岩	4.42	0.0239	2.44	45.3	2.5	33	0.25
4	细粒砂岩	5.66	0.0250	2.55	44.6	2.8	32	0.28
3	砂质泥岩	3.29	0.0225	2.30	22.8	3.5	23	0.28
2	中粒砂岩	2.84	0.0239	2.44	45.3	2.5	33	0.25
1	粉砂岩	6.68	0.0246	2.51	40.6	2.3	35	0.25
0	2-2 煤层	5.39	0.0143	1.46	10.5	0.6	15	0.35

1. 计算相关覆岩承受的荷载

由表 3-28 可知，第 1 层粉砂岩厚度为 6.7m，第 4 层细粒砂岩厚度为 5.7m，第 7 层细粒砂岩厚度为 6.9m，第 9 层砂质泥岩厚度为 14.0m，第 12 层中粒砂岩厚度为 6.5m，第 15 层砂质泥岩厚度为 13.4m，均属于覆岩中较厚岩层。将表 3-28 中各岩层参数代入式（3-23），得到：

$$q_1=\gamma_1 h_1=164.8\text{kPa}$$
$$(q_4)_1=26.2\text{kPa}<(q_3)_1=266.7\text{kPa}$$
$$(q_7)_2=69.8\text{kPa}<(q_6)_2=127.5\text{kPa}$$
$$(q_9)_3=1.6\text{kPa}<(q_8)_3=49.2\text{kPa}$$
$$(q_{12})_4=2.7\text{kPa}\approx(q_{11})_4=2.4\text{kPa}$$
$$(q_{15})_5=35.8\text{kPa}<(q_{14})_5=106.5\text{kPa}$$

由以上计算分析可知，第 1 层粉砂岩、第 4 层细粒砂岩、第 7 层细粒砂岩、第 9 层长石石英中、第 12 层中粒砂岩、第 15 层粗砂岩均为 2-2 煤层顶板中的关键层，主要支撑着覆岩。

2. 计算初次破断距和周期破断距

将表 3-28 中相关岩性参数代入式（3-32）、式（3-33）中，分别得到相关破断距，即

$$l_1=35.4\text{m}、\qquad l_4=26.3\text{m}、\qquad l_7=61.8\text{m}$$

其中第 1 层粉砂岩属于 2-2 开采煤层的直接顶板，当工作面开采到一定长度、采空区达到一定面积后，直接顶直接垮落。随着开采空间的持续扩大，第 4 层细粒砂岩初次垮落，初次垮落步距为 26.3m。周期垮落步距为 21.5m。

1）结构模型（钱鸣高等，2000）

根据现场实测分析和模拟研究，浅埋煤层工作面顶板关键层周期性破断后，形成"砌体梁"结构，决定该结构稳定与否的是关键层结构岩块。"砌体梁"结构模型如图 3-148 所示。

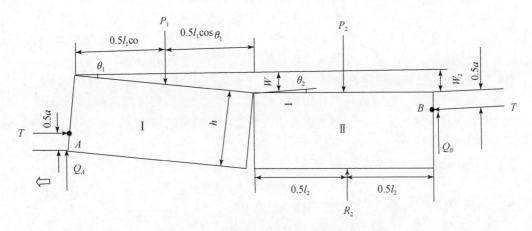

图 3-148　"砌体梁"结构关键块的受力情况

θ_1、θ_2. I、II 块体的转角；P_1、P_2. 块体承受的荷载；R_2. II 块体的支承反力；a. 接触面高度；Q_A、Q_B. A、B 接触铰上的剪力；l_1、l_2. I、II 块体长度；T. 水平作用力

在图 3-148 中，θ_2 很小，而 I 岩块在采空区的下沉量 W_1 与直接顶厚 $\sum h$、采厚 m，以

及岩石碎胀系数 K_P 有如下关系:

$$W_1 = m - (K_P - 1) \sum h \tag{3-35}$$

根据岩块回转的几何接触关系，岩块端角挤压接触面高度近似为

$$a = \frac{1}{2}(h - l_1 \sin \theta_1) \tag{3-36}$$

鉴于岩块间是塑性铰接关系，在图 3-148 中，水平力 T 的作用点可取 $0.5a$ 处。

2）"砌体梁"结构受力情况

由于老顶周期性破断的受力条件基本一致，可认为 $l_1 = l_2 = l$。在图 3-148 中取:

$\sum M_A = 0$，并近似认为 $R_2 = P_2$，可得

$$Q_B(l \cos \theta_1 + h \sin \theta_1 + l_1) - P_1(0.5l \cos \theta_1 + h \sin \theta_1) + T(h - a - W_2) = 0 \tag{3-37}$$

同理对 II 岩块取 $\sum M_B = 0$、$\sum F_y = 0$ 可得:

$$Q_B = T \sin \theta_2 \tag{3-38}$$

$$Q_A + Q_B = P_1 \tag{3-39}$$

由几何关系，$W_1 = l \sin \theta_1$，$W_2 = l(\sin \theta_1 + \sin \theta_2)$

根据文献，$\sin \theta_2 \approx \frac{1}{4} \sin \theta_1$，令老顶岩块的块度 $i = \frac{h}{l}$，由式（3-37）~式（3-39）求出:

$$T = \frac{4i \sin \theta_1 + 2 \cos \theta_1}{2i + \sin \theta_1 (\cos \theta_1 - 2)} P_1 \tag{3-40}$$

$$Q_A = \frac{4i - 3 \sin \theta_1}{4i + 2 \sin \theta_1 (\cos \theta_1 - 2)} P_1 \tag{3-41}$$

Q_A 为老顶岩块与前方岩层间的剪力，顶板稳定性取决于 Q_A 与水平力 T 的大小。浅埋煤层工作面顶板周期破断的块度较大，水平力 T 随块度 i 的增大而减小，随回转角 θ_1 的增大而减小。当 $i = 1.0 \sim 1.4$ 时，剪力 $Q_A = (0.93 \sim 1) P_1$，工作面上方岩块的剪切力几乎全部由煤壁之上的前支点承担。这是顶板"砌体梁"结构的一个突出特点。

3. "砌体梁"结构的稳定性分析

当开采尺寸超过一定宽度时，覆岩结构失稳，顶板垮落。大量理论和实践证明，一般会出现回转失稳和滑落失稳两种形式。对于浅埋煤层关键层老顶来说，一般不会出现回转失稳，所以在此处重点分析滑落失稳情况。

为了防止结构在 A 点发生滑落失稳，必须满足条件:

$$T \tan \phi \geqslant Q_A \tag{3-42}$$

式中，$\tan \phi$ 为岩块间的摩擦系数，由实验确定为 0.5。

将式（3-40）、式（3-41）代入式（3-42），可得

$$i \leqslant \frac{2 \cos \theta_1 + 3 \sin \theta_1}{4(1 - \sin \theta_1)} \tag{3-43}$$

研究表明，i 值一般在 0.9 以内顶板不会出现滑落失稳，而对于神东矿区浅埋煤层工作

面周期来压期间 i 值一般在 1.0 以上，顶板易出现滑落失稳。

浅埋煤层老顶周期来压控制的基本任务是控制顶板滑落失稳，则应对顶板结构提供一定的支护力 R 才能控制滑落失稳。其顶板结构稳定的支护力条件为

$$T\tan\phi + R \geqslant Q_A \tag{3-44}$$

将式（3-40）、式（3-41）代入式（3-44），取可得

$$R \geqslant \frac{4i(1-\sin\theta_1)-3\sin\theta_1-2\cos\theta_1}{4i+2i\sin\theta_1(\cos\theta_1-2)}P_1 \tag{3-45}$$

在式（3-45）中，回转角 θ_1 可由式（3-46）确定（郭文，2008）：

$$\theta_1 = \arcsin\left(\frac{W_m}{l}\right) \tag{3-46}$$

顶板关键层破断后的极限下沉量 W_m 为

$$W_m = \frac{8l^2}{\pi^2}\left(\frac{2q(1-\mu^2)}{EI}\right)^{1/3} \tag{3-47}$$

顶板破断后周期破断距为

$$l = \frac{\pi}{2}\left(\frac{EI}{2^4 q(1-\mu^2)}\right)^{1/6} \tag{3-48}$$

式中，q 为老顶关键层荷载，MPa；E 为弹性模量，MPa；I 为惯性距，m^4；μ 为泊松比。

由式（3-45）可知，控制"砌体梁"结构失稳的支护力随着老顶块度 i 的增大而增大，随着回转角 θ_1 增大而减小。

4. 实例分析

哈拉沟矿 22407 高强度开采工作面煤层倾角平均为 2°，煤层开采厚度平均为 5.2m。埋藏深度为 132.0m。覆岩上部为 15.7m 风积沙所覆盖。其下为 4.9m 砂质泥岩。老顶关键层的厚度为 6.9m，弹性模量 $E=32000$MPa，关键层荷载 $q=0.26$MPa，泊松比 $\mu=0.28$，实测周期来压平均破断距为 10.0m。

将以上数据代入式（3-46）～式（3-48），可得

（1）顶板关键层周期破断距为

$$l = \frac{\pi}{2}\left(\frac{EI}{2^4 q(1-\mu^2)}\right)^{1/6} = \frac{3.14}{2}\left(\frac{32\times10^9\times\frac{1\times6.9^3}{12}}{2^4\times0.2622\times10^6(1-0.28^2)}\right)^{1/6} = 8.42\text{m}$$

（2）顶板关键层破断后的极限下沉量为

$$W_m = \frac{8l^2}{\pi^2}\left(\frac{2q(1-\mu^2)}{EI}\right)^{1/3} = \frac{8\times10^2}{3.14^2}\left(\frac{2\times0.2622\times10^6(1-0.28^2)}{32\times10^9\times\frac{1\times6.9^3}{12}}\right)^{1/3} = 4.5\text{m}$$

（3）顶板破断后的回转角为

$$\theta_1 = \arcsin\left(\frac{W_m}{l}\right) = \arcsin\left(\frac{4.5}{10}\right) = 26.7°$$

3.4.3 高强度开采覆岩破坏力学模型建立

1. 覆岩破坏力学模型的选择

根据高强度开采覆岩破坏的基本特征，采动覆岩破坏过程一般未有"蠕变"过程，采空区形成后在较短时间内覆岩及地表即产生显著破坏及变形，具有"随采随垮"的特点，呈现出由弹性直接断裂破碎的特性。

基于此，可将浅埋深高强度开采覆岩破坏的力学模型，按照弹性薄板的断裂及导致的覆岩垮落变形（垮落后形成"压力平行拱"）进行分析。

2. 研究区岩体强度分析

陈苏社（2015）通过对大柳塔 52 采区岩样的力学试验，其岩性力学参数如表 3-29 所示。

表 3-29 大柳塔煤矿 52 采区岩体力学参数

岩性	单轴抗压强度 σ_c/MPa	单轴抗拉强度 σ_t/MPa	岩石内聚力 C_m/MPa（计算值）	岩石内摩擦角 φ_m/(°)（计算值）
细粒砂岩	30.57	4.28	5.72	48.97
中粒砂岩	23.17	3.43	4.46	47.91
粗粒砂岩	19.95	2.05	3.20	54.45

基于库仑-莫尔理论得出的抗压强度 σ_c 和抗剪强度 σ_t 公式分别为

$$\sigma_c = \frac{2C_m}{\sqrt{\tan^2\varphi_m + 1} - \tan\varphi_m} = \frac{2C \cdot \cos\varphi_m}{1 - \sin\varphi_m} \quad (3\text{-}49)$$

$$\sigma_t = \frac{2C_m}{\sqrt{\tan^2\varphi_m + 1} + \tan\varphi_m} = \frac{2C_m \cdot \cos\varphi_m}{1 + \sin\varphi_m} \quad (3\text{-}50)$$

令：

$$m = \frac{\sigma_c}{\sigma_t} = \frac{\sqrt{\tan^2\varphi_m + 1} + \tan\varphi_m}{\sqrt{\tan^2\varphi_m + 1} - \tan\varphi_m} \quad (3\text{-}51)$$

式中，C_m 和 φ_m 分别为岩石内聚力和内摩擦角。解由式（3-49）～式（3-51）组成的方程组得

$$C_m = \sigma_c \frac{1 - \sin\varphi_m}{2\cos\varphi_m} \quad (3\text{-}52)$$

$$\varphi = \arcsin\frac{m-1}{m+1} \quad (3\text{-}53)$$

由此，即可根据 σ_c、σ_t 的试验值计算 C_m、φ_m 及对应的剪切强度 τ_f。

$$\tau_f = C_m + \sigma_c \tan\varphi_m \quad (3\text{-}54)$$

式（3-54）即为覆岩剪切破断的莫尔-库仑准则。当覆岩内剪切应力 $\tau > \tau_f$ 时，发生破断；$\tau < \tau_f$ 时，不发生破断；$\tau = \tau_f$ 时，为临界状态。

3.4.4　高强度开采覆岩破坏的弹性薄板模型分析

1. Kirchhoff-Love 基本假设

覆岩顶板由于其高长比很小，可将其简化为矩形薄板。取覆岩中某一层的中面为 xoy 平面，z 轴垂直于 xoy 平面，如图 3-149 所示。当 $h/l \ll 1$ 时有以下结论：

（1）变形前与中面垂直的直线，变形后仍垂直于其中面，且长度保持不变。

（2）中面内任意一点沿 x 方向及 y 方向的位移 $u_0=0$ 及 $v_0=0$，而且只有沿中面法线方向的挠度 w_0，在忽略挠度 w 沿板厚的变化时，认为在同一厚度各点的挠度相同，都等于中面的挠度 w_0。

（3）应力分量 σ_z，τ_{zx}，τ_{zy} 远小于其他 3 个应力分量 σ_x，σ_y，τ_{xy}，并取 $\sigma_z=0$。

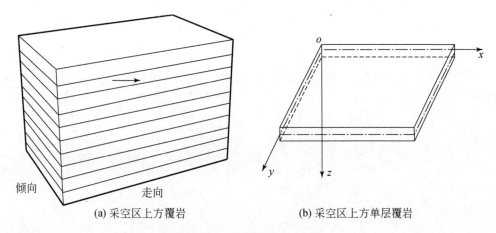

（a）采空区上方覆岩　　　　　　　（b）采空区上方单层覆岩

图 3-149　覆岩结构示意图

2. 弹性薄板弯曲微分方程

由 Kirchhoff-Love 基本假设有：

$$\begin{cases} \gamma_{zx} = \gamma_{zy} = 0 \\ \varepsilon_z = 0 \end{cases} \tag{3-55}$$

$$u(x,y,0) = v(x,y,0) = 0 \tag{3-56}$$

由几何方程上式可写为

$$\begin{cases} \dfrac{\partial u}{\partial z} = -\dfrac{\partial w}{\partial x} \\[2mm] \dfrac{\partial v}{\partial z} = -\dfrac{\partial w}{\partial y} \\[2mm] \dfrac{\partial w}{\partial z} = 0 \end{cases} \tag{3-57}$$

对式（3-57）中的第三式求积分得 $w=w(x,y)$。

由此可知，薄板挠度与 z 坐标轴无关。因此，与中面平行的任意一点挠度，可以采用中面上的对应点挠度来表示，即

$$w(x, y, z) = w(x, y, 0) = w(x, y) \tag{3-58}$$

对式（3-58）的前两式分别对 z 积分，得

$$\begin{cases} u = -z\dfrac{\partial w}{\partial x} \\[2mm] v = -z\dfrac{\partial w}{\partial y} \end{cases} \tag{3-59}$$

将式（3-59）代入几何方程，得应变分量：

$$\begin{cases} \varepsilon_x = -z\dfrac{\partial^2 w}{\partial x^2} \\[2mm] \varepsilon_y = -z\dfrac{\partial^2 w}{\partial y^2} \\[2mm] \gamma_{xy} = -2z\dfrac{\partial^2 w}{\partial x \partial y} \end{cases} \tag{3-60}$$

应变分量 ε_x，ε_y，γ_{xy} 也是沿板厚呈线性分布，在板中面为零，在上、下板面处达极值，如图 3-150、图 3-151 所示。

$$\begin{cases} \sigma_x = \dfrac{E}{1-\mu^2}(\varepsilon_x + \mu\varepsilon_y) = -\dfrac{Ez}{1-\mu^2}\left(\dfrac{\partial^2 w}{\partial x^2} + \mu\dfrac{\partial^2 w}{\partial y^2}\right) \\[2mm] \sigma_y = \dfrac{E}{1-\mu^2}(\varepsilon_y + \mu\varepsilon_x) = -\dfrac{Ez}{1-\mu^2}\left(\dfrac{\partial^2 w}{\partial y^2} + \mu\dfrac{\partial^2 w}{\partial x^2}\right) \\[2mm] \tau_{xy} = -\dfrac{Ez}{1-\mu^2}\dfrac{\partial^2 w}{\partial x \partial y} \end{cases} \tag{3-61}$$

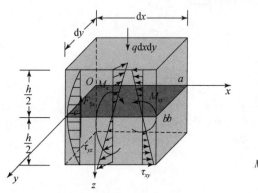
图 3-150　薄板弯曲内力原理

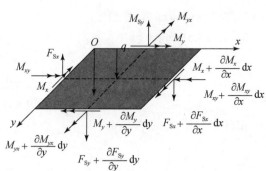
图 3-151　薄板平衡方程原理

由于 $w=(x, y)$，式（3-61）所示应力分量 σ_x，σ_y，τ_{xy} 均为 z 的线性函数，即沿板厚呈线性分布。以 x，$x+\mathrm{d}x$ 以及 y，$y+\mathrm{d}y$ 四个坐标面截出的板微元体，得到作用于微元体侧面上的内力矩为

$$\begin{cases} M_x = -D\left(\dfrac{\partial^2 w}{\partial x^2} + \mu\dfrac{\partial^2 w}{\partial y^2}\right) \\[3mm] M_y = -D\left(\dfrac{\partial^2 w}{\partial y^2} + \mu\dfrac{\partial^2 w}{\partial x^2}\right) \\[3mm] M_{xy} = M_{yx} = -D(1-\mu)\dfrac{\partial^2 w}{\partial x \partial y} \end{cases} \tag{3-62}$$

式中，$D = \dfrac{Eh^3}{12(1-\mu^2)}$，为薄板的弯曲刚度，量纲为：力×长度。

M_x，M_y，M_{xy} 是作用在中面每单位长度的弯矩与扭矩。在 x，$x+\mathrm{d}x$ 面上的剪应力 τ_{zy} 以及在 y，$y+\mathrm{d}y$ 面上的剪应力 τ_{xy}，它们构成了单位长度板截面上的剪力 Q_x，Q_y，即

$$\begin{cases} Q_x = \displaystyle\int_{-h/2}^{h/2}\tau_{zx}\mathrm{d}z \\[3mm] Q_y = \displaystyle\int_{-h/2}^{h/2}\tau_{xy}\mathrm{d}z \end{cases} \tag{3-63}$$

在外载荷 $q(x, y)$ 作用下，考虑板微元体的平衡条件，则由 z 方向力的平衡条件及 x，y 方向力矩的平衡条件，得

$$\frac{\partial^4 w}{\partial x^4} + 2\frac{\partial^4 w}{\partial x^2 \partial y^2} + \frac{\partial^4 w}{\partial y^4} = \frac{q}{D} \tag{3-64}$$

即 $q = \nabla^2\nabla^2 Dw$，其中 $\nabla^2 = \dfrac{\partial^2}{\partial x^2} + \dfrac{\partial^2}{\partial y^2}$

因此，$$\begin{cases} Q_x = -D\dfrac{\partial}{\partial x}\nabla^2 w \\[3mm] Q_y = -D\dfrac{\partial}{\partial y}\nabla^2 w \end{cases} \tag{3-65}$$

由式（3-64）及式（3-61）计算的应力分量：

$$\begin{cases} \sigma_x = \dfrac{12M_x}{h^3}z \\[3mm] \sigma_y = \dfrac{12M_y}{h^3}z \\[3mm] \tau_{xy} = \tau_{yz} = \dfrac{12M_{xy}}{h^3}z \end{cases} \tag{3-66}$$

该式为薄板的弹性挠曲微分方程。高强度开采时，在测得覆岩的弯曲刚度等基础参数条件下，通过该式计算即可判断覆岩是产生弹性应变还是断裂破坏。

3.4.5　弹性薄板视角下的覆岩离层分析

1. 离层形成的力学条件

相似材料模拟及数值计算均表明，在采空区刚刚形成且不大时，煤层顶板呈悬露状态，顶板以梁（板）的形式支撑着上覆岩体的重力作用，保持着应力场的平衡，此时覆岩的力

学结构属于典型的梁（板）式平衡结构（范学理，1998）。随着工作面的推进，顶板悬露跨度不断增大，当此跨度达到岩梁的极限长度时，顶板在上部荷载的作用下，造成断裂、垮落破坏。顶板岩层在第一次断裂后，应力转移到两侧煤壁，使得上面的岩层又成为梁（或板）式平衡结构，其一侧在开切眼上方，另一侧在工作面侧的悬壁岩层的上方。此时上覆岩层的重量将沿主应力线方向向两侧煤壁传递，主应力线方向为一拱形，即形成应力平衡拱，如图 3-152 所示。平衡拱的存在，使得拱上岩体的重力不对拱下岩体加载。在满足拱板式平衡结构条件下，拱内上覆岩层重力将由平衡拱传至拱脚（采空区边界），下位已失去支撑的岩层并不受上位岩层的压力作用，只在自重作用下产生弯曲下沉，于是在不同岩层的连接界面处就会形成离层，并有单一化发展成沿多层面的空间簇，即"离层带"（闫永杰，2011）。

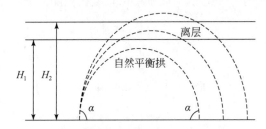

图 3-152　覆岩离层产生的力学结构

H_1、H_2 为离层发育的不同层位高度；α 为拱角

随着采空区的不断扩大，该平衡拱将规则的产生破坏与平衡，以梁（板）拱交替的形式向上位岩体中传播，拱的前脚不断前移，拱的范围不断扩大，这种拱梁式的平衡将规则地发生失稳→平衡→再失稳→再平衡这种交替变化过程，形成了采动覆岩离层产生的力学结构（李小琴，2011）。只有当采空区达到一定范围后，覆岩破坏高度达到最大值，离层带在纵向和横向方向上也发展到最大尺寸，此时称达到了充分采动。此后，采空区尺寸继续扩大，覆岩破坏高度（包括离层带高度）将基本保持不变，离层裂缝将尾随回采工作面的推进而不断向前发展。

2. 覆岩离层产生的力学机理

采动覆岩内在应力作用下产生法向弯曲（挠曲），相邻岩层沿层面发生剪切破坏；不同岩性的岩层其垂直移动将不协调，发生纵向分离；相邻两岩层保持层状完整性，不产生断裂式破坏且上位岩层具有较大的刚度，下位岩层又有足够的移动空间高度，相邻两岩层的接触面间将形成离层空间（郝哲等，2001）。

由弹性力学知，薄板在外力作用下的平衡方程为

$$\frac{\partial^4 w}{\partial x^4} + 2\frac{\partial^4 w}{\partial x^2 \partial y^2} + \frac{\partial^4 w}{\partial y^4} = -\frac{1}{D}\left(qt + N_x \frac{\partial^2 w}{\partial x^2} + N_y \frac{\partial^2 w}{\partial y^2} + 2N_{xy}\frac{\partial^2 w}{\partial x \partial y} \right) \tag{3-67}$$

将某一岩层看成一薄板，当离层产生后一般有竖向荷载的作用，只有在薄板自重应力 q 和水平力（σ_x，σ_y）作用下产生弯曲，而剪应力的作用忽略不计，式（3-67）就变成：

$$-D\left(\frac{\partial^4 w}{\partial x^4} + 2\frac{\partial^4 w}{\partial x^2 \partial y^2} + \frac{\partial^4 w}{\partial y^4} \right) = t\left(q + \sigma_x \frac{\partial^2 w}{\partial x^2} + \partial_y \frac{\partial^2 w}{\partial y^2} \right) \tag{3-68}$$

式中，w 为薄板在临界状态时的挠度；$\dfrac{\partial^4 w}{\partial x^4}$、$\dfrac{\partial^4 w}{\partial y^4}$ 分别为 x，y 方向挠曲变形的微分项。

计算此微分方程就可确定临界力。不同情况下的边界条件为

（1）当 $x=0$ 边为简支边时，$(w)_{x=0}=0$ 及 $\left(\dfrac{\partial^2 w}{\partial x^2}+\mu\dfrac{\partial^2 w}{\partial y^2}\right)_{x=0}=0$；

（2）当 $x=0$ 边为固定边时，$(w)_{x=0}=0$，$(w)_{y=0}=0$ 及 $\left(\dfrac{\partial w}{\partial x}\right)_{x=0}=0$、$\left(\dfrac{\partial w}{\partial y}\right)_{y=0}=0$；

（3）当 $x=a$ 边为自由边时，自由边弯矩为 0，$\left(\dfrac{\partial^2 w}{\partial x^2}+\mu\dfrac{\partial^2 w}{\partial y^2}\right)_{x=a}=0$ 及

$\left(\dfrac{\partial^3 w}{\partial x^3}+(2-\mu)\dfrac{\partial^3 w}{\partial x\partial y^2}\right)_{x=a}=0$。

根据结构稳定理论（周绪红，2010），当薄板由平面稳定平衡状态转变为微弯曲的曲面稳定平衡状态时，荷载的势能变化与薄板中应变能的变化相等，即 $\delta V=\delta U$，则：

$$\delta V=\frac{D}{2}\iint\left\{\left(\frac{\partial^2 w}{\partial x^2}+\frac{\partial^2 w}{\partial y^2}\right)^2-2(1-\mu)\left[\frac{\partial^2 w}{\partial x^2}\frac{\partial^2 w}{\partial y^2}-\left(\frac{\partial^2 w}{\partial x\partial y}\right)^2\right]\right\}\mathrm{d}x\mathrm{d}y \tag{3-69}$$

$$\partial U=-\frac{1}{2}\iint\left[N_x\left(\frac{\partial w}{\partial x}\right)^2+N_y\left(\frac{\partial w}{\partial y}\right)^2+2N_{xy}\frac{\partial w}{\partial x}\frac{\partial w}{\partial y}\right]\mathrm{d}x\mathrm{d}y \tag{3-70}$$

取傅里叶级数为临界状态岩板的曲面方程，它符合四边简支板的边界条件。

$$w=\sum_{m=1}^{\infty}\sum_{n=1}^{\infty}a_{mn}\sin\frac{m\pi x}{a}\sin\frac{m\pi y}{b} \tag{3-71}$$

式中，m 为岩板在 x 轴方向挠曲的半波数；n 为岩板在 y 轴方向挠曲的半波数；a 为 x 方向板长；b 为 y 方向板长；a_{mn} 为挠曲半波的最大挠度。

由薄板挠度理论知，板中面的应变为

$$\frac{1}{2}\left(\frac{\partial w}{\partial x}\right)^2=\varepsilon_x\ \text{即}\ \left(\frac{\partial w}{\partial x}\right)^2=2\varepsilon_x \tag{3-72}$$

$$\frac{1}{2}\left(\frac{\partial w}{\partial y}\right)^2=\varepsilon_y\ \text{即}\ \left(\frac{\partial w}{\partial y}\right)^2=2\varepsilon_y \tag{3-73}$$

则：

$$\partial U_x=-\frac{t}{2}\int_0^a\int_0^b\sigma_x\left(\frac{\partial w}{\partial x}\right)^2\mathrm{d}x\mathrm{d}y=-tab\sigma_x\varepsilon_x \tag{3-74}$$

$$\partial U_y=-\frac{t}{2}\int_0^a\int_0^b\sigma_y\left(\frac{\partial w}{\partial y}\right)^2\mathrm{d}x\mathrm{d}y=-tab\sigma_y\varepsilon_y \tag{3-75}$$

式中，$\varepsilon_x=\dfrac{1-\mu^2}{E}\sigma_x$；$\varepsilon_y=\dfrac{1-\mu^2}{E}\sigma_y$。

由叠加原理（苏仲杰，2001），$\delta U=\delta U_x+\delta U_y$；因 $\delta U=\delta V$，薄板在水平应力（σ_x，

σ_y）作用下，计算挠度 a_{mn1}，a_{mn2}，a_{mn3}：

$$\frac{abD}{8}a_{mn1}^2\left(\frac{\pi^2}{a^2}+\frac{\pi^2}{b^2}\right)^2=tab\sigma_x^2\left(\frac{1-\mu^2}{E}\right) \tag{3-76}$$

$$\frac{abD}{8}a_{mn2}^2\left(\frac{\pi^2}{a^2}+\frac{\pi^2}{b^2}\right)^2=tab\sigma_y^2\left(\frac{1-\mu^2}{E}\right) \tag{3-77}$$

得：

$$a_{mn1}+a_{mn2}=4\sqrt{6}\frac{\left(1-\mu^2\right)a^2b^2\left(\sigma_x+\sigma_y\right)}{Et\pi^2\left(a^2+b^2\right)} \tag{3-78}$$

薄板在自身重力 q 作用下的挠度：

$$a_{mn3}=\frac{4a^2b^2}{t\pi^2\left(a_2+b_2\right)}\sqrt{\frac{3\left(1-\mu^2\right)q}{E}} \tag{3-79}$$

薄板的总挠度为水平应力 σ_x，σ_y 和自重力 q 共同作用下产生的挠度之和：

$$W=a_{mn1}+a_{mn2}+a_{mn3} \tag{3-80}$$

3. 岩层薄板极限跨距及挠曲极限

岩层薄板的极限跨距 a_m、b_m 取决于自身岩石的物理力学性质、厚度、载荷等因素，其破坏条件是当岩石的最大拉应力值即 $\sigma_拉 > [\sigma_拉]$ 时，薄岩板在其中心位置发生断裂，此时的岩板尺寸 a_m、b_m 为极限尺寸，其计算式为

$$a_m=\frac{ab_m}{b} \tag{3-81}$$

$$b_m=\sqrt{\frac{\sigma_拉 t^2}{6kq}} \tag{3-82}$$

式中，k 为薄板的形状系数，其值由 a/b 确定。苏仲杰（2001）研究给出了 k 的计算式：

$$k=0.00302\left(\frac{a}{b}\right)^3-0.03567\left(\frac{a}{b}\right)^2+0.13953\left(\frac{a}{n}\right)-0.05859$$

由式（3-81）、式（3-82）求出 a_m、b_m 的值，代入式（3-80），即可求出某层薄板的极限挠度，也即该岩层的离层高度，即

$$W_{\max}=4\sqrt{6}\frac{\left(1-\mu^2\right)a_m^2b_m^2\left(\sigma_x+\sigma_y\right)}{Et\pi^2\left(a_m^2+b_m^2\right)}+\frac{4a_m^2b_m^2}{t\pi^2\left(a_m^2+b_m^2\right)}\sqrt{\frac{3\left(1-\mu^2\right)q}{E}} \tag{3-83}$$

3.4.6 高强度开采压力拱的演化特征及模型分析

1. 压力拱分析

1）压力拱形态及作用分析

相似材料模拟、数值模拟及现场矿压观测均证实了采空区上方覆岩的破坏、应力和变形分布存在的拱形特征（邓喀中，1998；金洪伟等，2009）。图 3-153、图 3-154 分别为某相似模拟及数值模拟压力拱形态。

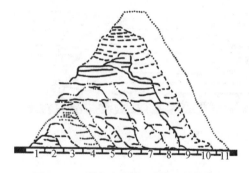

图 3-153 某相似模拟覆岩压力拱简图

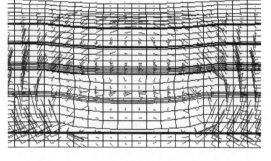

图 3-154 某数值模拟覆岩压力拱矢量图

目前学术界对"压力拱"的作用机理及形式、发展形态等研究仍有待深入。覆岩内拱的拱脚、拱跨、拱高、拱破断等影响覆岩破断特征及运移形式等需进一步深入研究。实际上，尤其是对于高强度大尺寸工作开采，工作面长度 L 一般 $\geqslant$ 200m、推进距离长达数千米、开采深度 H 普遍小于 300m、采厚 $m \geqslant$ 3.5m，深厚比及宽深比均 $\leqslant$ 57（57 为实际调研高强度开采工作面实际深厚比的最大值，小于定义的 187，与高强度开采的定义及评价指标并不冲突）。煤炭开采往往达到该地质条件下的超充分采动，对于浅埋千米级推进长度工作面，随着回采距离的增加，及覆岩垮落范围的扩大，压力拱不可能无限制向工作面推进方向及采空区上方发展；且压力拱在覆岩破断过程中并不是始终保持"规则"的拱状，而是由于工作面的推进，前拱脚不断悬空，覆岩发展周期破断，在覆岩破断未稳定时，拱前脚一侧的压力拱高度低于拱后脚侧压力拱高度，且拱破断位置为覆岩移动变形最为活跃的位置。图 3-155 表示了压力拱在覆岩破断过程中的形态变化情况。图 3-155（a）显示，在压力拱低区域左右前侧覆岩内力的方向相反，说明此时覆岩正经受剪切破坏；而图 3-155（b）表示覆岩稳定后的压力拱形态特征。

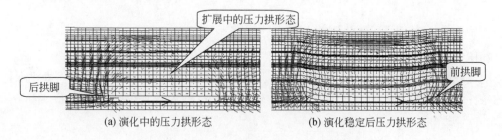

(a) 演化中的压力拱形态   (b) 演化稳定后压力拱形态

图 3-155 某超充分开采覆岩压力拱演化特征

此外压力拱的形态在覆岩破断演化过程中还受地质条件影响，相关研究（杨振国，2015；杜晓丽等，2015）表明当压力拱扩展时遇到关键层层面时将重新成拱，引起整个压力拱形态改变；当采场埋深能形成完整的压力拱时，再增加采场埋深不会改变压力拱的空间形态，但压力拱承受的围岩应力增加；而且采空区尺寸的大小对压力拱的形态影响亦很大。关键层及基岩面对压力拱形态特征的影响情况，如图 3-156、图 3-157 所示。

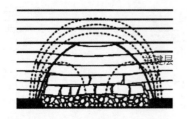

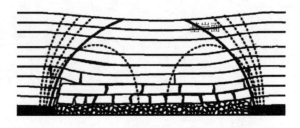

图 3-156　关键层对压力拱的影响图　　　　图 3-157　基岩面对压力拱形态的影响

2）"压力平行拱"思想的提出

现有关于覆岩破坏的研究一般将覆岩破坏归结为二维问题（平面问题）进行，这种假设固然可以提高研究效率，解决实际问题。但是，由于采动覆岩破坏实际是"三维"空间问题，覆岩破坏是在"三维"空间场内进行的，中间区域覆岩的破坏时刻受到相邻空间内岩层（岩块）的相互作用，这就需要在具体的研究中进行适当的考虑。二维条件下的"压力拱"和三维条件下的"平行压力拱"结构，如图 3-158 所示。二维及三维条件下的压力拱区别在于拱之间的"连接"部分在采动覆岩破坏中的作用。覆岩破坏时，抗拉能力较低，但仍能承受相当大的压缩作用。因此在压力拱处于采动压应力区域时，覆岩的横向移动仍受左右两侧覆岩的"限制"。基于以上分析，将平行压力拱之间的"限制"作用，用横向稳定系数 k_H（取值范围 0～1）来表示。

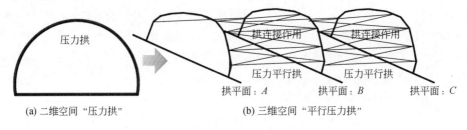

(a) 二维空间"压力拱"　　　　　　(b) 三维空间"平行压力拱"

图 3-158　二维和三维压力拱结构示意图

2. 压力拱力学模型

由文献知（A.A.鲍里索夫，1986），压力拱的力学模型如图 3-159 所示。压力拱保持平衡的条件是拱迹线 ACB 所在截面上的弯矩 M 和剪力 Q 均为 0（张顶立，1999）。

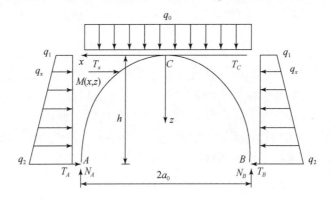

图 3-159　压力拱受力分析

拱的迹线方程为

$$q_0 x^2 = 2a_0 f q_2 z + \left[\frac{(q_2 - q_1) z^3}{h} + 2q_1 z^2\right]\left[\frac{2q_2 + q_1}{3(q_2 + q_1)}\right] \tag{3-84}$$

式中，$q_0 = \gamma(H-h)$；$q_1 = \lambda\gamma(H-h)$；$q_2 = \lambda\gamma H$，H 为采深；λ 为侧压力系数；f 为岩石坚固性系数；γ 为岩体容重。

令 $x = a_0$，$z = h$ 代入式（3-84）中拱的形态参数 a_0、h 的关系式为

$$a_0^2 - \frac{2f\lambda H h}{H-h} a_0 + (\lambda h^3 - 2\lambda H h^2)\frac{3H-h}{3(2H-h)(H-h)} = 0 \tag{3-85}$$

拱内是否产生离层，可由式（3-86）确定（王金庄，1999）：

$$E_{n+1}\delta_{n+1}^2 \sum \rho_i \delta_i > \rho_{n+1} \sum_{i=1}^{n} E_i \delta_i^3 \tag{3-86}$$

式中，E_i 为各岩层弹性模量；δ_i 为各岩层厚度；ρ_i 为各岩层密度。

以上分析为二维平面条件下的压力拱力学模型，而对于三维空间条件下的压力平行拱，在分析时，应加入横向稳定系数 k_H 进行综合考虑，则分析的基础公式可表示为（三维空间压力平行拱的迹线方程）：

$$q_0 x^2 = 2a_0 f(q_2 + 1)k_H z + \left[\frac{k_H(q_2 - q_1) z^3}{h} + 2(q_1 + 1)k_H z^2\right]\left[\frac{2q_2 + q_1 + 3}{3(q_2 + q_1 + 2)}\right] \tag{3-87}$$

3.5　小　结

本章基于资源与环境协调发展理念，以绿色采矿理论为指导，给出了高强度开采的科学定义及高强度开采判别指标体系。基于实测资料揭示了高强度开采地表移动变形规律，分析了高强度开采地表动静态移动参数及变形特征。总结了高强度开采地表非连续变形规律，阐述了在高强度开采条件下采动覆岩发育特征。

基于大地电磁探测手段、实验室物理模拟、数值模拟和理论分析方法，分析了采动覆岩"两带"高度和覆岩破坏过程，揭示了覆岩结构及其破断机理，给出了高强度开采覆岩破坏的力学模型，分析总结了采动过程中覆岩弹性区与塑性区分布特征。

参 考 文 献

陈苏社. 2015. 大柳塔煤矿 7.0m 支架综采面顶板结构与矿压规律研究. 陕西煤炭，34（3）：1-4，58.

邓喀中. 1998. 开采沉陷中的岩体结构效应. 徐州：中国矿业大学出版社.

杜晓丽，魏京胜，钱钢，等. 2015. 煤矿采空区空间几何特征对岩石压力拱的影响. 地下空间与工程学报，11（S2）：726-731，767.

范学理，刘文生. 1998. 中国东北矿区开采损害防护理论与实践. 北京：煤炭工业出版社.

郭文. 2008. 浅埋煤层顶板结构灾害机理研究. 西安：西安科技大学硕士学位论文.

郝哲，王介强，刘斌，等. 2001. 岩体渗透注浆的理论研究. 岩石力学报，20（4）：492-496.

黄森林. 2006. 浅埋煤层采动裂缝损害机理及控制方法研究. 西安：西安科技大学硕士学位论文.

金洪伟，许家林，朱卫兵，等. 2009. 覆岩移动的拱-梁组合结构模型的初步研究. 第十一届中国科协年会论文集：1-6.

李小琴. 2011. 坚硬覆岩下重复采动离层水涌突机理研究. 中国矿业大学博士学位论文：77-81.

钱鸣高，缪协兴，许家林，等. 2000. 岩层控制的关键层理论. 徐州：中国矿业大学出版社.

钱鸣高，石平五，许家林，等. 2003. 矿山压力与岩层控制. 北京：中国矿业大学出版社.

苏仲杰. 2001. 采动覆岩离层变形机理研究. 阜新：辽宁工程技术大学博士学位论文.

王国法. 2010. 煤矿高效开采工作面成套装备技术创新与发展. 煤炭科学技术，38（1）：63-68.

王金庄，1999. 采动覆岩断裂破坏的开采条件分析. 99全国矿山测量学术会议论文集（承德）.

吴洪词，张小彬，包太，等. 2001. 采动覆岩活动规律的非连续变形分析动态模拟. 煤炭学报，26（5）：486-492.

闫永杰，翁其能，吴秉其，等. 2011. 水平层状围岩隧道顶板变形特征及机理分析. 重庆交通大学学报（自然科学版），30（z1）：647-649.

杨振国，李铁. 2015. 高位关键层对压力拱演化规律影响的研究. 煤矿安全，46（4）：40-43.

张顶立. 1999. 综合机械化放顶煤开采采场矿山压力控制. 北京：煤炭工业出版社.

周绪红. 2010. 结构稳定理论. 北京：高等教育出版.

А. А. 鲍里索夫. 1986. 矿山压力原理计算. 王庆康译. 北京：煤炭工业出版社.

Tao S L，Fang J Y，Zhao X，et al. 2015. Rapid loss of lakes on the Mongolian Plateau. Proceedings of the National Academy of Sciences of the United States of America，112（7）：2281-2286.

第4章 高强度开采矿区生态环境响应特征与响应机理

本章节针对高强度开采地表破坏后,矿区生态环境关键要素土壤、植被如何变化进行研究。

(1)利用地表 ^{137}Cs 的变化规律,对土壤养分的变化与土壤水分及其侵蚀的演变规律进行研究。

(2)根据现场采样及化验分析裂缝区土壤水分和养分的变化,研究了矿区开采沉陷对植物群落的影响及变化规律。

(3)利用长时序植被遥感数据,阐明了植被对土壤破坏、水分胁迫的响应特征。

4.1 高强度开采矿区土壤演变机理研究

4.1.1 土壤侵蚀

1. 土壤侵蚀演变

以研究区(哈拉沟矿与上湾矿,见本书 2.2 节)主要地形固定、半固定沙丘为研究对象,调查了不同沉陷历史地表的 ^{137}Cs 损失率与土壤侵蚀速率,如图 4-1 所示,以此模拟高强度开采导致的土壤侵蚀演变过程。与未影响区(未受采煤活动影响的区域)地表土壤 ^{137}Cs 损失率 32%相比,未采掘的采煤工作面上方(未受采煤活动影响的区域,即神东矿区附近选择没有遭受采矿活动干扰的布连乡,见本书2.2 节)地表 ^{137}Cs 损失率增加至 35%,表明高强度开采活动可以导致矿区地下未采工作面上方地表土壤侵蚀轻微增大。这可能归因于已采工作面上方地表沉陷引起的矿区地下水水文格局破坏,造成矿区土壤因干旱加剧而结

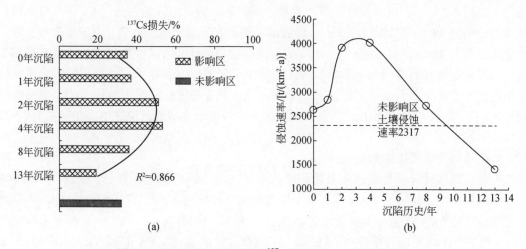

图 4-1 不同沉陷历史地表的 ^{137}Cs 损失率与土壤侵蚀速率

构分散，导致未采工作面上方地表风蚀加剧。因此，未采工作面上方地表风蚀加剧反映了高强度开采对地表生态环境的间接影响。

把未采工作面上方地表视为 0 年沉陷，从图 4-1（a）中可以看出，0～4 年沉陷历史的地表，其 ^{137}Cs 损失不断增加，8 年沉陷历史的地表 ^{137}Cs 损失开始降低。13 年沉陷历史的地表由于沉陷初期采取了植被修复且目前取得了良好的修复效果（植被覆盖度 95%），结果该地表 ^{137}Cs 损失（19%）低于未影响区，表明植被修复是防治高强度开采扰动地表土壤侵蚀的有效手段。

图 4-1（b）更加直观地显示了不同沉陷历史地表的土壤侵蚀速率变化。与未影响区地表的轻度侵蚀（土壤侵蚀分类分级标准 SL190—2007）比较，影响区内不同沉陷历史的地表土壤侵蚀速率增加为中度侵蚀［2500～5000t/(km^2·a)］。沉陷 2 年地表的土壤侵蚀速率是沉陷 1 年地表的 1.4 倍，侵蚀速率增加幅度最大，表明高强度开采地表沉陷后的最初 2 年是土壤侵蚀急剧增大的时段。这是因为沉陷后 2 年，植被破坏最为严重（植被覆盖度 30%～50%）。沉陷 4 年与沉陷 2 年地表的土壤侵蚀速率接近，表明高强度开采地表沉陷后的第 3～4 年，土壤侵蚀速率基本维持稳定（该阶段植被覆盖度 40%～55%）。与沉陷 4 年地表的侵蚀速率［4015t/(km^2·a)］相比，沉陷 8 年地表的土壤侵蚀速率为 2731t/(km^2·a)，下降幅度为 32%，而且该侵蚀速率接近未采区［即图 4-2（b）中的 0 年沉陷］。

以上分析结果表明，沉陷 4 年之后，地表的土壤侵蚀强度开始降低；至第 8 年，土壤侵蚀将回落到地表沉陷之前（未采区）的水平。沉陷 8 年地表的土壤侵蚀速率降低至未采区的水平，这归因于沉陷 8 年的地表植被覆盖度的提高，经调查发现其植被覆盖度为 65%。同时，研究发现，经过 12 年人工植被修复（植被覆盖度 95%）后的地表土壤侵蚀速率低于未影响区，进一步说明了植被恢复的作用。调查结果表明：高强度开采沉陷地表，自沉陷稳定后，随着沉陷年限的增加，土壤侵蚀呈现出快速增加—基本维持—快速降低的演变规律，而且该演变规律与植被的破坏及恢复有关。

2. 两种地形间的土壤侵蚀比较

固定、半固定沙丘与沟坡是研究区两种主要的地形。通过对比了这两种地形下的土壤侵蚀，如图 4-2 所示。结果发现：在高强度开采沉陷区内，沟坡地表的 ^{137}Cs 损失与土壤侵蚀速率分别为 49%、3727t/(km^2·a)，轻微高于固定、半固定沙丘地表［^{137}Cs 损失与土壤侵蚀速率分别为 48%、3625t/(km^2·a)］。值得注意的是，开采沉陷区沟坡土壤侵蚀水平高于固定、半固定沙丘的规律与未影响区内这两种地形间的侵蚀表现不一致，即未影响区沟坡土壤侵蚀水平低于固定、半固定沙丘，表明高强度开采地表沉陷对沟坡地形的土壤侵蚀影响程度高于固定、半固定沙丘。主要原因是由于沟坡地形受地表沉陷影响，在风蚀的同时，附加产生了水蚀。

3. 裂缝对土壤侵蚀的影响

裂缝是高强度开采地表破坏最为严重的形式，通过调查裂缝区的土壤侵蚀，如图 4-3 所示。结果发现：裂缝区 ^{137}Cs 损失与土壤侵蚀速率分别为 63%、4788t/(km^2·a)，明显高于无裂缝区［^{137}Cs 损失与土壤侵蚀速率分别为 51%、3912t/(km^2· a)］，远高于未影响区［^{137}Cs 损失与土壤侵蚀速率分别为 32%、2317t/(km^2·a)］。裂缝区 4788t/(km^2·a) 的土壤侵蚀速率接近强度侵蚀水平［《土壤侵蚀分类分级标准》（SL190—2007）］。结果表明：裂缝区植被破坏最为严重，裂缝是导致高强度开采矿区地表侵蚀的主要因素。同时，现场实地调查发现：因高强度开采沉陷而导致产生了一条宽度为 20～40cm 的裂缝，在其两侧 5m 宽范围内的沙蒿等草本植物全部死亡。在另一条宽度为 1～2m 的裂缝带，也发现沙柳等灌木在最靠近裂缝处的两侧出现了树根被裂缝开裂拉断而导致的大量死亡，在距离裂缝较远处出现了不同程度的沙柳、沙蒿等灌木、草本植物枯萎的现象。

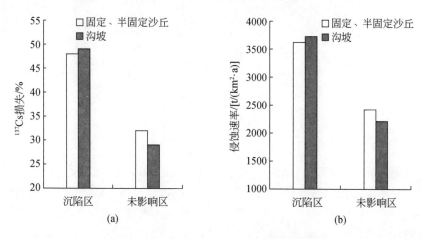

图 4-2 两种代表性地形的土壤侵蚀比较

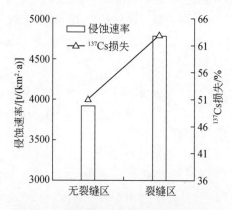

图 4-3 裂缝区与无裂缝区土壤侵蚀比较

4. 沉陷区沟坡土壤侵蚀格局

为分析高强度开采地表沉陷对沟坡地形土壤侵蚀的主要影响因素，为此，在沉陷区调查了一个在坡度、坡长方面具有代表性的沟坡的土壤侵蚀格局，该坡的坡度为 9.2°、水平坡长为 108m，并在未影响区遴选一个与沉陷区沟坡相似的坡作为对照（CK），CK 的坡度为 9.6°、水平坡长为 110m。

对于未影响区的沟坡 CK 而言，^{137}Cs 含量的分布格局表现为：坡顶最低，下坡与坡脚最高。总体上呈现出沿坡向下，^{137}Cs 含量增加，表明土壤侵蚀沿坡向下逐渐降低，坡顶侵蚀最强烈。对于沉陷区沟坡而言，^{137}Cs 含量自坡顶到下坡逐渐增加，及至坡脚又表现出明显降低的趋势，表明土壤侵蚀在坡顶、上坡、坡脚位置最强烈，如图 4-4 所示。

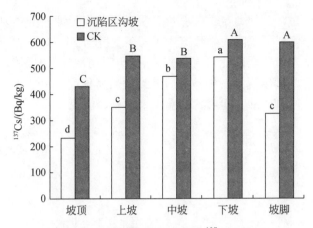

图 4-4　沉陷区沟坡与 CK 的 ^{137}Cs 分布

不同大写或小写字母代表在 $P<0.05$ 置信水平上具有显著差异

CK 与沉陷区沟坡在坡顶位置均表现出土壤侵蚀最强的规律，这是风蚀作用的结果。如图 4-5、图 4-6 所示，沉陷区沟坡的坡顶与上坡砂粒含量最低，CK 的坡顶粉粒含量最低，这显然是风力对土壤中黏结力弱的大颗粒搬运的结果。同时发现，沉陷区沟坡的土壤黏粒含量从中坡到下坡增加，紧接着到坡脚又降低；整个坡面上，中坡与坡脚位置含量最低。这个结果表明中坡以下坡位发生了水蚀对细颗粒土壤的分选性搬运。不同于风蚀，水蚀会通过雨滴击溅与径流剪切的作用力，破坏黏结力强的细颗粒与有机质间的团聚结构，从而搬运质轻的黏粒。现场调查发现，在沉陷区沟坡上由于地表开裂形成的小裂缝（2～5cm）演变成侵蚀细沟。

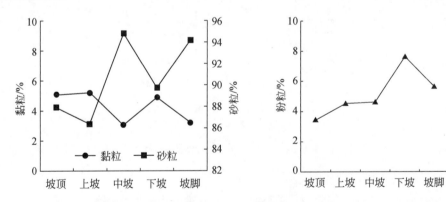

图 4-5　沉陷区沟坡土壤砂粒与黏粒分布　　图 4-6　未影响区（CK）沟坡土壤粉粒分布

从图 4-6 也可以看出，CK 的土壤粉粒含量自坡顶到坡脚大体上呈现增加的趋势，而且与 ^{137}Cs 含量的分布格局一致，表明在未受高强度开采之前，研究区沟坡地形主要受风蚀的影响，而且风蚀主要搬运土壤中的粉粒。

综合沉陷区沟坡与 CK 的对比分析可知：高强度开采地表沉陷导致了沟坡地形的土壤侵蚀格局变化，即沟坡的土壤侵蚀方式由开采沉陷前的风蚀转变为开采沉陷后的风蚀与水蚀，具体表现为从开采沉陷前整个坡面受风蚀影响演变为开采沉陷后中坡位置以上风蚀加剧、中坡位置以下水蚀为主。沉陷区沟坡地形土壤侵蚀格局的这种变化可以很好地解释上文结果"高强度开采地表沉陷对沟坡地形的土壤侵蚀影响程度高于固定、半固定沙丘"。

4.1.2　土壤水分

1. 土壤含水量演变

为了掌握高强度开采沉陷区土壤含水量演变规律，研究分析了不同沉陷历史地表的土壤水分含量，如图 4-7 所示。与未影响区表土（0～15cm）含水量 3.15%相比，高强度开采影响区内未沉陷地表与沉陷地表的表土含水量都出现了降低，其中未沉陷地表土壤含水量为 1.75%，沉陷地表土壤含水量为 1.09%～1.89%。沉陷地表土壤含水量随着沉陷历史的变化而变化，即在沉陷的最初两年内快速降低，随后趋于稳定，及至沉陷 4 年后开始回升，8 年左右达到影响区未沉陷地表土壤的含水量水平。总体上，研究结果表明：高强度开采导致矿区地表土壤含水量降低，降低最明显的是沉陷地表，沉陷地表土壤含水量随着沉陷时间的增加呈现出先快速降低而缓慢回升的规律。

此外，研究发现，沉陷区经过 12 年植被修复后的土壤含水量高达 8.64%，远高于未影响区土壤含水量（图 4-7），这表明植被修复可以有效提高沉陷地表的土壤水分。土壤水分含量提高可以增加研究区风沙土颗粒间的黏结力，从而降低土壤侵蚀风险。该结果验证了前文提及的"沉陷区经过 12 年植被修复后的土壤侵蚀水平最低"的结果。

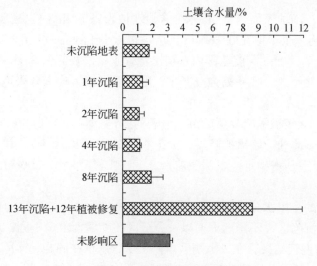

图 4-7　不同沉陷历史地表的土壤水分
误差线代表均值的标准偏差

在影响区土壤水分的深度分布格局变化方面，未影响区土壤水分含量在 0～200cm 深度范围内虽有波动，但相差不大。如图 4-8 所示。影响区沉陷地表土壤在 0～200cm 深度范围内各土壤层次水分含量均小于未影响区。此外，与未影响区相比，影响区沉陷地表以下 2m 内土壤含水量呈现出以 60cm 土壤深度为分界的明显分层特征，即 0～60cm 土壤含水量大于 60～200cm。影响区内，沉陷地表土壤含水量在 0～60cm 的深度范围内呈现出波动趋势，在 60～200cm 深度范围内逐渐降低（60～110cm 的深度范围内含水量线性降低，110～200cm 深度范围内基本稳定）。该研究结果与魏江生等（2006）、台晓丽等（2016）、马保东等（2009）对本书的调查结果基本一致。表明高强度开采沉陷不仅导致 0～200cm 深度范围内土壤水分显著降低，而且对土壤水分的影响具有明显的分层特征。

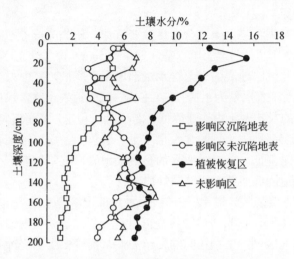

图 4-8　影响区土壤水分的深度分布格局变化

对于影响区未沉陷地表而言，土壤水分含量在地表以下 2m 内也呈现出以 60cm 土壤深度为分界的明显分层特征，但在 0～60cm 土壤含水量小于 60～200cm。其与未影响区相比，影响区未沉陷地表 0～60cm 深度范围内各层土壤含水量明显降低，60～200cm 深度范围内各层土壤含水量变化不大。表明高强度开采沉陷可以间接影响未开采地表土壤水分的深度分布格局。

对于影响区内 12 年植被修复后的沉陷地表而言，土壤水分含量在 0～200cm 深度范围内均大于未影响区。此外，该植被修复土壤在 0～80cm 深度范围内土壤水分含量大体上呈线性降低，80cm 以下基本稳定。表明植被修复可以显著增大 0～200cm 深度范围内的土壤水分储量。

2. 两种地形间的土壤水分比较

在高强度开采沉陷区，不同地形间以及裂缝区的土壤含水量不同。图 4-9 显示了土壤（0～15cm）水分的调查结果。在未影响区内，土壤含水量在固定、半固定沙丘与沟坡 2 种地形间接近（$P>0.05$）。与未影响区相比，沉陷区固定、半固定沙丘与沟坡 2 种地形的土壤含水量均出现了显著降低，而且沉陷区固定、半固定沙丘土壤含水量低于沟坡（$P<0.05$）。这表明，高强度开采地表沉陷可以导致土壤水分损失，而且其对固定、半固定沙丘地形的土壤水分损失影响高于沟坡。其主要原因是，在高强度开采条件下，地表剧烈沉陷导致大量裂缝产生，土壤水分首先在裂缝处快速蒸发损失，从而导致裂缝处水势降低，因此形成了裂缝两侧到裂缝位置间的水势梯度差。由于固定、半固定沙丘地形相对平坦，裂缝两侧的水势梯度差表现一致，因而可以导致其两侧土壤的水分因向裂缝带运动而产生了大面积的土壤水分损失。对于研究区沟坡地形而言，裂缝延伸方向主要表现为垂直于坡向，因而

裂缝上侧-裂缝的水势梯度差表现明显，但裂缝下侧-裂缝方向的水势梯度差不明显，结果裂缝处的土壤水分运动主要表现为单侧（裂缝上侧），最终导致裂缝上侧的土壤水分损失。

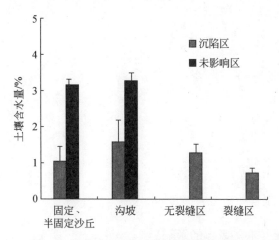

图 4-9　不同地形间以及裂缝区的土壤水分

不同大写或小写字母代表在 $P<0.05$ 置信水平上具有显著差异

　　基于以上分析可知，由于固定、半固定沙丘地形上的采动裂缝两侧土壤水分蒸发面积大于沟坡地形采动裂缝两侧土壤水分蒸发面积，结果导致固定、半固定沙丘地形上的高强度开采沉陷区土壤水分损失更为严重。

3. 裂缝区与无裂缝区土壤水分比较

　　在高强度开采沉陷区，无裂缝地表与裂缝地表间的土壤水分含量表现出显著的差异，即裂缝地表土壤水分含量显著低于无裂缝地表（$P<0.05$），如图 4-9 所示。表明高强度采动裂缝可以导致矿区地表最为严重的土壤水分损失。

　　在研究中，进一步调查分析了受高强度开采沉陷影响的沟坡与固定、半固定沙丘 2 种地形下裂缝与无裂缝区间的土壤水分深度分布格局。结果表明：

　　（1）对于沟坡地形下的沉陷地表来说，总体上，在 0～100cm 的土壤深度范围内，大（1～2m）、小（<0.5m）裂缝区各层土壤水分含量均低于无裂缝区。具体而言，0～20cm 的深度范围，土壤水分含量在大、小裂缝区与无裂缝区间并没有表现出明显差异（$P>0.05$），20cm 以下差异明显（$P<0.05$），表明高强度采动裂缝对沟坡地形的土壤剖面水分损失影响主要发生在 20～100cm 深度范围内。

　　（2）大、小裂缝区土壤水分含量在 0～50cm 范围内接近；但在 50～100cm 范围内，大裂缝区土壤水分含量低于小裂缝区，表明沟坡地形下，大、小裂缝导致的土壤剖面水分损失差异主要发生 50～80cm 的深度范围，且该深度范围内，大裂缝导致的土壤水分损失大。

　　（3）对于固定、半固定沙丘地形下的沉陷地表来说，0～40cm 的深度范围，土壤水分含量在裂缝区与无裂缝区间差异不明显（$P>0.05$），40cm 以下差异明显（$P<0.05$），表明高强度采动裂缝对固定、半固定沙丘土壤剖面水分损失影响主要发生在 40～100cm 深度范围内，如图 4-10 所示。

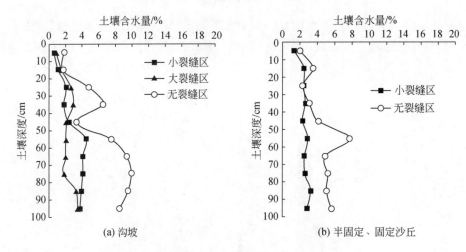

图 4-10 裂缝区土壤水分的深度分布

4. 高强度开采对土壤凋萎系数的影响

土壤凋萎系数是重要的土壤水分常数之一，它是土壤对植物提供有效水的最低水平。当土壤自然含水量低于凋萎系数时，植物将发生永久枯萎。因此，凋萎系数可以反映土壤的耐旱能力。实地调查发现研究区优势植被是沙蒿草，其根系主要分布在 20～35cm 的土壤深度内（图 4-11）。

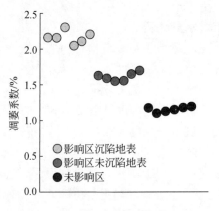

图 4-11 影响区土壤凋萎系数变化

调查结果显示：在高强度开采影响区内，沉陷地表与未沉陷地表土壤 20～35cm 深度，未影响区的土壤凋萎系数为 1.1%～1.2%，影响区沉陷地表与未沉陷地表的土壤凋萎系数高于未影响区，分别为 2.1%～2.3% 与 1.5%～1.7%。调查结果表明，高强度开采地表沉陷区土壤自身的耐旱能力显著降低，即使沉陷区周边未沉陷的地表，其土壤的耐旱能力也出现了降低。这可能归因于地下采煤疏水导致地下水-土壤水直接的水文过程破坏，也可能由于地表裂缝导致的土壤水分蒸发。

5. 高强度开采对土壤毛管持水能力的影响

土壤毛管水是提供植物生长的有效水，土壤毛管持水量系指土壤毛管保存的最大水量，因此毛管持水量能够直接反映土壤的保水能力。在高强度开采地表沉陷区与未影响区，按照 15cm 的土壤深度间隔，分层采集了地表以下 160cm 的原状土柱进行毛管持水量的模拟测试。结果发现：在影响区沉陷地表 0～160cm 范围内，土壤的毛管持水量为 26.5%～30.5%，且其各层的毛管持水量均大于未影响区（21.9%～26.9%），如图 4-12 所示。结果表明，高强度开采地表沉陷不是降低了土壤的保水能力，而是增加了土壤的保水能力。该结果可以启示，在未来的沉陷地表水土保持与植被修复实践中，应该利用土壤毛管持水量增大的这一现象，如当研究区降水后，沉陷地表土壤中的毛管可以悬着更多的水，但"如何采取措施降低这些水在短时间内蒸发损耗，从而支持后续的植被生长"，将具有重大的科学与实践意义。

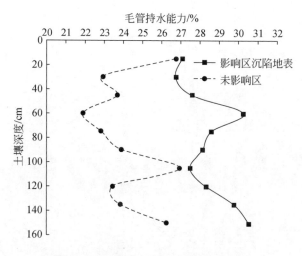

图 4-12　影响区土壤毛管持水能力变化

4.1.3　土壤养分变化

1. 土壤养分演变

图 4-13 显示了高强度开采沉陷区土壤养分随时间的变化。相较于未影响区，未采区土壤有机碳、全氮、碱解氮、全磷含量降幅分别为 55%、58%、36%、29%，表明：高强度开采对土壤养分的影响具有前置效应，即高强度开采活动在其导致地表沉陷之前就可以造成土壤养分的明显损失。对于沉陷地表而言，1 年、2 年沉陷历史的地表土壤有机碳、全氮、碱解氮、全磷含量最低，且低于未采区，表明：高强度开采沉陷后的 1～2 年是地表土壤有机碳、全氮、碱解氮损失最严重的时段。4 年、8 年沉陷历史的地表土壤有机碳、全氮、碱解氮含量高于 1 年、2 年沉陷历史的地表，其中，4 年沉陷历史的地表土壤养分含量与未采区相差不大（$P>0.05$）、8 年沉陷历史的地表土壤养分含量高于未采区（$P<0.05$）。该结果表明：地表沉陷后的第 4～8 年是土壤有机碳、全氮、碱解氮损失逐渐降低的时段。对于具有 12 年植被修复历史的沉陷区而言，其地表土壤有机碳、全氮、碱解氮含量高于未影响区（$P<0.05$）。这表明：当植被修复历史超过 12 年左右后，沉陷地表的土壤有机碳、全氮、碱解氮含量可以超出采动扰动前的水平。另外，土壤全磷含量在 4 年沉陷历史的地表上最低，

且低于未采区；4 年之后，土壤全磷含量又开始呈现增加的趋势，但仍达不到高强度开采扰动前的水平。值得注意的是，受高强度开采影响，土壤有效磷的表现与其他养分不一样，总体上表现为：未采区与不同沉陷历史的地表土壤有效磷含量均高于未影响区，但随着沉陷年限的增加，其含量逐渐降低。高强度影响区土壤有效磷含量高于未影响区的原因可能是由于影响区植被破坏后，死亡植被进入土壤被分解而释放了大量的有效磷。土壤有效磷含量随着沉陷年限增加而降低的原因可能是由于沉陷地表植被在不断恢复的过程中，对有效磷的利用程度不断增大。

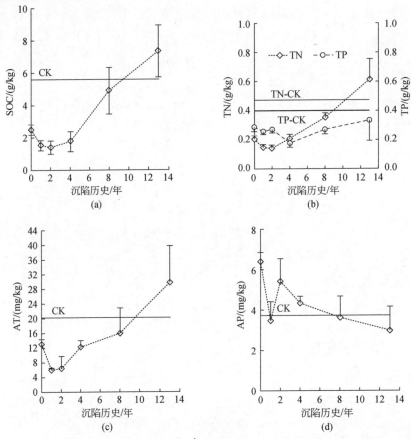

图 4-13   不同沉陷历史地表的土壤养分变化

SOC 为有机碳；TN 为全氮；TP 为全磷；AT 为碱解氮；AP 为有效磷；矿区未开采区以 0 年

沉陷来表示；误差线代表均值的标准偏差

图 4-14 也表明了沉陷区土壤微生物活性的变化。与未影响区相比，未采区土壤微生物量碳、氮含量降低，降幅分别为 61%、56%；而且，这些降幅总体上高于土壤碳、氮、磷养分的降幅（29%～58%）。该结果表明：反映土壤生物学肥力的微生物量碳、氮指标对高强度开采的响应敏感于土壤碳、氮化学指标。但是，与土壤碳、氮养分含量在沉陷后 4 年可以达到未采区的水平、在沉陷后 13 年可以超出未影响区的水平相比，土壤微生物量碳、氮含量在沉陷后长达 8 年的时间才达到未采区的水平，以及在沉陷后 13 年仍未达到未影响区的水

平。这些结果表明：随着沉陷年限的增加，沉陷地表的土壤微生物量碳、氮含量的提高滞后于土壤碳、氮养分。因此，高强度开采沉陷地表的土壤修复应该以微生物修复为主。

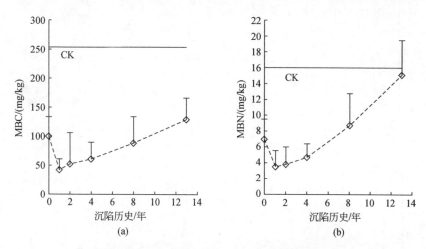

图 4-14　不同沉陷历史地表的土壤微生物量变化

MBC 为微生物量碳；MBN 为微生物量氮；矿区未开采区以 0 年沉陷来表示；误差线代表均值的标准偏差

　　研究发现：土壤有机碳、全氮、碱解氮、微生物量碳、氮含量与土壤含水量及 ^{137}Cs 损失率在不同沉陷历史地表间的分布格局一致。土壤有机碳、全氮、碱解氮、微生物量碳、氮含量随着土壤水分含量的增加呈现对数增加的趋势，也随着土壤侵蚀速率的增加呈现对数降低的趋势（见图 4-15 中的 ^{137}Cs 损失率）。而且，土壤有机碳、全氮、碱解氮、微生物量碳、氮含量与土壤含水量间的对数拟合趋势要好于与 ^{137}Cs 损失率间的对数拟合趋势（见图 4-15 中的相关系数 R^2）。这些结果表明，高强度开采沉陷地表土壤养分的演变规律主要与土壤水分演变规律密切相关，其次也受到了侵蚀演变的影响。主要原因是，由于高强度开采导致地表植被破坏，土壤水分发生亏损，从而增加了土壤中气相占比，因此土壤中氧气含量增加，结果加剧了养分的矿化损失；此外，土壤干燥导致土壤颗粒间的黏结力降低，产生风蚀对大小颗粒的整体搬运。其次，风蚀导致的土壤沙化使得土壤结构松散，破坏了有机质与细土壤颗粒（如黏粒）的团聚结构，也可以加剧养分矿化损失。因此，在高强度开采沉陷区应实施科学有效的水土保持工作，可以提高土壤养分水平。

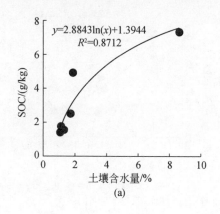
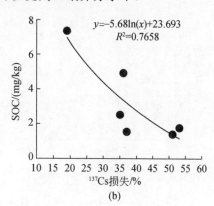

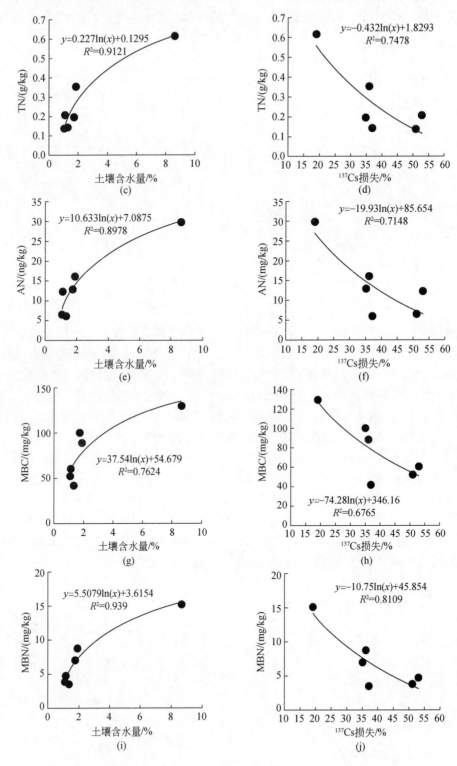

图 4-15　不同沉陷历史地表的土壤养分特性与土壤水分、侵蚀间的关系

　　由图 4-16（a）可知，总体上，影响区内的土壤 C/N 相较于未影响区均出现了升高，这意味着受高强度开采影响，地表土壤氮矿化降低，土壤提供有效氮素的能力降低，将导致土壤微生物在分解有机质的过程中氮受限，从而产生与植物对土壤无机氮的竞争，这不利于高强度开采影响区内退化植被的恢复。另外，土壤 C/N 含量在 1 年、2 年、4 年沉陷年限内低于未影响区 8 年与 13 年含量，这是因为 1 年、2 年、4 年沉陷历史的地表土壤侵蚀强度最大，从而导致有机碳损失最多。由图 4-16（b）可知，在影响区内，微生物熵 MBC/SOC 为 1.87～4.00，均低于未影响区的 4.54。而且，在影响区内，沉陷年限越长的地表，该比值越低。该结果表明，高强度开采导致土壤有机质积累水平降低，而且随着沉陷年限的增加，土壤有机质的积累水平逐渐降低。这主要是因为，土壤微生物量随着沉陷年限增加而增加缓慢于有机碳。图 4-16（b）也表明，影响区内壤微生物量碳氮比 MBC/MBN 相较于未影响区出现了降低，但其值仍然在 8 以上，表明高强度开采并没有导致土壤微生物群落结构的改变，仍然是以真菌群落为主。

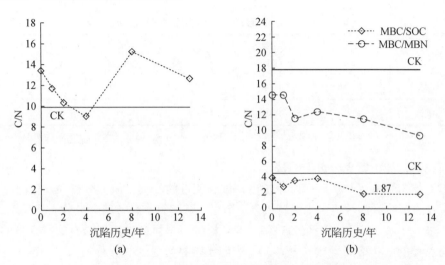

图 4-16　不同沉陷历史地表的土壤养分比值变化

C/N 为碳氮比；MBC/SOC 为微生物熵；MBC/MBN 为微生物量碳氮比；矿区未开采区以 0 年沉陷来表示

2. 不同地形下的土壤养分变化

表 4-1 对比了沉陷区沟坡与固定、半固定沙丘 2 种地形下土壤养分差异。结果显示：

表 4-1　沉陷区沟坡与固定、半固定沙丘 2 种地形下土壤养分特性统计

项目	有机碳 /（g/kg）	全氮 /（g/kg）	C/N	全磷 /（g/kg）	碱解氮 /（mg/kg）	有效磷 /（mg/kg）
沉陷区沟坡	3.79c	0.29b	15.05a	0.27c	12.26b	2.81b
沉陷区固定半固定沙丘	1.64d	0.17c	10.57b	0.22d	8.78c	3.84a
未影响区沟坡	4.20b	0.40a	10.60b	0.33b	19.18a	1.47c
未影响区固定半固定沙丘	5.60a	0.47a	9.92b	0.40a	20.28a	3.74a

　　注：同一列不同的小写字母代表沉陷区沟坡、沉陷区固定半固定沙丘、未影响区沟坡与未影响区固定半固定沙丘 4 种地形的土壤养分 $P < 0.05$ 置信水平上具有显著差异。

（1）未影响区土壤有机碳、全磷、有效磷含量在沟坡地形下低于固定、半固定沙丘（$P<0.05$），其他养分在两种地形下无显著差异（$P>0.05$）。

（2）与未影响区相比，测定的 5 种土壤养分均出现了降低；而且，除了土壤有效磷外，沉陷区其他养分含量在两种地形下的表现均出现了不同，即沉陷区土壤有机碳、全磷、碱解氮含量在沟坡地形下高于固定、半固定沙丘（$P<0.05$）。这表明固定、半固定沙丘地形的土壤养分损失受高强度开采的影响大于沟坡地形。

3. 裂缝区与无裂缝区土壤养分比较

由表 4-2 可知，有裂缝地表的土壤有机碳含量明显低于无裂缝的地表（$P<0.05$），土壤全氮、全磷含量在有裂缝与无裂缝地表间相等，表明高强度采动裂缝可以导致地表土壤的有机碳损失。但是，碱解氮与有效磷在有裂缝地表土壤中的含量高于无裂缝地表土壤（$P<0.05$），这可能是因为有裂缝地表的植被破坏后，残存的植物对土壤中有机质分解产生的有效态 N、P 养分吸收程度降低的缘故。

表 4-2　沉陷区有裂缝与无裂缝地表土壤养分特性统计

项目	有机碳 /（g/kg）	全氮 /（g/kg）	C/N	全磷 /（g/kg）	碱解氮 /（mg/kg）	有效磷 /（mg/kg）
有裂缝地表	1.15b	0.14a	8.79b	0.26a	8.27a	5.95a
无裂缝地表	1.93a	0.14a	15.02a	0.26a	6.24b	3.33b

注：同一列不同的小写字母代表有裂缝地表与无裂缝地表的土壤养分在 $P<0.05$ 置信水平上具有显著差异。

4. 沉陷区沟坡土壤养分分布格局

通过对比未影响区与沉陷区 2 个坡度、坡长相近的沟坡土壤养分格局发现：

（1）在未影响区沟坡上，土壤有机碳、全氮、碱解氮、有效磷含量分布格局均为坡顶、上坡＞中坡、下坡、坡脚（$P<0.05$）。土壤有机碳、全氮、碱解氮、有效磷含量的坡面分布格局与黏粒的分布格局一致（表 4-3），表明土壤黏粒对这些养分的吸附。值得注意的，土壤有机碳、全氮、碱解氮、有效磷含量的坡面分布格局与 ^{137}Cs 含量分布格局不一致，表明未影响区土壤养分并不随土壤侵蚀强度的变化而变化（表 4-3）。由前文"土壤侵蚀"章节的研究结果可知，未影响区沟坡的土壤侵蚀类型为风蚀，风蚀搬运的土壤颗粒主要为粉粒而不是黏粒，因此与黏粒紧紧吸附在一起的碳、氮、磷养分并没有受到土壤侵蚀的影响。

（2）与未影响区沟坡相比，沉陷区沟坡的土壤有机碳、全氮、碱解氮、有效磷含量也表现出在坡顶、上坡 2 个位置最高。但在中坡、下坡、坡脚 3 个位置，沉陷区沟坡这些养分表现出不同于未影响区的分布格局，具体表现为这 5 个养分指标从中坡到下坡增大、及至坡脚又降低的趋势。沉陷区土壤有机碳、全氮、碱解氮、有效磷在中坡-坡脚的这种特殊分布格局与黏粒、^{137}Cs 的分布格局一致，表明这些养分在中坡-坡脚的分布格局主要受水蚀的影响。

（3）土壤全磷含量在未影响区与沉陷区沟坡的不同坡位间均没有显著差异（$P>0.05$），这可能是因为研究区土壤为栗钙土，碳酸钙含量高，因而导致了碳酸钙对磷的固定，所以不受侵蚀的影响，如表 4-3、表 4-4 所示。

表 4-3 未影响区沟坡不同坡位土壤养分、黏粒与 ^{137}Cs 含量

项目	有机碳 /(g/kg)	全氮/(g/kg)	C/N	全磷 /(g/kg)	碱解氮 /(mg/kg)	有效磷 /(mg/kg)	黏粒 /%	^{137}Cs /(Bq/m^2)
坡顶	4.86a	0.41a	11.67a	0.35a	20.10a	1.83a	4.64a	428.94c
上坡	4.59a	0.40a	11.54a	0.34a	20.19a	1.81a	4.27a	545.91b
中坡	3.92b	0.36b	10.97ab	0.32a	18.31b	1.52b	3.75b	536.27b
下坡	3.68b	0.37b	9.89b	0.34a	17.62b	1.44b	3.73b	606.68a
坡脚	3.48b	0.35b	9.88b	0.32a	17.36b	1.38b	3.58b	595.74a

注：同一列不同小写字母代表不同坡位的土壤养分、黏粒与 ^{137}Cs 含量在 $P<0.05$ 置信水平上具有显著差异。

表 4-4 沉陷区沟坡不同坡位土壤养分、黏粒与 ^{137}Cs 含量

项目	有机碳 /(g/kg)	全氮 /(g/kg)	C/N	全磷 /(g/kg)	碱解氮 /(mg/kg)	有效磷 /(mg/kg)	砂粒 /%	黏粒 /%	^{137}Cs /(Bq/m^2)
坡顶	5.41b	0.43b	12.80a	0.28a	19.85b	3.91ab	87.95b	5.10a	232.66d
上坡	6.57a	0.51a	12.89a	0.27a	23.74a	4.45a	86.37b	5.20a	348.20c
中坡	4.09c	0.30d	13.50a	0.27a	11.27d	2.54c	94.74a	3.06b	468.10b
下坡	5.09b	0.38bc	13.65a	0.26a	17.90c	3.78b	89.68b	4.90a	540.59a
坡脚	2.52d	0.23d	10.84b	0.27a	8.54e	1.64d	94.10a	3.20b	323.19c

注：同一列不同小写字母代表不同坡位的土壤养分、黏粒与 ^{137}Cs 含量在 $P<0.05$ 置信水平上具有显著差异。

　　总体上，研究区沟坡在受高强度开采沉陷影响下产生了一些沿下坡方向的细小裂缝，这些裂缝在降水发生的情况下诱发细沟侵蚀，加之沉陷导致的沟坡植被退化，结果沟坡由高强度开采前的风蚀向开采后的风蚀+水蚀演变，从而导致土壤养分在水蚀作用下的损失。

4.1.4 土壤结构特性及 pH 变化

　　土壤容重可以反映出土壤紧实度的变化，该变化可以引起土壤水分、养分运动及微生物的代谢活动的变化。此外，由于研究区风蚀严重，土壤颗粒组成变化可以反映风蚀对土壤结构的影响。为此，在本书中选择土壤容重与颗粒组成来评价土壤结构的变化情况。

1. 土壤结构特性及 pH 演变

　　由图 4-17 可知，未采区与不同沉陷历史地表的土壤容重范围为 1.57～1.68g/cm^3，均大于未影响区（1.32g/cm^3），表明高强度开采导致土壤紧实度增大。沉陷历史为 1 年、2 年、4 年、8 年地表的土壤容重差异不显著（1.65～1.68g/cm^3），且大于未采区（1.58g/cm^3）与 13 年沉陷历史的地表（1.57g/cm^3），表明开采沉陷导致的土壤容重增大需要较长的年限才能得以改善。

　　图 4-18 显示，影响区内的未采区以及不同沉陷历史地表的土壤 pH（7.4～7.7）相较于未影响区（pH7.6）并没有发生明显变化，表明高强度开采对地表土壤的酸碱性并不会产生

明显影响。由图 4-19 可知，与未影响区相比，影响区内的未采区土壤颗粒组成并没有发生明显变化，但沉陷历史为 1～4 年的地表砂粒含量明显增大，粉粒含量明显降低，黏粒含量轻微降低，沉陷历史为 8～13 年的地表砂粒含量明显降低，粉粒、黏粒含量明显增大。这个结果表明，地表沉陷后的 1～4 年是土壤沙化加剧的阶段，土壤质地结构最差，之后随着沉陷年限的增加，植被覆盖度不断地提高，土壤质地结构逐渐好转。由于沉陷历史在 1～4 年风蚀最为严重，导致地表砂粒含量最大。

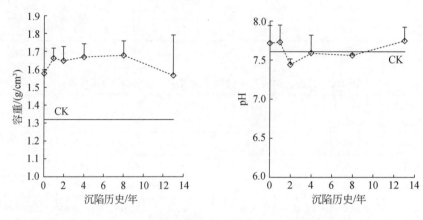

图 4-17　不同沉陷历史地表的土壤容重变化　　　图 4-18　不同沉陷历史地表的土壤 pH 变化

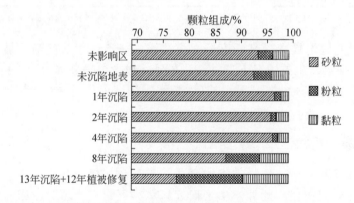

图 4-19　不同沉陷历史地表的土壤质地结构变化

2. 地形、裂缝对土壤结构特性与 pH 的影响

由表 4-5 可知，未影响区的沟坡土壤容重大于固定、半固定沙丘，但在沉陷区，土壤容重在 2 种地形间接近，表明高强度开采对固定、半固定沙丘地形土壤容重的影响大。同时发现，高强度开采可以加剧固定、半固定沙丘土壤的沙化。土壤 pH 在未影响区及沉陷区 2 种地形之间均并没有表现出明显差异。在有裂缝与无裂缝地表间，土壤容重、颗粒组成及 pH 均没有表现出明显差异，表明裂缝对土壤容重、质地组成等结构特性的影响不大。

表 4-5　沉陷区沟坡与固定半固定沙丘 2 种地形下土壤容重、pH 及质地组成

项目	容重/（g/cm³）	pH	砂粒：粉粒：黏粒/%
沉陷区沟坡	1.66a	7.56a	89：6：5
沉陷区固定半固定沙丘	1.67a	7.66a	97：1：2
未影响区沟坡	1.42b	7.56a	90：6：4
未影响区固定半固定沙丘	1.32c	7.60a	94：3：3
影响区有裂缝地表	1.65a	7.60a	97：1：2
影响区无裂缝地表	1.70a	7.55a	97：1：2

注：同一列不同小写字母代表 6 种地表的土壤容重、pH 在 $P < 0.05$ 置信水平上具有显著差异。

4.2　开采沉陷对植物群落的影响

4.2.1　裂缝区土壤水分和养分的空间分布格局

开采沉陷形成的地表裂缝，不但破坏了土壤结构、还极易导致土壤水分和养分的流失，从而改变土壤的理化性质。通过测定沉陷裂缝两侧不同位置的土壤含水量和有效氮含量表明，沉陷裂缝显著影响了周围的土壤含水量和有效氮含量，距沉陷裂缝越近，土壤含水量和有效氮含量越低，距离裂缝越远土壤含水量和有效氮含量呈增加趋势，如图 4-20 所示。同时研究发现，裂缝对其两侧土壤含水量和有效氮含量的影响程度不一样，在裂缝上侧，当距裂缝距离超过 120cm 时，沉陷裂缝对土壤含水量影响不显著；在裂缝下侧，当距裂缝距离超过 160cm 时，沉陷裂缝对土壤含水量影响不显著。裂缝导致其两侧 0～120cm 范围内土壤中有效氮含量显著降低，但当距裂缝距离超过 120cm 时，裂缝对土壤有效氮影响不显著。在裂缝两侧 0～40cm 范围内，裂缝上侧的土壤含水量和有效氮含量均显著高于下侧。

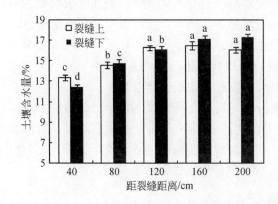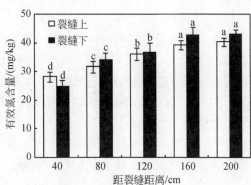

图 4-20　沉陷裂缝对土壤含水量和有效氮含量的影响

4.2.2　沉陷裂缝对土壤微生物学特性的影响

土壤微生物特性包括土壤微生物生物量和土壤酶活性等，对土壤环境的变化非常敏感，能够较早地反映出土壤质量和健康状况的变化。目前，利用土壤微生物特性作为土壤质量的生物指标来评价土壤生态系统的质量等已逐渐成为研究热点。土壤中各主要微生物类群（包括细菌、真菌、放线菌等）在土壤中的数量的变化与土壤理化性质的变化有关，同时，土壤的结构、养分状况等对土壤微生物均有重要影响。

沉陷裂缝通过影响土壤水肥特性，也改变了土壤中微生物数量，离裂缝越近，土壤中微生物数量越少。但沉陷裂缝对其两侧微生物影响程度不一样，在裂缝的上侧，裂缝对距其 $0\sim40cm$ 范围土壤中真菌有显著影响，对距其 $0\sim80cm$ 范围内的细菌和放线菌有显著影响，超过 80cm 则影响不显著。在裂缝下侧，裂缝对细菌、真菌和放线菌影响范围均为 $0\sim80cm$，超过 80cm 则影响不显著。此外，在裂缝两侧 $0\sim80cm$ 范围内，微生物数量也有不同的表现，裂缝上侧微生物数量均大于裂缝下侧相应位置的值，如表 4-6 所示。

表 4-6　不同位置的土壤微生物数量

项目	距裂缝距离/cm	细菌/（10^5CFU/g）	真菌/（10^5CFU/g）	放线菌/（10^5CFU/g）
裂缝上	40	114.5c	0.54b	1.56b
	80	133.4b	1.04a	1.62b
	120	190.1a	1.14a	2.17a
	160	192.6a	1.13a	2.19a
裂缝下	40	90.3d	0.39c	1.18c
	80	110.4c	0.84b	1.39b
	120	203.1a	1.34a	2.78a
	160	204.6a	1.31a	2.98a

注：同一列不同字母代表在 $P<0.05$ 水平有显著差异，下同。

土壤酶是由土壤微生物和植物根系的分泌物及动植物残体分解释放产生的高分子生物催化剂。土壤中的一切生化过程都是在土壤酶类参与下进行和完成的。因此，土壤酶的活性可作为衡量土壤肥力和土壤质量的指标。在土壤的各类酶中，土壤脲酶和蔗糖酶活性可分别用来反映土壤中氮素和碳素的转化和供应强度，是表征土壤生物化学活性的重要酶。从图 4-21 可以看出，沉陷裂缝对土壤脲酶和蔗糖酶均有显著的抑制作用，距裂缝越近抑制作用越强。但在裂缝两侧，各土壤酶活性有不同的表现。在距裂缝两侧 $0\sim40cm$ 范围内，裂缝上侧的脲酶和蔗糖酶活性均高于裂缝下侧，当距裂缝距离超过 80cm 时，裂缝上侧的脲酶和蔗糖酶活性均低于裂缝下侧。在裂缝上侧，当距裂缝距离超过 120cm 时，裂缝对脲酶活性影响不显著，当距裂缝距离超过 160cm 时，裂缝对蔗糖酶活性影响不显著。在裂缝下侧，当距裂缝距离超过 160cm 时，裂缝对脲酶和蔗糖酶活性影响不显著。

4.2.3　沉陷裂缝对植物含水量的影响

水是植物主要的组成成分，植物体的含水量一般为 60%～80%，水能维持细胞和组织的紧张度，使植物器官保持直立状态，以利于各种代谢的正常进行。通过在裂缝的两侧不同位置分别采集同一种植物的茎叶测定其含水量，发现沉陷裂缝抑制了植物对土壤水分的吸收，在距裂缝 $0\sim120cm$ 范围内植物的含水量显著下降，距裂缝越近植物的含水量越低。当距裂缝距离超过 120cm 时，裂缝对植物含水量影响不显著，如表 4-7 所示。

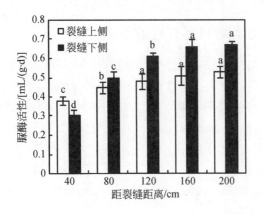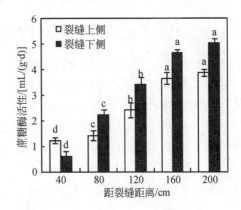

图 4-21　沉陷裂缝对土壤酶活的影响

表 4-7　沉陷裂缝对植物含水量的影响

距裂缝距离/cm	40	80	120	160	200
裂缝上/%	65.1b	66.5b	67.1b	70.8a	71.1a
裂缝下/%	66.1b	66.2b	66.7b	69.1a	69.2a

4.2.4　沉陷裂缝对植物生物量和盖度的影响

沉陷裂缝通过对土壤理化特性的干扰，影响植物对土壤水分的吸收，进而抑制其生长。植物生物量是衡量草地生产力高低的重要参数，也是指示生态系统变化的重要指标。植被盖度不仅反映了区域的植被生长状况，也指示了区域生态环境的优劣状况。通过沉陷裂缝两侧的 0~200cm 范围内植物的生物量和覆盖度进行测定，沉陷裂缝显著影响了裂缝两侧 0~80cm 植物的生物量和覆盖度，超过 120cm 裂缝对草本植物的生物量和覆盖度影响则不显著，如图 4-22 所示。裂缝对其两侧的生物量和覆盖度影响程度不一样，在 0~40cm 范围内，裂缝上侧的植物生物量和覆盖度显著高于下侧，当超过 80cm 时，裂缝上侧的植物生物量和覆盖度均低于裂缝下侧的生物量。

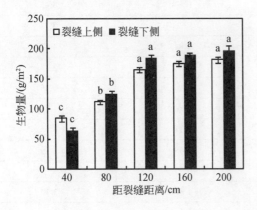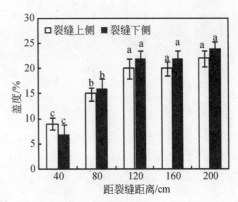

图 4-22　沉陷裂缝对植物生物量和植被覆盖度的影响

4.2.5　开采沉陷对植物群落物种组成和物种多样性的影响

物种多样性是生境中物种丰富度及分布均匀性的一个综合数量指标，表征生物群落和生态系统结构的复杂性，可以较好地反映群落的结构。通过对高强度开采上湾矿的沉陷区和未沉陷区随机调查的结果显示，在沉陷 6 年内共出现 54 种植物，植被平均盖度为 26.7%；在沉陷 1 年内共出现 48 种植物，植被平均盖度为 20.6%；未沉陷区共出现 42 种植物，植被平均盖度为 19.6%。无论是物种数量还是覆盖度，均表现出沉陷干扰后大于沉陷干扰前。表明在开采沉陷作用下，群落生长受到了一定的干扰，且这种干扰有利于植物的生长。从表 4-8 中可以看出，群落多样性指数 Shannon-Wiener 指数（H）和 Simpson 指数（D）沉陷区均高于未沉陷区。

表 4-8　群落物种数、盖度和多样性指数

项目	物种数	盖度	D	H
未沉陷区	42	19.6	0.443	0.868
沉陷 1 年区	46	20.6	0.446	1.102
沉陷 6 年区	54	26.7	0.576	1.409

4.2.6　开采沉陷对植物重要值的影响

开采沉陷对群落中主要植物种及其重要值造成显著的影响，在未沉陷区群落的建群种为糙隐子草、中亚虫实和黑沙蒿，重要伴生种有中间锦鸡儿、猪毛蒿、狗尾草等。开采沉陷区群落的建群种为猪毛蒿、牻牛儿苗和胡枝子，重要伴生种有草木樨状黄芪、糙隐子草、猪毛菜、中亚虫实及沙打旺，如表 4-9 所示。

表 4-9　上湾矿区样方内主要植物种及其重要值

项目	未沉陷区	沉陷 1 年	沉陷 6 年
糙隐子草	16.15	12.31	5.45
中亚虫实	15.34	13.21	3.14
黑沙蒿	13.28	7.84	1.93
猪毛蒿	8.12	13.42	33.3
狗尾草	6.3	3.16	1.15
中间锦鸡儿	6.1	1.88	1.88
胡枝子	5.14	5.41	6.51
猪毛菜	4.16	4.48	3.48
画眉草	2.01	0.35	
砂珍棘豆	1.26	1.47	2.49
草木樨状黄芪	1.25	3.28	5.16
沙打旺	1.17		2.63
牻牛儿苗	0.66	2.31	7.22

项目	未沉陷区	沉陷 1 年	沉陷 6 年
赖草	0.42	1.03	2.06
蒙古韭	0.25	1.20	2.89
短花针茅		2.35	2.35
地梢瓜			0.38

4.3　高强度开采矿区地表生态环境影响机理

在高强度开采条件下造成覆岩破坏或地表移动，引起地表土壤的理化性状改变及水分含量变异，两者共同作用下的植被响应不可避免。以神华神东矿区为研究区，对比研究了高强度开采条件下的矿区土壤化学成分、土壤含水量及其综合影响下的植被响应指征，揭示高强度开采矿区地表生态环境影响机理。

4.3.1　高强度开采条件下矿区土壤化学成分变化

研究选取表征土壤肥力常用的指标全氮（N）、全磷（P）、速效磷（P），三个指标表征土壤化学成分。其中全氮 N 是植物生长的必需元素之一，限制着作物的产量；全磷 P 因参与植物内部有机物的组成和新陈代谢过程而对植物显得十分重要；速效磷 P 是可被植物吸收利用的 P 元素的总和，在一定程度上反映土壤的供 P 能力。

分别在上湾矿、哈拉沟矿及背景区三个区采样，要求是地形地貌形态相似。全 N、全 P、速效 P 的实验室测定方法分别为凯氏法、硫酸-高氯酸消煮法、浸提-钼锑抗比色法，其三个指标的实验室测定含量，如表 4-10 所示。

表 4-10　研究区土壤全 N、全 P 和速效 P 含量　　（单位：g/kg）

对比区	采样点编号	全 N	全 P	速效 P
上湾	S1	0.1785	0.303	1.2638
	S2	0.2623	0.2137	1.4347
	S3	0.18	0.231	1.9182
	S4	0.0933	0.1999	2.0927
	S5	0.0783	0.2666	2.1978
	均值	0.1585	0.2428	1.7875
哈拉沟	H1	0.1295	0.2055	4.3792
	H2	0.0846	0.1783	3.9666
	H3	0.124	0.1461	4.6445
	H4	0.1258	0.1533	4.5685
	H5	0.3605	0.1476	4.3038
	平均	0.1649	0.1662	4.3725

续表

对比区	采样点编号	全 N	全 P	速效 P
背景区	B1	0.4056	0.2707	2.9395
	B2	0.2329	0.2607	2.8674
	B3	0.2409	0.1758	2.7954
	B4	0.2217	0.2251	3.1933
	B5	0.3542	0.2641	4.8736
	均值	0.291	0.2393	3.3338

分析结果表明：

（1）背景区土壤全 N 含量为 0.2217～0.4056g/kg，平均值为 0.2910g/kg；哈拉沟矿和上湾矿的全 N 含量分别为 0.0846～0.3605g/kg、0.0783～0.2623g/kg，平均值分别为 0.1649g/mg、0.1585g/kg，均低于背景区数值的 43.33%和 45.53%，即背景区五个土壤采样点土壤全 N 均高于上湾矿和哈拉沟矿，说明采煤活动对土壤全 N 含量造成了影响。

（2）背景区土壤全 P 含量在 0.1999～0.3030g/kg，平均值 0.2428g/kg；哈拉沟矿和上湾矿的全 P 含量分别为 0.1758～0.2707g/kg、0.1461～0.2055g/kg，其平均值分别为 0.2393g/kg、0.1662k/kg，分别比背景区低 1.44%、31.55%。其中上湾矿五个采样点土壤全 P 含量均小于哈拉沟矿区及背景区，说明上湾矿采煤活动对土壤的全 P 造成了显著不良影响，而哈拉沟矿则不明显。

（3）背景区的土壤速效 P 含量在 1.2638～2.1978mg/kg，平均值 1.7875mg/kg；哈拉沟矿和上湾矿的速效 P 含量分别为 2.7954～4.8736mg/kg、3.9666～4.6445mg/kg，平均值分别为 3.3338mg/kg、4.3725mg/kg，分别比背景区高 86.51%、144.62%。背景区五个土壤采样点速效 P 含量均小于两个煤矿。

综上所述，相对于两煤矿，背景区的全 N、全 P 含量高，而速效 P 含量低。这是由全 N、全 P 和有机质的相关性造成的，有机质因开采沉陷造成的裂缝使其与空气接触面积增大而加速分解，因而破坏区土壤全 N、全 P 含量低于背景区。其中哈拉沟矿的全 N 和全 P 含量均高于上湾矿，这是由于上湾煤矿开采强度较哈拉沟煤矿更大所造成。至于为何背景区速效 P 含量比破坏区速效 P 含量低，需要进一步研究。

4.3.2 高强度开采条件下土壤含水量变化

本书采用烘干法实验室测定土壤含水量，结果如表 4-11 所示。

表 4-11 采样点土壤水分含量 （单位：%）

编号	上湾	哈拉沟	背景区
1	3.09	3.08	4.12
2	4.10	3.20	5.01
3	4.58	3.64	5.10
4	4.89	4.64	5.14
5	5.26	4.90	5.75
均值	4.39	3.89	5.02

由表 4-11 可以发现，背景区土壤水分含量为 4.12%～5.75%，平均值 5.02%；上湾矿和哈拉沟矿的土壤水分含量分别为 3.09%～5.26%、3.08%～4.90%，均值分别为 4.39%、3.89%，分别比背景区低 12.55%、22.51%。相对而言，背景区土壤水分含量高于采煤影响区，说明高强度煤炭开采活动造成了土壤含水量降低。

其原因可能是采煤活动可以引起覆岩破坏和地表移动，进而造成土地沉陷或土壤裂缝，土壤水分直接通过土壤裂缝蒸发到大气中。同时，土壤孔隙在煤炭开采的影响下会增大，从而使水分蒸发加快。通过两矿比较，上湾矿土壤水分含量高于哈拉沟矿，一方面，哈拉沟早在 20 世纪 80 年代已有煤炭开采活动，因而哈拉沟矿区破坏程度比上湾矿严重，而上湾矿则在 2000 年才开始投产；另一方面，上湾矿煤炭开采活动后的植被恢复及时到位也可能是其土壤水分含量高的原因之一。

4.3.3　土壤化学成分及含水量变化下的植被响应特征

煤炭开采活动可以造成矿区土地塌陷、地下水干涸，改变土壤结构和原有化学性质，以及水分减少，最终影响植被生长状况。NDVI、NPP 是表征植被生长状况的主要指标。

1. 采煤破坏区和背景区 NDVI 比较

NDVI 是多种植被指数中反映植被健康状况的一个较好指数，本书中的 NDVI 数据来自 MODIS 陆地产品系列中的 MOD13Q1，即全球 250m 分辨率 16 天合成的植被指数产品，时间跨度为 2001～2013 年。此 NDVI 产品由经过水、云、重气溶胶，以及云阴影掩膜处理的双向大气校正表面反射率计算得来。下载地址为 NASA 官方网站：http：//ladsweb.nascom.nasa.gov/data/search.html。将下载的 NDVI 数据经过格式转换，成为 TIFF 格式，然后进行投影转换。

投影方式是：（阿尔伯斯圆锥等面积投影）（Albers conical equal area projection），中央子午线 105°，标准纬度 25° 和 47°。然后，采用最大合成法合成 2001～2013 年 6～9 月原始的 NDVI 影像，得到每年 NDVI 值，以三个土壤采样点为中心做 4000m 缓冲区，以三个缓冲区范围内的 NDVI 均值作为三个对比区的 NDVI 数据，如表 4-12 所示。

表 4-12　研究区 2001～2013 年 6～9 月 NDVI 均值

年份	上湾	哈拉沟	背景区
2001	0.2544	0.2506	0.2945
2002	0.3710	0.3424	0.3964
2003	0.3385	0.3270	0.3973
2004	0.3707	0.3502	0.3916
2005	0.4044	0.3742	0.4194
2006	0.3868	0.3983	0.4323
2007	0.3857	0.3706	0.4144
2008	0.4332	0.4126	0.4627
2009	0.4312	0.3985	0.4530
2010	0.4272	0.4118	0.4408

年份	上湾	哈拉沟	背景区
2011	0.3804	0.3560	0.3995
2012	0.5014	0.4533	0.4358
2013	0.4655	0.4676	0.4690
均值	0.3962	0.3779	0.4159

由表 4-12 可以发现，总体上，背景区 2001～2013 年 NDVI 均值最大，上湾矿次之，哈拉沟矿 NDVI 值最小，分别比背景区小 4.74%、9.14%。两个煤矿 NDVI 均小于背景区，说明了采煤活动对植被造成了负面影响。

图 4-23 显示了煤矿区和背景区 6～9 月 NDVI 均值变化趋势。总体上，背景区和煤矿区年均 NDVI 值呈上升趋势；其中背景区从 2001～2011 年 NDVI 数值均大于上湾矿和哈拉沟矿，但从 2012 年和 2013 年，上湾矿和哈拉沟矿 NDVI 数值大于背景区，但 NDVI 多年均值仍是背景区高于煤矿区。两煤矿的 NDVI 值相对而言，上湾矿一直大于哈拉沟矿。主要因为哈拉沟矿采煤活动比上湾矿长，因而植被破坏比上湾矿更严重；其次上湾矿最近 5 年的植被恢复工程也可能是主要原因之一。

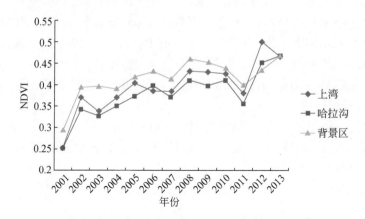

图 4-23　研究区 2001～2013 年 6～9 月 NDVI 均值

2. 采煤破坏区和背景区 NPP 比较

植被净初级生产力 NPP 表示植被的生产能力，是反映植被生长状况的指标之一。本书中的 NPP 数据来源于 MODIS 陆地产品系列中的 MOD17A3 数据，时间序列为 2000～2010 年，空间分辨率为 1km×1km。将下载的 NPP 数据经过格式转换，成为 TIFF 格式，然后进行投影转换。投影方式是阿尔伯斯圆锥等面积投影，中央子午线 105°，标准纬度 25°和 47°。以三个土壤采样点为中心做 4000m 缓冲区，以其缓冲区范围内的 NPP 作为三个研究区域的 NPP，然后求取研究区域 NPP 的平均值，得到研究区的年均 NPP 值。上湾矿、哈拉沟矿和背景区 2000～2010 年年均 NPP 值，如表 4-13 所示。

表 4-13 研究区 2000～2010 年均 NPP　　　　[单位：kg/（m² · a）]

年份	上湾	哈拉沟	背景区
2000	0.6407	2.8719	0.1353
2001	0.6194	2.8635	0.1128
2002	0.6601	2.885	0.1457
2003	0.6763	2.8971	0.1747
2004	0.6584	2.8905	0.1581
2005	0.6601	2.8874	0.152
2006	0.6597	2.8876	0.1548
2007	0.6596	2.8894	0.1572
2008	0.6733	2.8966	0.1744
2009	0.6758	2.8921	0.1724
2010	0.6666	2.8923	0.1641

由表 4-12 可以看出，NDVI 数值依次为背景区最大、上湾矿次之、哈拉沟最小，而由表 4-13 可以看出，NPP 数值依次为哈拉沟矿最大、上湾矿次之、背景区最小。

其原因是：背景区由于没有受到煤炭开采活动的干扰，该区保留有较多的灌木和乔木，而灌木和乔木在 6～9 月正是生长季的旺季，因此对于 6～9 月最大值合成的 NDVI 贡献较高；而对于两个煤矿而言，地表主要覆盖着一年生草本植物，由于受到采矿活动干扰，6～9 月 NDVI 值略低于有灌木和乔木的背景区；然而 NPP 表征的是一年间净初级生产力，由于该区草地的生长季要比灌木和乔木生长季长，所以造成了被破坏区域的 NPP 值高于背景区的 NPP。因此，以下有关土壤破坏和水分含量变化下的植被响应研究中的植被指标选用的是 NDVI。

3. 土壤破坏和水分含量变化下的植被响应

研究区 NDVI 与土壤全 N、全 P 和速效 P 之间的响应关系如图 4-24 所示。

从图 4-24 可以发现，年均 NDVI 方面，背景区最高、上湾矿次之、哈拉沟矿最低；土壤肥力上，全 N 含量比较结果是背景区最高、哈拉沟矿次之、上湾矿最低，全 P 含量比较结果是背景区最高、哈拉沟矿次之、上湾矿最低，速效 P 含量比较结果是背景区最低、哈拉沟矿居中、上湾矿最高。由土壤全 N、全 P 和速效 P 表征的土壤化学成分与其 NDVI 之间的大小关系并不十分一致，在一定程度上表明了 NDVI 对土壤全 N、全 P 和速效 P 含量变化响应并不显著。

图 4-25 表示了土壤水分含量与 NDVI 的响应关系。可以看出，土壤水分含量与其 NDVI 值基本表现出一致的大小关系，即土壤水分含量比较结果是背景区＞上湾矿＞哈拉沟矿，而 NDVI 数值也是背景区＞上湾矿＞哈拉沟矿。这说明高强度开采造成了地表水分破坏，使土壤含水量降低，而作为土壤水分的响应，NDVI 受到了采煤活动影响，使破坏区的 NDVI 数值低于背景区，这也说明了 NDVI 对水分含量变化的响应明显。

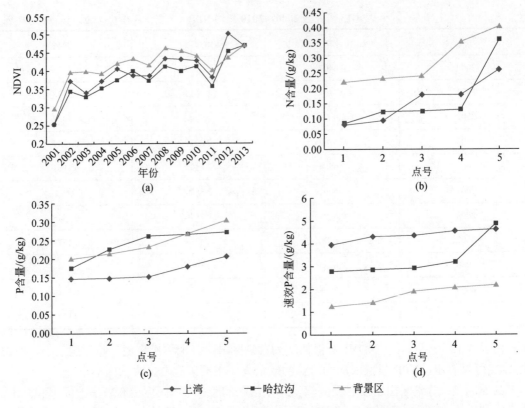

图 4-24　研究区 NDVI 与土壤全 N、全 P 和速效 P 之间的响应关系

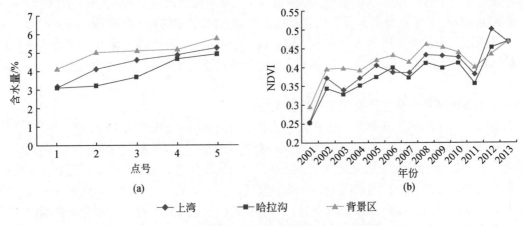

图 4-25　研究区土壤水分含量与 NDVI 的关系

4. NDVI 响应于降水量

从上述研究结果可以看出，虽然从 2001～2013 年背景区 6～9 月 NDVI 均值大于煤矿区 NDVI，但煤矿区 NDVI 大体呈增长态势，并未随着煤炭开采而呈现降低趋势。

为研究降水量和 NDVI、NPP 之间的相关性，本书从中国气象科学数据共享服务网（网址：http：//cdc.nmic.cn/home.do）下载研究区 2006～2013 年 6～9 月降水量数据。图 4-26

表示研究区 2006～2013 年 6～9 月总降水量变化图和对应时期的 NDVI 变化，2006～2013 年研究区降水量大致呈增长的趋势，2006～2011 年先增后降，2011～2013 年急剧增长。2006～2013 年研究区 6～9 月 NDVI 均值大致呈增长的趋势，2006～2011 年先增后降，2011～2013 年急剧增长。这和降水量变化趋势基本一致，也说明 NDVI 和降水量之间存在着正向相关关系。

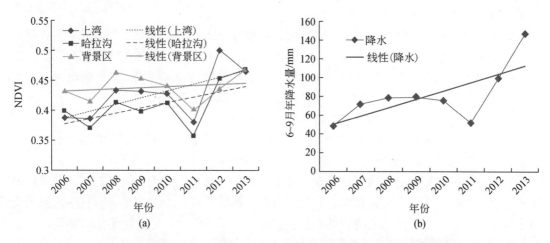

图 4-26　研究区 2006～2013 年 6～9 月总降水量和 NDVI 均值变化图

为了验证 NDVI 与降水量之间的相关关系，对研究区 6～9 月总降水量和 6～9 月 NDVI 均值做相关分析，发现上湾矿和哈拉沟矿年均降水量和 NDVI 之间相关系数分别为 0.751（P=0.032）和 0.847（P=0.0008），存在显著相关性，这说明上湾矿和哈拉沟矿 NDVI 受降水影响较明显，即使采矿活动暂时造成上湾矿、哈拉沟矿植被破坏，但降水量增加使得研究区近年来的 NDVI 趋于增大，即植被呈好转态势。

5. NDVI 时空格局

由前面研究结果可知，NDVI 对土壤化学成分、土壤含水量及降水量的响应更加明显，且神东矿区两个代表性煤矿——上湾矿和哈拉沟矿的 2001～2015 年 6～9 月 NDVI 均值呈增长趋势，并未随着煤炭开采而减小。因此，有必要进一步研究神东矿区 NDVI 时空变化格局。

应用 ArcGIS 空间分析功能中的"Extraction By Mask"模块，得到神东矿区 2001～2015 年 6～9 月 NDVI 变化情况。

其主要时间变化特征为：

（1）神东矿区的 NDVI 值 2001～2005 年总体呈现好转态势。相对来说，2001 年植被状况最差，NDVI 数值在 0.4 以下的区域占 96%，而 2005 年最好，69%的区域 NDVI 值大于 0.4。

（2）整个矿区的 2006 年 NDVI 值都有所减少，东部 NDVI 值在 0.5 以上的区域几乎消失。究其原因，可能是由于 2006 年研究区降水量大幅减少所致。

（3）2006～2010 年，神东矿区植被指数基本都呈上升趋势，尤其是东部的 NDVI 值在 0.5 以上的区域面积不断扩大，中部、北部 NDVI 值小于 0.3 的区域不断缩小。

（4）2011 年受降水量减少影响，矿区 NDVI 值较 2010 年有所减小，北部、中部 NDVI 值在 0.2～0.3 的区域面积增大，东部 NDVI 值在 0.5 以上的区域面积有所减少。

（5）2011～2013 年矿区 NDVI 值又呈现出增大趋势，东部大部分区域 NDVI 值都大于 0.5，北部、中部 NDVI 值在 0.3 以下的区域则不断缩小。

（6）最近的 2014 年、2015 年 NDVI 有降低趋势，主要是由于降水量减少、持续高温干旱造成。

总之，神东矿区（包括上湾矿、哈拉沟矿）2001～2015 年植被状况呈好转趋势，降水量年际变化应该是其主要影响因素之一，与煤炭开采活动有关，但相关性不强。

在 NDVI 空间格局上，呈现出纬向地带性和经向地带性分布规则。具体表现为：

（1）纬向地带性，矿区 NDVI 的分布规律基本呈现北小南大的趋势；

（2）经向地带性，则有东部大而西部小的分布态势。

（3）研究区 6～9 月 NDVI 均值 2001～2015 平均数值，神东矿区北部、中部较小，NDVI 值多小于 0.3；而东部、西部较大，NDVI 值多高于 0.4。

以上分布规则与目前矿区土地类型分布有关，原因是东部和西部海拔较高，多是山地灌木、草丛植被，而中部海拔较低且有河谷分布，植被稀疏，而北部地区有较多的露天煤场分布或荒地，同时频繁的人类活动对植被扰动大。具体来说，哈拉沟矿植被稀疏，主要是其 30 年来长时间的煤炭开采活动对当地植被景观破坏程度的体现，而上湾矿植被较茂密则主要与近年来的土地复垦及植被恢复活动措施有关。

神东矿区 NDVI 空间异质性就是煤炭开采活动、土地复垦、植被恢复、土地利用类型等多种因素综合作用的结果。

4.4 小　结

本章基于现场采样和室内分析，揭示了高强度开采沉陷可以导致矿区土壤退化置前效应，即在矿区地表沉陷之前较早地表现出土壤侵蚀强度增加、土壤水分与碳氮磷等养分含量降低。研究也表明，开采沉陷提高了沉陷区植被平均盖度和物种数，沉陷区物种丰富度和多样性指数大于未沉陷区；土壤化学成分和土壤含水量变化是煤炭高强度开采过程矿区植被状况变化的主要外在胁迫因素。

参 考 文 献

马保东，陈绍杰，吴立新，等.2009.基于 SPOT-VGT NDVI 的矿区植被遥感监测方法.地理与地理信息科学，
　（01）：84-87.

台晓丽，胡振琪，陈超.2016.西部风沙区不同采煤沉陷区位土壤水分中子仪监测.农业工程学报，32（15）：
　225-231.

魏江生，贺晓，胡春元，等.2006.干旱半干旱地区采煤塌陷对沙质土壤水分特性的影响.干旱区资源与环境，
　20（5）：84-88.

第 5 章　神东矿区植被生态环境的时空变化规律

本章研究主要依托于第三代长时间序列连续植被指数数据集 GIMMS AVHRR NDVI3g（1982～2013 年）及温度、降水气候资料（中国气象科学数据共享服务网下载），以中国北方典型煤田为主要研究对象，分别设立 10km 缓冲区、20km 缓冲区、校验区，结合 1∶400 万研究区矢量图，总结北方典型矿区开采过程中植被退化的时空变化规律，对 32 年北方煤田 NDVI3g 变化趋势进行系统对比分析。

（1）运用 IDL 编程，结合矿界、缓冲区边界、校验区边界对 GIMMS AVHRR 植被指数数据进行研究区特定裁剪、去除异常 DN 值，根据各研究区的气候环境，分别对不同矿区植被指数进行最大值、平均值、累积值的提取运算，得到研究区域的月度、季度、年度 NDVI 值。

（2）利用 Origin 软件，编程计算出的月度 NDVI 值进行高斯拟合，进而分析 NDVI 年内变化趋势，对季度、年度 NDVI 值进行趋势拟合，以揭示不同季节 NDVI 值的动态变化及年际变化规律。借助 Matlab，以研究区 32 年的月度 NDVI 值为基础进行插值，确定植被生长期阈值，进而计算矿区及周边环境地表植被的返青期、枯黄期及生长期。

（3）选取矿区周边适当范围，利用 ArcGIS 软件的反距离空间加权算法（IDW），对气候空间数据（降水、温度）进行插值。以此为基础，分别计算矿区的全年平均降水量及平均温度，利用 SPSS 将插值后的气候数据分别与年植被指数进行相关性分析。根据以上结果，确定植被指数变化的主要气候影响因素。

5.1　神东高强度开采区长时序植被指数变化分析

5.1.1　NDVI3g 数据处理

根据地表覆盖状况，遥感指数数据 NDVI 处理方法有三种：最大值处理、平均值处理和累积值处理。

最大值处理法消除了云、雾等自然条件对 NDVI 值的影响，该研究方法是将每半月合成的一年 24 期 NDVI 取最大值分别得出月最大值、季最大值和年最大值。

平均值处理法可消除气候异常对 NDVI 值的影响，该研究方法是将每半月合成的一年内 24 期 NDVI 取平均值分别得出月均值、季均值和年均值。

累积值处理法可反映植被在某时间段内的生物积累量，该研究方法是将每半月合成的一年 24 期 NDVI 求和分别得出月累积值、季累积值和年累积值。特别说明：在计算植被返青期、枯黄期和生长期时，需用 NDVI 最大值或平均值确定生长阈值。

影响 NDVI 合成方法的因素有很多，如矿区地理位置、所在区域的温度、降水量及植被生长状况等影响因素。对于土壤及气候条件恶劣、植被抗扰性差且覆盖度较低的半干旱矿区（如神东矿区），为突出植被覆盖状况，可取全年 NDVI 的最大值；土壤及气候条件一般、植被抗扰性良好的中等植被覆盖度的半湿润矿区（如彬长矿区），可取植被生长期内的累积值；环境优越、植被抗扰性强的高植被覆盖度的湿润矿区（如潞安、永城矿区），可取全年 NDVI 的平均值。

神东矿区常年干旱少雨，植被生长环境恶劣，水土流失严重，适合用最大值处理方法提取 NDVI 值，月最大值即两个半月合成值中的最大值，季最大值即 6 个半月合成值中的最大值，年最大值即 24 个半月合成值中的最大值。彬长矿区生态环境一般，属中植被覆盖区域，宜采用累积值合成。潞安、永城矿区气候适宜，土质肥沃，植被以人工种植为主，属高植被覆盖区域，宜采用平均值法，如图 5-1 所示。

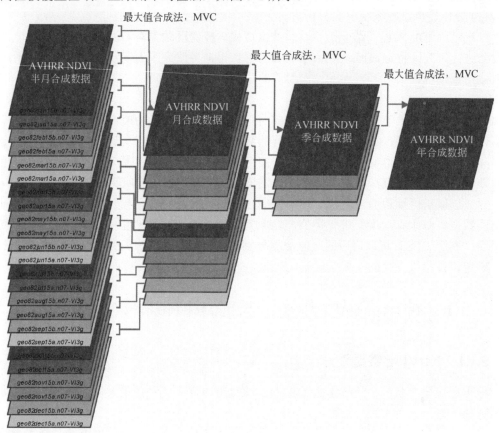

图 5-1　NDVI 最大值、平均值、累积值合成方法示意图

以单像素为例，最大值、平均值、累积值合成的数学模型：

1. 最大值合成法（maximum value composites，MVC）

半月合成（bimonthly composites）：

$$\text{pixel NDVI3}g(i) = \max(\text{day}_j), i = \begin{cases} a, j \in [1,15] \\ b, j \in [16,30] \end{cases} \quad (a \text{ 为上半月，} b \text{ 为下半月}) \quad (5\text{-}1)$$

月合成（monthly composites）：

$$\text{pixel } mNDVI_i = \max_{j=1}^{12}[NDVI3g(j_a), NDVI3g(j_b)], (i = 1,2,\cdots,12; j = 1,2,\cdots,12) \quad (5\text{-}2)$$

季合成（seasonally composites）：

$$\text{pixel } sNDVI_i = \max_{j=1}^{1\sim10}(mNDVI(j), mNDVI(j+1), mNDVI(j+2)), (i = 1,2,3,4; j = 1,4,7,10)$$

$$(5\text{-}3)$$

年合成（annually composites）：

$$\text{pixel } aNDVI_i = \max_{j=1}^{12}[mNDVI(j)], \quad (i = 1982,\cdots,2013; j = 1,2,\cdots,12) \quad (5\text{-}4)$$

2. 平均值合成法（average value composites，AVC）

月合成：

$$\text{pixel } m\overline{NDVI}_i = \frac{1}{2}[NDVI3g(j_a) + NDVI3g(j_b)], \quad (i = 1,2,\cdots,12; j = 1,2,\cdots,12) \quad (5\text{-}5)$$

季合成：

$$\text{pixel } s\overline{NDVI}_i = \frac{1}{3}[mNDVI(j) + mNDVI(j+1) + mNDVI(j+2)], \quad (i = 1,2,3,4; j = 1,4,7,10)$$

$$(5\text{-}6)$$

年合成：

$$\text{pixel } a\overline{NDVI}_i = \frac{1}{12}\sum_{j=1}^{12}[mNDVI(j)], (i = 1982,\cdots,2013; j = 1,2,\cdots,12) \quad (5\text{-}7)$$

3. 累积值合成法（sum value composites，SVC）

月合成：

$$\text{pixel } m\overline{\overline{NDVI}}_i = [NDVI3g(j_a) + NDVI3g(j_b)], \quad (i = 1,2,\cdots,12; j = 1,2,\cdots,12) \quad (5\text{-}8)$$

季合成：

$$\text{pixel } s\overline{\overline{NDVI}}_i = [mNDVI(j) + mNDVI(j+1) + mNDVI(j+2)], \quad (i = 1,2,3,4; j = 1,4,7,10)$$

$$(5\text{-}9)$$

年合成：

$$\text{pixel } a\overline{\overline{NDVI}}_i = \sum_{j=1}^{12}[mNDVI(j)], (i = 1982,\cdots,2013; j = 1,2,\cdots,12) \quad (5\text{-}10)$$

式中 m、s、a 分别为月度（monthly）、季度（seasonally）、年度（annually）。单个像元 i 的月度、季度、年度 NDVI 最大值合成值分别为 mNDVI、sNDVI、aNDVI；单个像元 i 的月度、季度、年度 NDVI 平均值合成值分别为 m$\overline{NDVI}$、s$\overline{NDVI}$、a$\overline{NDVI}$；单个像元 i 的月度、季度、年度 NDVI 累积值合成值分别为 m$\overline{\overline{NDVI}}$、s$\overline{\overline{NDVI}}$、a$\overline{\overline{NDVI}}$。以上最大值、平

均值、累积值合成方法均在 IDL 中编程实现。

5.1.2　回归及相关性分析

一元线性回归方程反映一个因变量与一个自变量之间的线性关系，当直线方程 $y = ax + b$ 的 a 和 b 确定时，即为一元回归线性方程。研究采用 Stow 等（2004）等提出的一元线性回归来计算植被的绿度变化率（greenness rate of change，GRC），即某时间段内 NDVI 一元线性回归方程的斜率。以揭示在一定时间内每个像素所代表该地区植被指数的变化趋势。其斜率计算公式为

$$\text{slope} = \frac{\sum_{i=1}^{n}(x_i - \bar{x})(y_i - \bar{y})}{\sum_{i=1}^{n}(x_i - \bar{x})^2} \tag{5-11}$$

式中，x_i 为自变量；$\bar{x} = \dfrac{1}{n}\sum_{i=1}^{n}x_i$；$\bar{y} = \dfrac{1}{n}\sum_{i=1}^{n}y_i$；$y_i$ 为因变量。

当 slope＞0 时，表明该区域的植被指数随着时间变化呈增加趋势，且数值越大生长状况越好；反之，当 slope＜0 时，表明该区域的植被指数随着时间变化呈减少趋势，且数值越大生长状况越差。

相关性分析是指对两个或多个具备相关性的变量元素进行分析，从而衡量两个变量因素的相关密切程度。相关性的元素之间需要存在一定的联系或者概率才可以进行相关性分析，通常用相关系数来度量两个随机变量间的关联程度。相关系数 r 为

$$r = \frac{n(\sum XY) - (\sum X)(\sum Y)}{\sqrt{[n\sum X^2 - (\sum X)^2][n\sum Y^2 - (\sum Y)^2]}} \tag{5-12}$$

式中，n 为样本个数；X、Y 为样本的平均值。

相关性系数的取值范围为（-1，1），当相关系数小于 0 时，称为负相关；大于 0 时，称为正相关；等于 0 时，称为零相关。$|r|＞0.95$ 存在显著性相关，$|r|\geqslant 0.8$ 为高度相关，$0.5\leqslant|r|＜0.8$ 为中度相关，$0.3\leqslant|r|＜0.5$ 为低度相关，$|r|＜0.3$ 关系极弱或认为不相关。

5.1.3　NDVI 变化率

在单位时间内的变化量就是变化率。方精云等（2003）提出用变化率判断区域植被指数增加或减少的程度大小，并约定 NDVI 的变化率，统一由下式计算：

$$\text{NDVI变化率（\%）} = \frac{\text{直变斜率}}{\text{均值}} \times 32 \times 100\% \tag{5-13}$$

式中，直线斜率为 32 年（1982～2013 年）的 NDVI 最大值（或平均值、或累积值）线性回归所得回归直线的斜率，均值为 32 年的年 NDVI 最大值（或平均值、或累积值），该变化率在数值上相当于研究期间年 NDVI 累积值的末期值与初期值之差，被初期值除。该参数用以分析开采扰动区与非开采区植被活动的趋势对比。

5.1.4　单峰（多峰）高斯拟合

高斯函数即正态分布（normal distribution）函数。正态分布有下列特征：①正态曲线（normal curve）在横轴上方均数处最高；②正态分布以均数为中心，左右对称；③正态分布有两个参数（parameter），即均数和标准差。标准正态分布用 $N（0，1）$ 表示；④正态曲线下的面积分布有一定的规律。本书利用高斯拟合（多峰、单峰）对研究区年内植被时间序列分布进行拟合分析，统计出 32 年间植被指数最高月份、最低月份及验证植被返青期、枯黄期生长阈值，高斯分布公式为

$$y = y_0 + \frac{A}{w \cdot \sqrt{\pi/2}} e^{-\frac{2(x-x_0)^2}{w^2}} \tag{5-14}$$

式中，y_0 为基线偏移；A 为曲线下方的积分面积；x_0 为中央峰值。$w = 2\sigma$ 近似于峰值半高宽的 0.849。

5.1.5　生长期阈值确定方法

本书利用 Matlab 工具对研究区 32 年月度 NDVI 做插值渲染，把春季植被变化相对稳定时的 NDVI 值，作为生长期开始阈值［返青期（start of season，SOS）］，把秋季植被变化开始脱离稳定状态时的 NDVI 值，作为生长期结束阈值［枯黄期（end of season，EOS）］。根据年内高斯拟合曲线加以验证，把月度高斯拟合曲线突然升高（春季）和降低（秋季）时，当做植被光合作用开始和结束日期。结果验证阈值法与曲线拟合法两种方法所得结果基本一致。

5.1.6　气候数据插值处理

研究气候年均值所使用的插值方法为反距离加权法（IDW）。反距离加权法又称反距离权重法，该插值方法综合了泰森多边形的邻近点方法和趋势面分析的渐变方法的长处，它假设未知点 S_0 处属性值是在局部邻域内所有数据点的距离加权平均值。反距离权重法通过对每个要处理的像元，邻域中的样本数据点取平均值来估计像元值，距离要处理的像元的中心越近，则在平均过程中的影响或权重越大。一般公式如下：

$$z_{S_0} = \sum_{i=1}^{N} d_i^{-p} Z_{S_i} \Big/ \sum_{i=1}^{N} d_i^{-p} \tag{5-15}$$

式中，N 为预算过程中使用的预测点周围样点的数量；d_i 为预测点 S_0 与各已知采样点 S_i 之间的距离；Z_{S_i} 为 S_i 处获得的测量值；p 为指数值。

对于气象站点不是很密集的矿区，反距离加权法有助于提高预测数据的精度。用反距离加权法估算降水量和温度时，根据距离衰减规律，对样本点的空间距离进行加权，当权重=1 时，是线性距离衰减插值；当权重>1 时，是非线性距离衰减插值。这种方法的优点是可以通过权重调整空间插值等值线的结构，缺点是该方法没有考虑地形因素（如高程等）对气候的影响。

利用 ArcGIS 工具，以矿区插值区域为掩膜，分别对 32 年四大采煤区的气象站点年均降水量和年均气温进行插值，得到与遥感影像数据相同空间分辨率的气象栅格图，进而得到每年对应 NDVI 的平均气象数据。将年均气温与年均降水量和年 NDVI 值做两两相关性

分析，鉴于缓冲区和校验区与矿区位置相近，生态气候条件一致，拟采用圆形插值区来确定四个区域的平均气候值。

5.2 鄂尔多斯地区背景生态研究

作为神东矿区背景地区，生态脆弱的鄂尔多斯地区兼具多重自然地理属性，研究该地区 NDVI 变化趋势可以揭示出多种生态学、物候学（phenology）内涵。利用 1982～2012 年 GIMMS NDVI3g 数据集和年均气温、降水量数据等气象数据，分别进行了最大值合成、反距离加权法插值、线性回归与变化率分析、相关性分析等处理，研究将揭示植被覆盖的时空变化趋势下蕴含的植物生理学机理，及其对气温和降水变化趋势的响应特征，对于研究神东矿区时剔除生态背景和变化具有重要研究意义。

5.2.1 鄂尔多斯地区 NDVI3g 月度变化分析

将月合成得到的 31 年（1982～2012 年）间 372 期数据 1～12 月 NDVI 取均值，绘制 31 年间每月平均 NDVI 变化趋势图，如图 5-2 所示。从图 5-2（a）中可看出，鄂尔多斯地区植被呈现单峰变化趋势，符合高斯分布，植被生长高峰期出现在 8～9 月，具有明显的以年为周期的变化特征，符合该地区作物一年一熟的农情（闫慧敏等，2005）。从图 5-2（b）中可以分辨的年度植被最低响应阈值为 0.12（图中红线所示）。因此，此阈值区间内定义为植被生长期，此阈值区间外为植被休眠期。可以算出，该地区植被返青期始于 4 月下旬（4 月 17～25 日，平均为 4 月 23 日±2 天，置信度 94.6%），枯黄期止于 11 月上旬（10 月 21 日～11 月 15 日，平均为 11 月 7 日±5 天，由于降雪等影响置信度较低，为 51.6%），枯黄期有明显滞后趋势。依此阈值区间计算的植被生长期为 182～205 天，31 年平均生长期为 195.8±7 天（平均置信度 73.1%），图 5-2（b）的倒梯形结构也显示植被生长期有延长趋势。

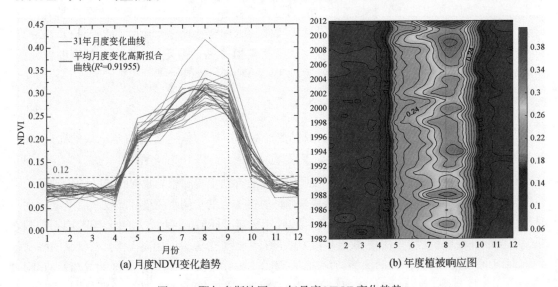

(a) 月度NDVI变化趋势　　　　　　　　　　(b) 年度植被响应图

图 5-2　鄂尔多斯地区 31 年月度 NDVI 变化趋势

5.2.2　鄂尔多斯地区 NDVI3g 季度变化分析

将季合成得到的 31 年间季度 NDVI 取均值，可获得 31 年间四个季度平均 NDVI 变化曲线，如图 5-3 所示。将其与对应年份进行一元线性回归，从图中可看出，31 年间研究区植被生长受季度变化的影响较为显著且四季分明。第一季度（1～3 月）NDVI 值整体以 -0.00025/年速率呈下降趋势，而第二季度（4～6 月）和第四季度（10～12 月）NDVI 值整体以近似 0.00055/a 和 0.0004/a 速率呈轻微上升趋势，第三季度（7～9 月）NDVI 值以 0.0015/a 速率增加，且增加趋势最显著，表明了第三季度为植被生长旺盛期，由于季度划分不同，这与朴世龙等研究的春季（3～5 月）NDVI 增加趋势最显著并不一致（朴世龙 和 方精云，2003）另外，第一季度 NDVI 值最低，实际上该地区冬季地表常残存积雪，至次年 3～4 月才能消融，而 NDVI 值受下垫面影响较大，与实际植被覆盖状况存在较大差异，不能真正反映地表覆盖的真实状况（方精云等，2003；杨元合和朴世龙，2006）。

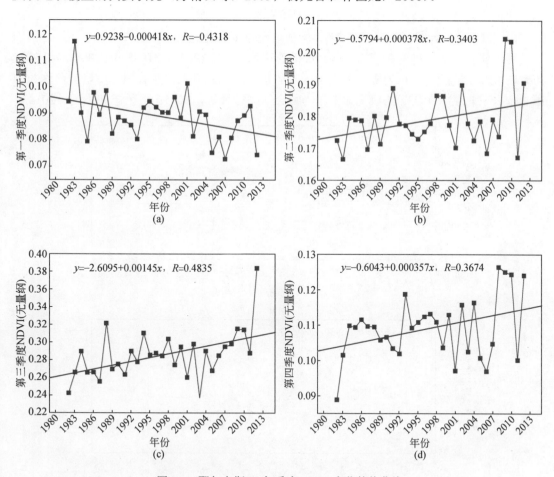

图 5-3　鄂尔多斯 31 年季度 NDVI 变化趋势曲线

值得注意的是，季度变化曲线中出现了一些异常值，如第一季度出现的异常值 [图 5-3 （a）中 2001 年异常增高，2012 年异常降低]，第二季度出现的异常值 [图 5-3（b）中 1991

年、1998 年、2010 年异常增高，2001 年异常降低]，第三季度出现的异常值 [图 5-3（c）中 1988 年，2012 年异常增高，2001 年异常降低]，第四季度出现的异常值 [图 5-3（d）中 2001 年，2011 年异常增高，2012 年异常降低]。因气象数据的时间分辨率太低而无法进一步解释。

5.2.3　鄂尔多斯地区 NDVI3g 年度变化分析

将合成得到的 372 期月 NDVI 数据进行 MVC 处理，可进一步得到研究区 31 年间年 NDVI 最大值变化趋势。如图 5-4 所示。将每年的年最大 NDVI 值与相应年份做一元线性回归处理，可分析 31 年间研究区植被覆盖变化的趋势。

如图 5-4（a）所示，由式（5-11）计算得到研究区 31 年间植被年 NDVI 变化斜率为 slope=0.0023，表明该区域植被状况发展向好的方向转变。在此，研究引入一个 NDVI 变化趋势的 7 级分级标准（李震等，2005），如表 5-1 所示。对照此标准，认为鄂尔多斯地区植被变化程度属"轻微改善"，这与姚雪茹的研究结论相当（姚雪茹等，2012）。

由式（5-13）计算得到研究区 31 年间植被覆盖度变化趋势，如图 5-4（b）所示。回归分析可知鄂尔多斯植被覆盖度以 0.0019/a 的速率增长，在 1984 年、1988 年、1994 年和 2012 年有较大幅度的跃升，认为鄂尔多斯地区响应全球变化的影响，植被覆盖度增加。这与中国北方、东北亚 NDVI3g 的研究结果较为吻合（闫慧敏等，2005；安佑志和张远，2014）。

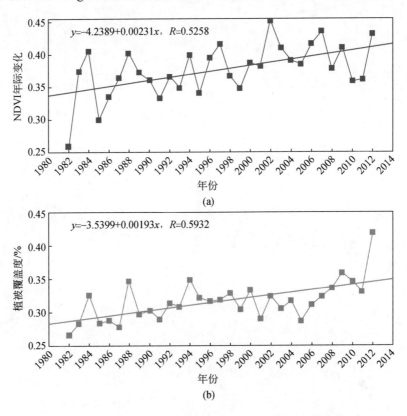

图 5-4　鄂尔多斯 31 年年度 NDVI 与覆盖度的变化趋势

表 5-1　NDVI 变化趋势分级标准

一元线性回归曲线斜率	变化程度
<-0.0090	严重退化
-0.0090～-0.0046	中度退化
-0.0045～-0.0010	轻微退化
-0.0009～0.0009	基本不变
0.0010～0.0045	轻微改善
0.0046～0.0090	中度改善
> 0.0090	明显改善

5.2.4　NDVI3g 时空变化分析

1. 时间变化分析

鄂尔多斯的基本土地覆盖类型为极少的水域、流动-半固定沙地、固定沙地、低植被覆盖草原、高植被覆盖草原和极少的农田（房世波等，2009）。具体而言，东部四县一区为典型草原区，西南部两县为荒漠草原区，西北角为草原荒漠区（房世波等，2009；李晓光等，2014）。从连续 31 年 NDVI 密度分割图像上看，过去 31 年鄂尔多斯地区 NDVI 总体呈增长趋势，但各类植被覆盖区增长方式各不相同（图 5-5）。

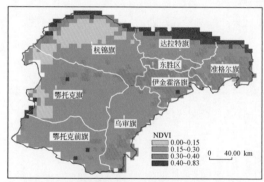

(a) 鄂尔多斯年度最大值合成密度分割影像(1982年)

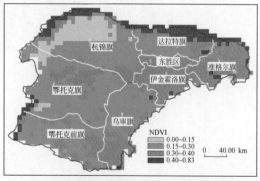

(b) 鄂尔多斯年度最大值合成密度分割影像(1991年)

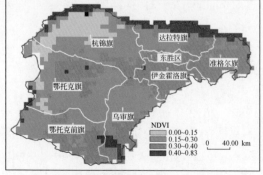

(c) 鄂尔多斯年度最大值合成密度分割影像(2001年)

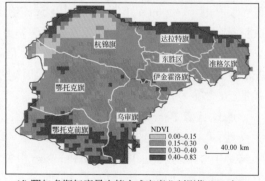

(d) 鄂尔多斯年度最大值合成密度分割影像(2011年)

图 5-5　鄂尔多斯地区 10 年尺度空间异质性分析

2. 空间变化分析

本书中采用的 NDVI 数据分辨率为 8km，鄂尔多斯地区共有 1325 个像元，利用一元线性回归对每个像元进行趋势分析，获得 31 年的变化趋势，如图 5-6 所示。对照表 5-1 的分级标准，"基本不变"的有 228 个像元（JBBB），主要位于北部的库布齐沙漠和中西部的荒漠化草原区；以"轻微改善"的为主，有 1070 个像元，占总数的 80.8%（QWGS）；"中度改善"的有 26 个像元（ZDGS），主要位于毛乌素沙地；"轻微退化"区域仅占 1 个像元（QWTH）。认为研究区的植被覆盖状况呈良好发展趋势，鄂尔多斯大部分区域均为轻微改善。

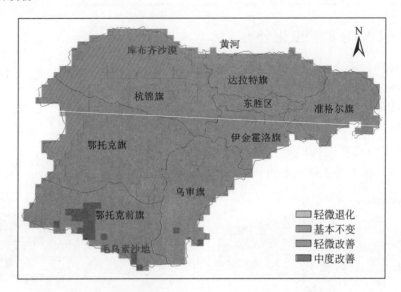

图 5-6 鄂尔多斯地区 31 年 NDVI 的空间变化趋势

5.2.5 NDVI3g 气候响应分析

研究区 31 年的年平均温度总体呈升高趋势，年均最低温度为 6.12℃（1985 年），年均最高温度为 8.69℃（1998 年），气温增长速率为 0.03℃/a，比内蒙古地区的增长速率 0.047℃/a 低（丁一汇等，2009），但高于全国近 50 年（1956～2006 年）的平均增温速率 0.022℃/a（秦大河等，2007），远高于全球气温变化速率 0.0074℃/a（时忠杰等，2011）。

鄂尔多斯 31 年年降水量插值结果呈现东高西低的趋势，31 年的平均降水量为 258.88mm，降水量总体呈上升趋势，上升速率为 0.71mm/a，与已有研究结果略有区别（丁一汇等，2009）。

通过计算 Pearson 乘积矩相关系数，得出 1982～2012 年研究区年均气温和降水量相关系数 $r_{气温/降水}$ 为 -0.1540（$p > 0.05$），二者呈不显著的负相关。进一步计算得到研究区年 NDVI 与年均气温、降水量的 Pearson 相关系数 $r_{NDVI/气温}$、$r_{NDVI/降水}$ 分别为 0.0540、0.4000，表明该研究区年降水量对植被的影响超过了气温的影响，与李晓光等（2014）的研究结论一致。

基于长时序 GIMMS NDVI3g 数据集，研究 31 年鄂尔多斯地区植被变化及其对气候的响应特征（图 5-7），得出以下结论：

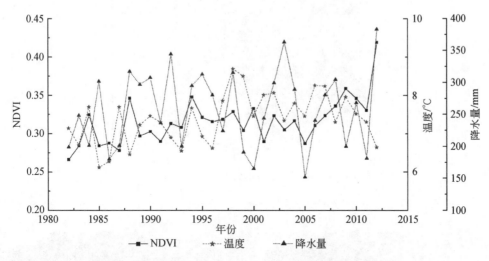

图 5-7　鄂尔多斯地区 31 年间 NDVI、气温、降水相关曲线图

（1）在全球变化的背景下，1982～2012 年研究区 NDVI 值呈现以年为周期的变化特征，季度 NDVI 变化表明植被生长旺季处于每年 7～9 月，且 NDVI 年最大值均呈增高趋势。通过对鄂尔多斯地区 NDVI 月度平均值的拟合结果，发现鄂尔多斯年度 NDVI 变化符合高斯函数分布：$\hat{y} = 0.0757 + 0.2323e^{-\frac{(x-7.5527)^2}{6.7988}}$（$R^2$=0.9196）。计算获得该地区 31 年植被平均生长期为 195.8±7 天（平均置信度 73.1%），生长期有延长趋势。

（2）31 年间植被年 NDVI 变化斜率为 slope=0.0023，表明该区域植被状况发展良好。年度 NDVI 值回归分析知鄂尔多斯植被覆盖度以 0.0019/a 的速率增长，逐像元回归分析得出 31 年研究区大部分区域植被覆盖均有改善，"轻微改善"的区域占总面积的 80.8%。

（3）NDVI 与气候的相关分析表明，1982～2012 年，研究区气温与降水均呈现轻微升高趋势，增长速率分别为 0.03℃/a 和 0.7145mm/a。1982～2012 年研究区植被生长状况与气温和降水均相关，且 NDVI 降水的相关性高于 NDVI 气温，表明降水对植被 NDVI 的影响明显超过气温的影响（$r_{\text{NDVI/降水}} > r_{\text{NDVI/气温}}$）（图 5-8、图 5-9）。

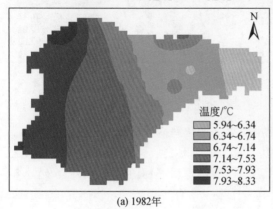

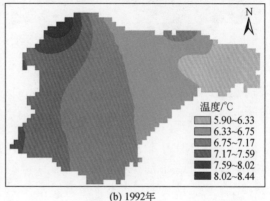

| (a) 1982年 | (b) 1992年 |

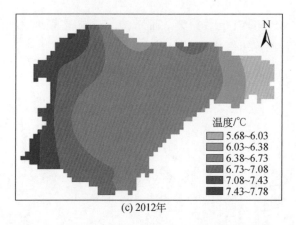

(c) 2012年

图 5-8　1982～2012 年鄂尔多斯温度插值图

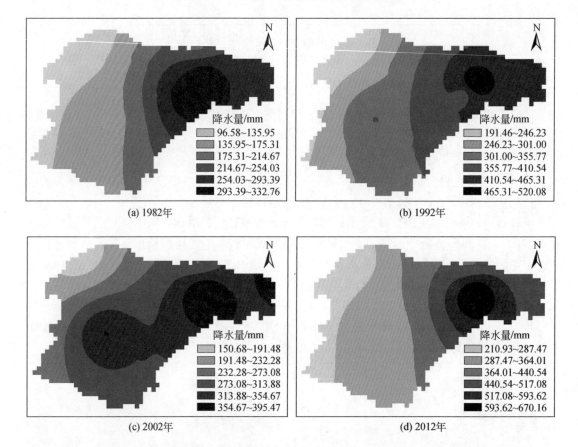

(a) 1982年

(b) 1992年

(c) 2002年

(d) 2012年

图 5-9　1982～2012 年鄂尔多斯降水量插值图

　　研究还发现，31 年间研究区年降水量变化不明显（变化率为 8.6%），表明该区域除了气候变化对 NDVI 值产生影响外，还存在其他影响因素，即人类活动的影响。如 20 世纪 80 年代开始的三北防护林工程建设，21 世纪初启动的西部退耕还林还草工程，以及近十年来神东矿区土地复垦和生态重建工程等，其影响占比多少，有待后续进一步研究。 此外，本书气候因子数据是由内蒙古地区气象台站数据插值得出，站点较少，插值精度不高，后续研究将增选相邻的山西和陕西两省气象台站数据参与插值运算，以提高气象数据精度。

5.3　高强度开采矿区生态环境时空变化规律

5.3.1　月度变化规律

将裁剪、去除背景值后的遥感影像进行最大值处理，即选取神东研究区每个像元值中月度、季度、年度的最大值，可以得到矿区、缓冲区（10km、20km）、校验区 32 年 NDVI 月度、季度、年度最大值图像文件，进而对统计出的四个区域 32 年月度、季度、年度 NDVI 图像中最大像元值求平均，得到四区月、季、年的平均 NDVI 最大值。针对以上提取的月均 NDVI 值来分析神东研究区植被年内变化规律，如图 5-10 所示。

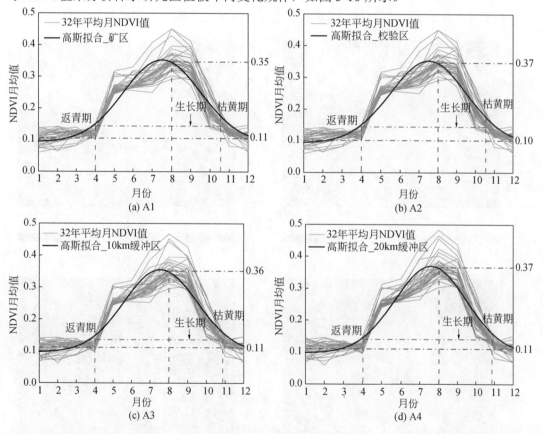

图5-10　神东研究区月度NDVI趋势图

时序分析结果：神东四个研究区域一年内变化规律均呈现"单峰"型，符合当地一年一熟制物候特点，全年 12 个月份中 1 月 NDVI 值最低，1～3 月无明显增长趋势，气温过低影响植被生长活动，4 月植被指数骤升，5 月升高速度放缓，仍处于持续缓慢上升状态，8 月出现主峰值 0.35，之后 9～10 月 NDVI 出现骤降，次年 1 月达到最低值 0.11，这与田淑静分析的神东矿区植被月度 NDVIg（1982～2006 年）变化规律基本一致（田淑静等，2015）。

空间分析结果：四区 NDVI 月度变化基本一致，全年矿区和 10km 缓冲区、20km 缓冲区 1 月最低值为 0.11，校验区为 0.10；8 月达到峰值，矿区为 0.35，10km 缓冲区为 0.36，20km 缓冲区和校验区为 0.37，四区峰值和最低值相差无几，验证了选区的准确性。对上述 4 个区域 32 年 NDVI 月均值进行高斯曲线拟合（图 5-10，黑线），发现月均值 NDVI 变化规律符合高斯分布，且拟合度 R^2 较高，矿区为 0.9219，校验区为 0.9306，10km 缓冲区为 0.9268，20km 缓冲区为 0.9330。

5.3.2 生长期分析

利用 Matlab 工具，将研究区月 NDVI 值进行插值，得到 32 年内植被变化情况，可准确判断植被生长期阈值。从图 5-11 中可以看出，当 NDVI=0.15 时，时间序列上的植被指数变化趋于稳定，当植被指数达到 0.15 后开始骤升。综合以上两点，将 NDVI=0.15 作为神东矿区、10km 缓冲区、20km 缓冲区、校验区生长期开始（返青期）及结束（枯黄期）的阈值。

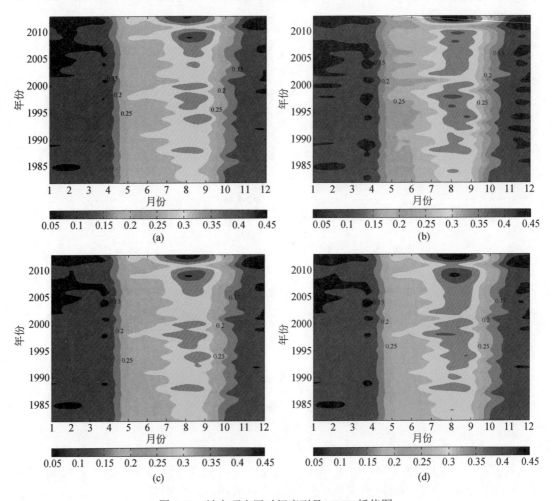

图 5-11　神东研究区时间序列月 NDVI 插值图

（1）返青期、枯黄期变化情况。根据图 5-12 统计出 32 年每年植被返青期、枯黄期开始日期，进而对其进行线性拟合，矿区植被返青期有提前趋势、枯黄期有滞后趋势。1982～2013 年矿区植被返青期提前 1 天，枯黄期滞后 12 天；校验区植被返青期提前 3 天，枯黄期滞后 8 天；10km 缓冲区植被返青期提前 4 天，枯黄期滞后 12 天；20km 缓冲区植被返青期提前 4 天，枯黄期滞后 12 天。

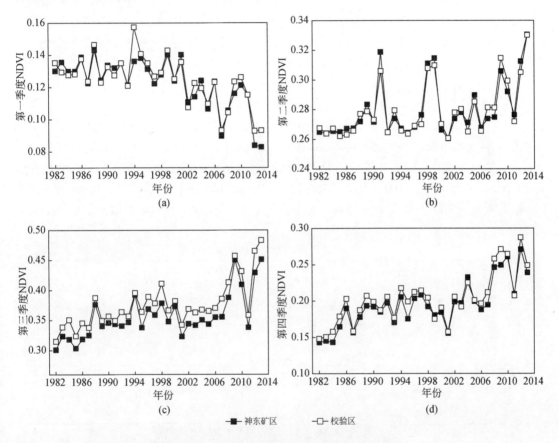

图 5-12　神东矿区与校验区季度 NDVI 变化对比

（2）生长期变化情况。1982～2013 年植被平均生长期分别为 184 天（矿区）、192 天（10km 缓冲区、20km 缓冲区）、185 天（校验区）；矿区生长期延长 13 天，10km 缓冲区生长期延长 16 天，20km 缓冲区生长期延长 16 天，校验区延长 11 天。矿区植被生长期最短，与开采对当地土壤、水体、植被造成的影响有较大关系。

5.3.3　季度变化规律

通过对神东矿区、校验区春、夏、秋、冬四个季度的 NDVI 最大值图像文件的所有最大像元值求平均，得到区域平均 NDVI 最大值，如图 5-12 所示。第一季度（1～3 月）两区 32 年平均值均为 0.12，植被指数呈下降趋势，矿区下降更为明显，速率达-0.012/10a，校验区下降速率为-0.006/10a，矿区开采影响了植被生长活动，1982～2001 年两区植被指数始终处于平稳状态，2001 年之后，植被指数骤降，尤其近几年下降趋势明显。第二季度（4～6 月）植被开始进入生长期，矿区平均 NDVI 最大值 0.28 高于校验区 0.26，两区植被生长变化稳定上升，两区 1991 年和 2000～2001 年的植被指数较为异常，植被指数骤升周期 6～8 年，可能与当地人工干预复垦土地有关。第三季度（7～9 月）为植被生长旺盛时期，植被指数为四季中最高，印证了年内研究中的 8 月 NDVI 最大的结论，平均 NDVI 最大值分别为 0.36（矿区）、0.37（校验区），植被生长趋势持续升高，尤其近几年 NDVI 指数增加显著。第四季度（10～12 月）两区植被生长活动在波动中上升，矿区平均 NDVI 最大值为 0.20，校验区为 0.19，两区四个季度的平均值基本一致，说明两区植被类型、基数是大致相同的，更有利于分析矿区植被受开采扰动影响因素及程度。

5.3.4　年度变化规律

通过对 32 年神东研究区植被指数作线性回归分析，得出 1982～2013 年四区年均 NDVI 最大值总体变化情况。由图 5-13 可知，1982～2013 年，神东四区 NDVI 值随时间序列缓慢上升，2007～2013 年上升趋势明显，线性回归率分别为矿区 0.027/10a、10km 缓冲区 0.028/10a、20km 缓冲区 0.03/10a 和校验区 0.018/10a，神东矿区、校验区、10km 缓冲区、20km 缓冲区的 NDVI 年均值分别为 0.3558、0.3691、0.3602、0.3749，四区的植被基数较为接近。

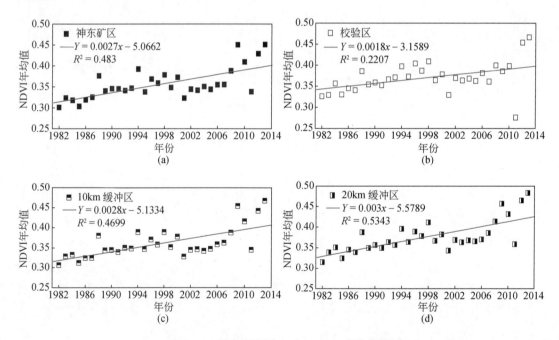

图 5-13　神东研究区 32 年 NDVI 变化趋势

在植被基数接近的前提下，计算不同区域植被生长率可直接反映区域植被生长状况，鉴别开采区与非开采区植被活动大小，分析人工复垦对矿区植被恢复起到的作用。将神东矿区、缓冲区、校验区 32 年年均 NDVI 最大值进行综合趋势分析，如图 5-14 所示。四区植被指数随时间序列变化缓慢增加，神东矿区与 10km、20km 缓冲区、校验区年均 NDVI 值在 $P<0.01$ 水平上显著相关，相关系数依次为 0.9906、0.9768 和 0.8149；矿区与 10km 缓冲区相关性极高，20km 缓冲区次之。本书研究结果与康萨如拉等（2014）探索煤田敏感区最佳距离为 10km 的研究结果一致，与校验区相关性最低，虽然两区生态气候环境相同且植被基数一致。因神东矿区受采矿干扰和人工复垦的双重影响，造成两区植被变化趋势有所不同。在高强度开采下，神东矿区植被似乎并未受到较大影响，表明人工复垦神东矿区初见成效，王安（2007）的研究结果也验证了此结论。

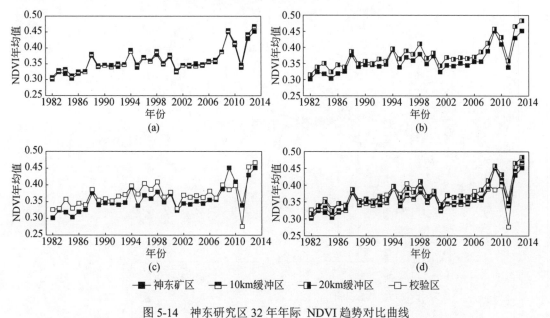

图 5-14　神东研究区 32 年年际 NDVI 趋势对比曲线

结合以上四区 32 年平均 NDVI 最大值及线性回归斜率，根据年变化率式（5-12），可得四区年变化率分别为矿区 24.28%、10km 缓冲区 24.88%、20km 缓冲区 25.61%、校验区 15.92%。矿区 NDVI 增长速度高于校验区，以校验区 NDVI 上升速率为自然增长率，则人工复垦对矿区、10km 缓冲区和 20km 缓冲区 NDVI 增长率的贡献分别为 8.36%（矿区），8.66%（10km 缓冲区），9.69%（20km 缓冲区），煤矿开采抑制矿区植被活动，而人工复垦的作用下，矿区及缓冲区的植被活动得到较大改善。

5.3.5　植被指数与气候相关性分析

鉴于神东各研究区生态环境具有相似性，研究所选取的气候插值区包含矿区、缓冲区、校验区，四区的年均降水量、温度均为插值区年均降水量、温度。本书旨在分析开采区与生态校验区的气候相关性，以甄别相同生态环境下除气候因素外，人类活动是否对矿区植被造成了影响及影响程度，故只选取矿区和校验区植被指数与气候作相关性研究。

1. 温度变化与植被指数相关性

1982～2013 年神东研究区温度呈上升趋势，无明显周期性，温度变化范围为 6.1（1984

年）～9.1℃（1998 年）。1982～1996 年研究区温度发展平稳，平均温度为 7.2℃，1997 年温度骤升，之后进入新的气温高度；1997～2013 年平均温度为 8.2℃，研究区 32 年平均温度达 7.7℃，增温速率为 0.5℃/10a，远高于同期全球增温速率 0.12℃/10a（康萨如拉等，2014）。在全球气候变化影响下，神东矿区响应较为敏感。

将研究区温度与矿区、校验区作相关分析，如图 5-15 所示。神东矿区 NDVI 与温度呈正相关（r=0.3505，p>0.05），校验区 NDVI 与温度呈正相关（r=0.3051，p>0.05），呈弱相关性。通过温度对 NDVI 作超前-滞后滑动增量分析，温度对两区并无明显滞后性。

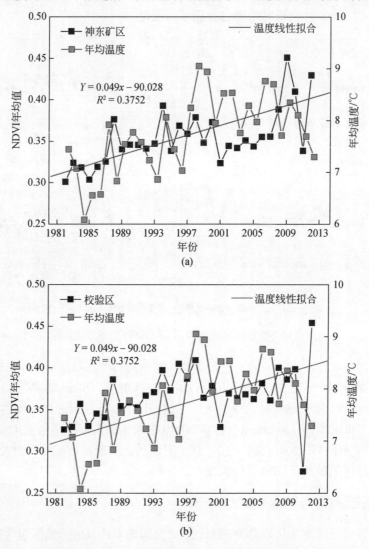

图 5-15　神东研究区 NDVI 与温度相关性曲线

2. 降水量变化与植被指数相关性

1982～2013 年神东研究区降水量呈微弱上升趋势，与全国降水量变化相反（李军媛等，2012），周期性不明显，降水量变化范围为 272.1（2005 年）～473.5mm（2003 年），变化幅度达 201.4mm，研究区 32 年平均降水量达 361.8mm，上升速率达 2.2mm/10a。

将研究区降水量与矿区、校验区作相关分析，如图 5-16 所示。神东矿区 NDVI 与降水量呈正相关（r=0.1920，p>0.05），校验区 NDVI 与降水量呈正相关（r=0.2300，p>0.05），均呈弱相关性，通过降水量对 NDVI 做超前−滞后滑动增量分析，降水量对研究区 NDVI 无明显滞后性。可见，受人工复垦的影响，32 年来降水和温度对矿区、校验区的植被生长贡献率或影响较小。

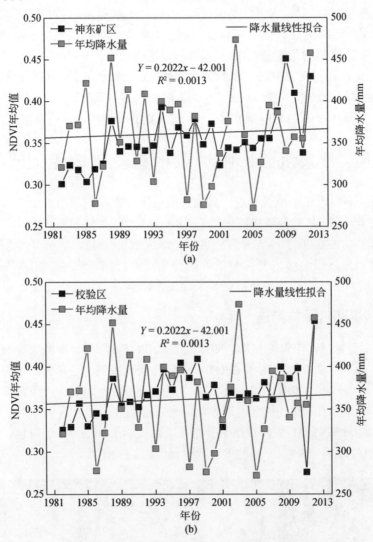

图 5-16　神东研究区 NDVI 与降水量相关性曲线

通过对神东矿区 32 年每个月份的 NDVI 值求平均值，通过对均值曲线实施 GAUSS 拟合，获得神东矿区年内 NDVI 的变化规律。神东矿区年内植被生长规律呈明显"单峰型"，NDVI 最大值小于 0.4，拟合 GAUSS 曲线呈底部较宽的"沃伊特"线型。

运用线性趋势方法对长时间序列的年均 NDVI 数据进行拟合，得到矿区的年际 NDVI

变化趋势,1982~2013 年植被 NDVI 的年际线性趋势明显,植被 NDVI 年增长率为 24.28%。由于当地植被类型多为草灌类型,植被覆盖率较少,植被对气候因子敏感性较弱,不会因气候因素而迅速增加。由于神东矿区煤炭开采与人工植被修复的同时进行,导致生态脆弱的神东植被 NDVI 增长率处于较高状态。

神东矿区年内植被生长规律呈"单峰型",符合鄂尔多斯地区以沙生植被、干草原、落叶阔叶灌丛为主的生态物候。开采与非开采区内植被返青期均呈提前趋势,枯黄期呈推迟趋势,生长期呈延长之势。矿区、10km 缓冲区、20km 缓冲区、校验区植被生长期分别延长 13 天、16 天、16 天、11 天,气候变暖致使自然生态区的植被生长期延长,植被生态恢复等措施对矿区植被的二度延长作出了贡献。四区年均 NDVI 值为矿区 0.3558,10km 缓冲区 0.3691,20km 缓冲区 0.3602,校验区 0.3749,如果以校验区为自然增长率,则人工复垦对矿区、10km 缓冲区和 20km 缓冲区 NDVI 增长率的贡献分别为 8.36%(矿区)、8.66%(10km 缓冲区)和 9.69%(20km 缓冲区),生态恢复是改善矿区植被覆盖情况的重要措施。

5.4　开采沉陷影响地表植被变化的验证研究

开采沉陷区不但改变了地表景观,对地表植被生态也造成了巨大破坏。以神东矿区为例,采用 2012 年 1~2 月高分辨率雷达数据(RADARSAT-2 精细波束模式,5m)干涉测量获得开采沉陷区,采用 2013 年 5 月高分辨多光谱数据(SPOT 6,6m)计算 NDVI,通过多点采样,对比分析沉陷区内外植被指数的变化趋势。结果表明,NDVI 平均下降率为 11.07%,开采沉陷一年后,地表植被仍受采动损害影响。

5.4.1　验证研究采样方法

在 ENVI 中叠加显示干涉测量图、NDVI 图和 SPOT-6 影像,根据干涉测量图可确定沉陷区的分布情况,根据 NDVI 图和 SPOT-6 影像可获取植被覆盖信息。本书一共选取了 4 个区域进行采样点分析,如图 5-17 所示,采样区域的特点是地表均由相同植被类型的植被覆盖,排除主观因素的干扰,而且这四个区域在干涉测量图上都有明显的沉陷区。在四个区域分别选取 40 个采样点,采样点均匀分布在采矿扰动区和伪不变特征区,图中三角形的像元为沉陷区内的采样点,正方形的像元为对比区内的采样点。

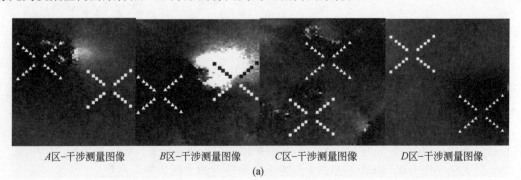

A区-干涉测量图像　　　B区-干涉测量图像　　　C区-干涉测量图像　　　D区-干涉测量图像

(a)

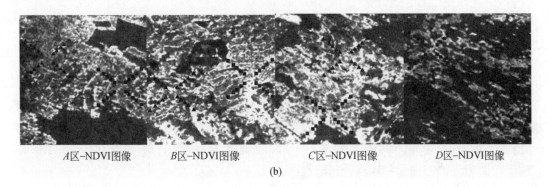

A区–NDVI图像　　　　B区–NDVI图像　　　　C区–NDVI图像　　　　D区–NDVI图像

(b)

图 5-17　四个区域的采样点分布

5.4.2　采样点植被指数分析

通过对四个区域各个采样点的 NDVI 进行统计，如图 5-18 所示，表 5-2 所列为沉陷区内外采样点 NDVI 的平均值、总和及变化比。

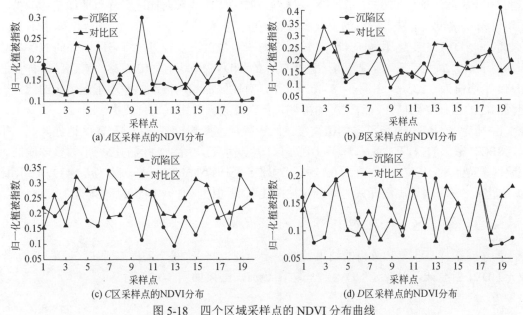

图 5-18　四个区域采样点的 NDVI 分布曲线

表 5-2　四个区域采样点的 NDVI 变化

样本区域	沉陷区采样点 NDVI 平均值	对比区采样点 NDVI 平均值	沉陷区采样点 NVDI 总和	对比区采样点 NDVI 总和	变化比/%
A	0.147	0.1746	2.9396	3.4911	−15.80
B	0.1849	0.2037	3.6981	4.0737	−9.22
C	0.2133	0.2356	4.2666	4.7130	−9.47
D	0.1298	0.1439	2.5965	2.8776	−9.77

表 5-2 中：

$$变化比 = \frac{NDVI_{cxq} - NDVI_{dbq}}{NDVI_{dbq}} \times 100\%$$

式中，$NDVI_{cxq}$ 为沉陷区采样点 NDVI 总和；$NDVI_{dbq}$ 为对比区采样点 NDVI 总和。

由图 5-18 可知，NDVI 值有高有低，曲线走势没有规律可循，表明采样点所处位置的植被密度多样化，有些采样点甚至位于裸露地区，四个沉陷区采样点的 NDVI 平均值均小于对比区。由表 5-2 可知，四个煤炭开采工作面的变化比均为负值，平均变化比达到-11.07%，表明工作面上方植被均受到煤炭开采的影响。

A 区 NDVI 的变化比达到-15.80%，与 B 区、C 区、D 区相比，该区域植被受地下开采沉陷影响的受损程度最高。图 5-18（a）中沉陷区采样点的 NDVI 曲线整体偏低，波动幅度较小，采样点平均值为 0.147，对比区采样点的 NDVI 曲线较沉陷区曲线整体偏高，采样点平均值为 0.1746，表明沉陷区植被长势受损，破坏程度较为严重，对比区植被长势良好，覆盖密度变化不大。

B 区 NDVI 的变化比为-9.22%，该区域有较为明显的沉陷。图 5-18（b）中对比区采样点的 NDVI 平均值为 0.2037，沉陷区采样点的 NDVI 曲线较对比区采样点曲线整体偏低，平均值为 0.1849，个别采样点的值较高，表明沉陷区植被遭到破坏，受损程度轻重不一。

C 区 NDVI 的变化比为-9.47%，该区域的植被覆盖密度较大。沉陷区内外的 NDVI 总和均高于 A、B、D 三个区域，沉陷区采样点的 NDVI 平均值为 0.2133，对比区采样点的 NDVI 平均值为 0.2356。由图 5-18（c）可知，对比区曲线的波动幅度小于沉陷区曲线，表明沉陷区的植被受到破坏，对比区的植被长势较好且覆盖密度变化较小。

由图 5-18（d）可知，D 区的植被覆盖比较稀疏，裸地较多。因神东矿区地处西北干旱区，SPOT 影像的获取时间是 5 月，正处于干旱缺水期，所以 D 区的植被指数整体偏低。沉陷区采样点的 NDVI 平均值为 0.1298，对比区采样点的 NDVI 平均值为 0.1439，变化比为-9.77%，表明地下煤炭开采对稀疏植被覆盖区域同样具有一定的破坏影响。

5.4.3 采样区 NDVI 对比

为了对采样点收集和分析的结果做进一步验证，将每 20 个采样点所在区域的 4356 个像元 NDVI 做统计，对像元 NDVI 作直方图叠加，结果如图 5-19 所示。

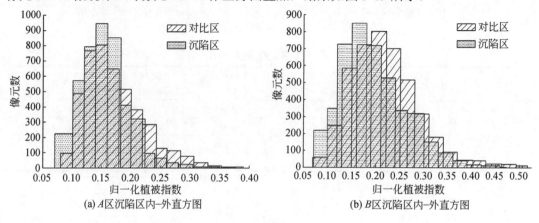

(a) A 区沉陷区内-外直方图　　　　(b) B 区沉陷区内-外直方图

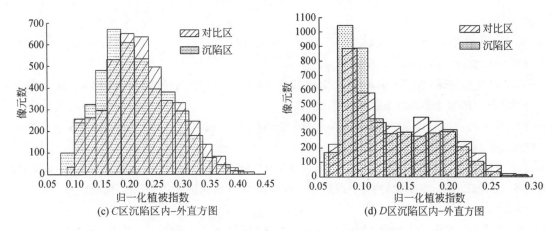

(c) C 区沉陷区内-外直方图　　　　(d) D 区沉陷区内-外直方图

图 5-19　四个采样区像元 NDVI 的叠加直方图

由图 5-19 表明，具有相同像素数的采样区，对比区（斜线柱体）NDVI 高值的像素数明显高于沉陷区（点状柱体），表明受开采沉陷影响，沉陷区 NDVI 值向低值方向偏移。

综上所述，利用 D InSAR 两通加外部 DEM 的差分干涉处理算法，能够获得神东矿区在 2012 年 1~2 月 24 天内煤炭开采形成的沉陷区，对 SPOT-6 影像进行波段计算得到的 NDVI 能够用来精确分析沉陷区的地表植被破坏程度。选取四个煤炭开采工作面，对沉陷区内外的 NDVI 作比较，四个沉陷区的 NDVI 平均下降率为 11.07%。表明开采沉陷一年后，地表植被生产力仍受采动损害的严重影响。通过对采样区像元 NDVI 叠加直方图分析，验证了这一结论的可靠性。因此，亟须对沉陷区进行土地复垦，实现矿区的生态重建，以期恢复到其原始生产力水平。

5.5　小　　结

本章利用国际通用的长时序植被指数数据集 GIMMS NDVI3g（1982~2013 年），研究鄂尔多斯背景区、神东矿区及其间接影响区植被覆盖度、生物量、生活史（生长周期）及其时空分布特征，结合环境温度、降水信息，通过层次推进，抽丝剥茧，甄别出了植被自然恢复及自然增长的贡献，揭示在全球变化背景下，煤矿开采对矿区生态环境的作用强度、空间范围和时间长度。最后利用高分辨雷达及光学影像对一个实验区进行了采样验证。本书为矿区生态研究提供了一个全新的思路，将对同类研究具有示范作用。

参 考 文 献

安佑志，张远，等. 2014. 基于 GIMMS NDVI 数据的北方 13 省荒漠化趋势评价. 干旱区资源与环境，28（4）：1-7.

丁一汇，林而达，何建坤. 2009. 中国气候变化：科学，影响，适应及对策研究. 北京：中国环境科学出版社.

方精云，朴世龙，贺金生，等. 2003. 近 20 年来中国植被活动在增强. 中国科学 C 辑，33（6）：554-565.

房世波，谭凯炎，刘建栋，等. 2009. 鄂尔多斯植被盖度分布与环境因素的关系. 植物生态学报，33（1）：

25-33.

康萨如拉，牛建明，张庆，等. 2014. 草原区矿产开发对景观格局和初级生产力的影响——以黑岱沟露天煤矿为例. 生态学报，（11）：2855-2867.

李军媛，徐维新，程志刚，等. 2012. 1982～2006 年中国半干旱、干旱区气候与植被覆盖的时空变化. 生态环境学报，（02）：268-272.

李晓光，刘华民，王立新，等. 2014. 鄂尔多斯高原植被覆盖变化及其与气候和人类活动的关系. 中国农业气象，35（4）：470-476.

李震，阎福礼，范湘涛. 2005. 中国西北地区 NDVI 变化及其与温度和降水的关系. 遥感学报，9（3）：308-313.

朴世龙，方精云. 2003. 1982～1999 年我国陆地植被活动对气候变化响应的季节差异. 地理学报，58（1）：119-125.

秦大河，陈振林，罗勇，等. 2007. 气候变化科学的最新认知. 气候变化研究进展，3（2）：63-73.

时忠杰，高吉喜，徐丽宏，等. 2011. 内蒙古地区近 25 年植被对气温和降水变化的影响. 生态环境学报，20（11）：1594-1601.

田淑静，马超，谢少少，等. 2015. 基于 GIMMS AVHRR NDVI 数据的神东矿区 26 年植被指数回归分析. 能源环境保护，（02）：37-41.

王安. 2007. 神东矿区生态环境综合防治体系构建及其效果. 中国水土保持科学，（5）：83-87.

闫慧敏，刘纪远，曹明奎. 2005. 近 20 年中国耕地复种指数的时空变化. 地理学报，60（4）：559-566.

杨元合，朴世龙. 2006. 青藏高原草地植被覆盖变化及其与气候因子的关系. 植物生态学报，30（1）：1-8.

姚雪茹，刘华民，裴浩，等. 2012. 鄂尔多斯高原 1982～2006 年植被变化及其驱动因子. 水土保持通报，32（3）：225-230.

Stow D A，Hope A，McGuire D，et al. 2004. Remote sensing of vegetation and land-cover change in Arctic Tundra Ecosystems. Remote Sensing of Environment，89（3）：281-308.

第6章 神东高强度开采矿区地表沉陷的时空变化规律

本章利用 DInSAR 与 SBAS InSAR 相结合的数据处理方法，针对开采沉陷地表移动规律，从整体到局部，从宏观到微观进行了分析研究。

（1）采用 18 期合成孔径雷达数据，雷达干涉测量及 DInSAR 技术，获取了神东矿区 504 天（2012 年 1 月～2013 年 6 月）的地面塌陷、地裂缝、地面沉降等空间展布及变化速率特征。

（2）采用小基线集干涉测量技术（SBASInSAR），构造了 47 个干涉组合，探析了布尔台矿 22201-1/2 工作面地面塌陷空间分布及变化速率特征，实现了单一工作面开采沉陷的精准监测。

（3）联合概率积分法（PIM）和 DInSAR 技术，基于 GAUSS 函数模型重建了开采沉陷主断面变形计算模型，实现了多工作面/典型工作面开采沉陷地表移动特征值提取，揭示了地表破坏随时间变化的规律。

6.1 雷达干涉测量数据处理基本原理

6.1.1 DInSAR 技术测量地表变化信息的基本原理

DInSAR 技术是在合成孔径雷达 InSAR 技术的基础上发展而来的。DInSAR 技术是通过从初始干涉相位 ϕ_{if} 中去除地形相位，进而达到获取地表变形造成的差分干涉相位 ϕ_{dif}，再经过转化处理获得地表形变 ΔR_d 的目的。根据去除地形相位信息所用的不同方法分类，常规 DInSAR 技术一般分为二轨法、三轨法和四轨法。

1. 二轨法

Massonnet 在 1993 年提出了二轨法的概念，该方法需要借助覆盖整个研究区域的外部 DEM 数据来实现。利用发生形变前后两幅 SAR 影像数据，差分干涉生成包含有地形相位和形变相位的干涉相位图，借助外部 DEM 数据模拟出研究区域的地形相位信息，再将地形相位信息从干涉图中去除掉，就能获取到形变相位。二轨法的关键步骤是将 DEM 数据模拟的地形相位信息进行正确的地理编码，从而和差分干涉图的干涉相位信息具有一致性。二轨法差分干涉测量对外部 DEM 的精度要求较高，其在一定程度上，决定着地形误差的大小，也就影响着差分干涉相位的质量。地形误差对差分干涉相位的影响可以表示为

$$\delta\phi_{topo\_error} = -\frac{4\pi B_{\perp}\Delta h_{error}}{\lambda R \tan\theta} \tag{6-1}$$

作为合成孔径雷达 InSAR 技术的一种通用方法，二轨法差分干涉测量具有以下优点：①对初始 SAR 数据数量上的要求较小，只要有发生形变前、形变后两景 SAR 影像数据就能做差分干涉分析，并且对差分干涉图不需要做相位解缠处理，这样不仅对数据处理方面做了简化，而且也减少了工作量；②用外部 DEM 数据模拟的地形相位信息，可以消除大气层对地形相位的影响。二轨法也存在一定的不足：①对外部 DEM 数据的依赖性较强；②用外部 DEM 数据模拟地形相位信息的同时，也将高程残差相位信息额外引入到差分干涉中。因此，用二轨法做 DInSAR 处理要尽量选择垂直基线较短的干涉对和精度较高的 DEM 数据。

二轨法差分干涉测量数据处理的主要处理流程，如图 6-1 所示。

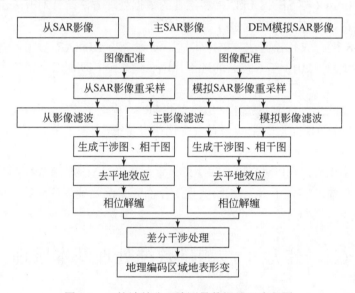

图 6-1　二轨法差分干涉测量数据处理流程图

2. 三轨法

三轨法不同于二轨法，首先表现在对研究区域做差分干涉处理所应用的 SAR 影像数据数量的不同。其中需要获取发生形变前的两景 SAR 影像数据，获取发生形变后的一景 SAR 影像数据。一般情况下，将发生在形变前获取的某一景 SAR 影像数据作为主影像，剩下的两景 SAR 影像数据作为辅影像。再将主影像分别与两景辅影像进行配准，然后生成相应的干涉像对。发生形变前的两景 SAR 影像数据称为地形像对，经过干涉处理可以获得不包含形变信息的地形相位；将发生在形变前后获得的两景 SAR 影像数据称为形变像对，经过干涉处理既包含有形变相位又包含了地形相位，以及其他相位信息。

为了达到从形变像对干涉相位信息中去除地形相位信息，从而获取到只含有形变相位的形变数据，最后求得地表地物形变量的目的，三轨法需要先将地形像对进行解缠，再与形变像对干涉相位做差分干涉处理。

相比较二轨法，三轨法不需要借助外部 DEM 数据来模拟研究区域的地形相位信息，对所研究区域中无法获取到原始地形数据时，利用三轨法做差分干涉是不错的选择；另外三轨法使用的三景影像数据生成的两个干涉对共用了同一景 SAR 影像，使得对两干涉图的配准处理变得简单了。但该方法需要做两次相位解缠，而解缠的好坏直接关系到生成形变图的质量。

3. 四轨法

顾名思义，四轨法需要利用四景 SAR 影像数据生成两对相互独立的干涉对，其中的三景数据是在地表发生形变前获取，另一景数据是在地表发生形变后获取。

同三轨法相类似，不同点是利用发生形变前的两景 SAR 影像数据作为地形像对，然后经过干涉处理获得包含地形相位的干涉图，当所研究区域中无法获取到外部 DEM 且 SAR 影像数据充分时，利用四轨法可以弥补不足。

同三轨法相比，四轨法采用了不同景 SAR 数据做主影像，再利用 InSAR 技术生成地形相位信息，该方法具备较高的灵活性。但是该方法的缺点是对基线要求严格，处理过程复杂，对数据质量也挑剔。如果生成地形相位的主辅影像和包含形变相位的主辅影像的 SAR 数据系统具有统一性，完成配准会相对容易一些，相当于在两对主影像 SAR 数据之间进行配准。反之，需要模拟 SAR 图像做配准处理。

以三轨法作为例，下面介绍 DInSAR 干涉测量技术的基本原理。

由图 6-2 所示，S_1、S_2 和 S_3 分别指代三次获取图像数据期间所对应的雷达卫星传感器，假设获取主图像所对应的传感器为 S_1，且 S_1 对应的高程为 H；传感器 S_2 在地物目标 P 还没有形变发生时对其成像；传感器 S_3 表示地物目标沿雷达视线方向（LOS）已经有形变发生时对其成像，P 点移动到位置 P' 处，大小为 ΔR_d；S_1、S_2 和 S_3 分别到目标地物 P 点的距离用 R_1、R_2 和 R_3 来表示；θ 指代传感器 S_1 对地物目标 P 点的成像视角；B、B' 分别表示 S_1 与 S_2、S_1 与 S_3 的空间基线，对应的平行基线和垂直基线分别用 $B_{//}$、$B_{\perp}$、和 $B'_{//}$、$B'_{\perp}$ 来表示。理论上，由传感器 S_1 和 S_2 获得的干涉纹图表示发生在地物形变前的干涉相位，它仅包含有地形相位信息，由传感器 S_1 和 S_3 获得的干涉纹图表示发生在地物形变后的干涉相位，既包含有地形相位又包含有地表形变相位及其他的干涉相位信息。DInSAR 三轨法干涉测量技术利用了二者干涉相位差来获取 LOS 上的形变相位 ΔR_d。

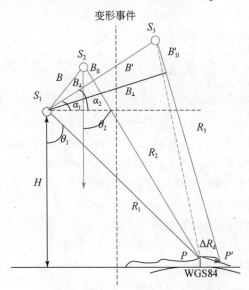

图 6-2　三轨法 DInSAR 几何示意图

由 SAR 干涉测量基本原理可知，假设在形变前获取的是要 S_1、S_2，在形变后获取的是 S_3。则在地物目标发生形变前，雷达卫星获取第一幅 SAR 图像时，由 P 点返回的信号可表示为

$$S_1(R_1) = |S_1(R_1)| \exp\left(-\frac{4\pi}{\lambda} R_1\right) \tag{6-2}$$

在地表发生形变后获取第三幅 SAR 图像时（假设这种形变与雷达分辨单元相比很小，可认为雷达信号仍是相关的），由 P 点返回的信号为

$$S_3(R_3) = |S_3(R_3)| \exp\left\{-\frac{4\pi}{\lambda}(R_3 + \Delta R_d)\right\} \tag{6-3}$$

式中，ΔR_d 为视线向的形变量，这两幅 SAR 图像所形成的干涉纹图的相位 $\phi_{1,3}$ 既包含了区域的地形信息，又包含了观测期间地表的形变信息：

$$\phi_{1,3} = -\frac{4\pi}{\lambda}(R_1 - R_3) + \frac{4\pi}{\lambda}\Delta R_d \approx -\frac{4\pi}{\lambda} \cdot B\sin(\theta_1 - \alpha_1) + \frac{4\pi}{\lambda}\Delta R_d \tag{6-4}$$

如果要获取地表的形变信息，必须要去除干涉相位中的地形相位。假设在发生形变前又获取第二幅图像，则接收到的 P 点的信号为

$$S_2(R_2) = |S_2(R_2)| \exp\left(-\frac{4\pi}{\lambda} \cdot R_2\right) \tag{6-5}$$

第一幅图像与第二幅图像形成的干涉纹图的干涉相位 $\phi_{1,2}$ 只包含地形信息：

$$\phi_{1,2} = -\frac{4\pi}{\lambda}(R_1 - R_2) \approx -\frac{4\pi}{\lambda} \cdot B\sin(\theta_2 - \alpha_2) \tag{6-6}$$

由视线向形变量 ΔR_d 所引起的相位为

$$\phi_d = \phi_{1,2} - \frac{B_{//}}{B'_{//}}\phi_{1,3} = -\frac{4\pi}{\lambda}\Delta R_d \tag{6-7}$$

上式左边的各量可由干涉条纹图的相位和轨道参数计算得到，进而可确定影像每点的视线向形变量 ΔR_d。

6.1.2　SBAS InSAR 技术测量地表变化信息的基本原理

由于时间基线、空间基线的限制，DInSAR 技术无法获取地表时序形变，而由 Berardino 等提出的 SBAS 技术能够将所有的 SAR 影像进行组合，基于最小二乘方法获得每一个小集合的地表形变，利用奇异值分解（singular value decomposition，SVD）方法将小基线集联合起来进行求解（Usai and Klees，1999；Usai，2003；Berardino et al.，2002）。所以，SBAS 技术可以看作是将单次 DInSAR 得到的结果作为观测值，再基于最小二乘法则来获取高精度的时间形变序列。SBAS 技术的关键是差分干涉对的选取，通过选择合适的时空基线阈值，以减少或消除 DInSAR 技术处理过程中去相关因素的影响。

假设有覆盖同一区域的 $N+1$ 幅按时间顺序排列的单视复数 SAR 影像，$t_0, \cdots, t_N$ 分别表示影像的获取时间，根据基线阈值组合干涉对，可得到 M 幅空间基线和时间基线均小于某一阈值的差分干涉图，M 满足以下关系（假设 N 为奇数）：

$$\frac{(N+1)}{2} \leqslant M \leqslant N\frac{(N+1)}{2} \tag{6-8}$$

假设从 t_A、t_B 两个时间获取的 SAR 图像生成第 j 幅差分干涉图，并假设 t_B 晚于 t_A，去除地形相位后，则第 j 幅差分干涉图中距离向（range，r）-方位向（azimuth，a）坐标系下像元 (r,a) 处的相位值可表示为

$$\delta\phi_j(r,a) = \phi(t_B,r,a) - \phi(t_A,r,a)$$

$$\delta\phi_j(r,a) \approx \frac{4\pi}{\lambda}[d(t_B,r,a) - d(t_A,r,a)] \tag{6-9}$$

式中，λ 为雷达波长；$d(t_B,r,a)$ 和 $d(t_A,r,a)$ 分别为像元在 t_B 和 t_A 时刻，相对于参考时间 t_0 的沿雷达视线方向（LOS）的累积形变量，且 $d(t_0,r,a)=0$。用 $d(t_i,r,a), i=1,\cdots,N$ 表示所要获得的形变时间序列，则相应的相位时间序列可表示为

$$\phi(t_i,r,a) = \frac{4\pi}{\lambda}d(t_i,r,a), \quad i=1,\cdots,N \tag{6-10}$$

为简化模型，在假设的基础上没有考虑大气相位、残余地形相位及去相关现象的影响，假设条件中所有相位信号都是解缠后的相位，且所有差分干涉图都配准到同一坐标系。

由于 SBAS 技术是通过逐像元计算以获取差分干涉图中各像元的时间形变序列，因此，接下来仅以其中某一像元为例，介绍 SBAS 技术的算法模型。

所有 SAR 图像中待求像元点的形变量对应的相位值组成向量，即为待求参数：

$$\phi^T = [\phi(t_1)\cdots\phi(t_N)] \text{ 或 } \phi = [\phi(t_1)\cdots\phi(t_N)]^T \tag{6-11}$$

各差分干涉图解缠后的相位组成的向量即为观测量：

$$\delta\varphi^T = [\delta\varphi_1\cdots\delta\varphi_M] \text{ 或 } \delta\varphi = [\delta\varphi_1\cdots\delta\varphi_M]^T \tag{6-12}$$

$\delta\varphi_k$（$k=1$，$\cdots$，M）为相对于解缠参考点的相位值，主影像（master image）和从影像（slave image）对应的时间序列分别为

$$I^{\text{Master}} = [I_1^{\text{Master}},\cdots,I_M^{\text{Master}}]^T, \quad I^{\text{Slave}} = [I_1^{\text{Slave}},\cdots,I_M^{\text{Slave}}]^T \tag{6-13}$$

假设主、辅影像是按照时间顺序排列的，即 $I_k^{\text{Master}} > I_k^{\text{Slave}}, \forall k=1,\cdots,M$，则第 k 幅差分干涉图中的相位可表示为

$$\delta\varphi_k = \varphi(t_{I_k^{\text{Master}}}) - \varphi(t_{I_k^{\text{Slave}}}) \tag{6-14}$$

式中，表达式是由 M 个等式组成的方程组，含有 N 个未知数。将方程组表示为矩阵形式：

$$A\phi = \delta\phi \tag{6-15}$$

式中，矩阵 $A_{M\times N}$ 每一行对应一个干涉图，每一列对应一幅 SAR 图像，$\forall k=1,\cdots,M$，有 $[k, I_k^{\text{Master}}]=1$ 和 $[k, I_k^{\text{Slave}}]=-1$，矩阵中其他元素为 0。例如，$\delta\phi_1 = \phi_4 - \phi_2, \delta\phi_2 = \phi_3 - \phi_0$，则矩阵 $A_{M\times N}$ 的前几项形式如下：

$$A_{M\times N} = \begin{bmatrix} 0 & -1 & 0 & +1 & \cdots \\ 0 & 0 & +1 & 0 & \cdots \\ \cdots & \cdots & \cdots & \cdots & \cdots \\ \cdots & \cdots & \cdots & \cdots & \cdots \end{bmatrix} \tag{6-16}$$

如果所有干涉图属于同一个子基线集，则有 $M \geq N$，矩阵 A 的秩为 N，利用最小二乘法得

$$\phi = (A^T A)^{-1} A^T \delta\phi \tag{6-17}$$

而在实际情况中，可用数据集分散在不同的子集矩阵中，则矩阵 A 秩亏，$A^T A$ 为奇异矩阵。假设有 L 个不同的子基线集，则矩阵 A 的秩为 $N-L+1$，方程组有无限多个解。此时，采用奇异值分解法（SVD）能解出式（6-15）的唯一解，通过 SVD 分解，矩阵 A 被分解为以下格式：

$$A = U\sum V^T \tag{6-18}$$

式中，U 为 $M \times N$ 的正交矩阵，由 $A^T A$ 的特征向量 u_i 组成；V 为 $N \times N$ 的正交矩阵，由 $A^T A$ 的特征向量 v_i 组成；$\sum$ 是 $M \times M$ 的对角阵，对角线元素为 $A^T A$ 的特征值 $\sigma_i (i=1,\cdots,N)$。假设 A 阵的秩为 R，那么 $A^T A$ 的前 R 个特征值非零，后 $M-R$ 个特征值为 0。

假设 A 的伪逆矩阵为 A^+，则：

$$A^+ = \sum_{i=1}^{R} \frac{1}{\sqrt{\sigma_i}} v_i u_i \tag{6-19}$$

则式（6-15）的最小二乘范数解为

$$\hat{\phi} = \sum_{i=1}^{R} \frac{1}{\sqrt{\sigma_i}} v_i u_i \delta\phi \tag{6-20}$$

式中，u_i 和 v_i 分别对应 U 和 V 的行向量。

将求解相位转为相位变化速率的求解，即

$$v^T = \left[v_1 = \frac{\phi_1 - \phi_0}{t_1 - t_0}, \cdots, v_N = \frac{\phi_N - \phi_{N-1}}{t_N - t_{N-1}} \right] \tag{6-21}$$

代入式（6-15），则有：

$$\sum_{i=I_k^{Slave}+1}^{I_k^{Master}} (t_i - t_{i-1}) v_i = \delta\phi_k, (k=1,\cdots,M) \tag{6-22}$$

将上式写成矩阵形式，即可表示为

$$Bv = \delta\phi \tag{6-23}$$

式中，B 为 $M \times N$ 矩阵，矩阵元素 $B[i,k] = t_{k+1} - t_k$，其中 $I_i^{Slave} + 1 \leq k \leq I_i^{Master}$，$\forall i-1,\cdots,M$，其他元素值为零。

将奇异值分解应用于矩阵 B，可以得到各时间段平均速度 v，在时间域上进行积分即可得到该像元的形变时间序列。SBAS 技术处理流程主要包括生成差分干涉对、选取点目标、解缠差分干涉图，以及获取时间序列形变几个步骤。

针对覆盖同一地区的 $N+1$ 景影像，设定空间基线和时间基线的阈值，根据该干涉组合条件，将符合条件的影像对进行差分干涉处理，生成 M 景短小基线的干涉图。

由于 SBAS 技术的算法模型是逐像元进行计算地表形变时间序列的，所以需要依据相

干系数图选择高相干点，进而对空间离散像元点进行相位解缠。

对差分干涉图进行解缠，以选取的高相干点为参考点进行解缠。目前，相位解缠的方法主要有最小二乘法、网络流算法、路径跟踪算法和最小费用流算法等，本书实验采用的是最小费用流算法进行解缠。

利用 SVD 方法进行求解，求得各时间段的平均形变速率，以及研究区域的地表形变时间序列。

本书采用 SARscape® 软件进行 SBAS 数据处理，其详细处理流程如图 6-3 所示。

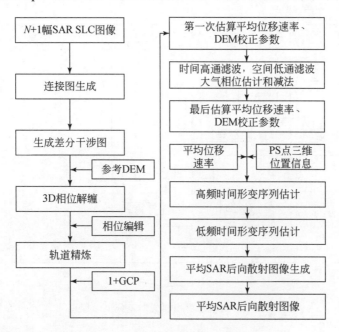

图 6-3　SBAS 技术的数据处理流程图

6.1.3　多时相 DInSAR 技术

创造性地运用多时相 DInSAR 技术，面向全矿区采用了两种干涉处理流程，即"相邻重访周期式（以下简称"相邻式"）"干涉测量和"累积重访周期式（以下简称"累积式"）"干涉测量（马超等，2012；Ma et al.，2016）。两种干涉处理物理意义和数学方法相同，但由于采用了不同的时空基线组合，结果包含不同的地学意义。前一种干涉处理方式，便于定量化分析干涉相位变化，可以获得单一周期内地表沉陷范围；后一种干涉处理方式，便于跟踪采区相位变化规律，获得地表最大沉陷范围，从不同时空角度评价开采沉陷干涉形变场的变化特征。

1. 二轨法"相邻式"差分干涉测量

该方法利用外部 DEM 数据，与开采前后两幅图像干涉测量结果逐一进行差分干涉处理，得到的相位图为相邻两幅 SAR 图像成像间的地表形变量，即有

$$\Delta\phi_{d_{(i,i+1)}} = \Delta\phi_{d_{i+1}} - \Delta\phi_{d_i} \tag{6-24}$$

且有

$$\Delta\phi_{d_{(2,n)}} = \sum_{i=2}^{n}(\Delta\phi_{d_{i+1}} - \Delta\phi_{d_i}) \tag{6-25}$$

该方法的优点在于：可以少订购一幅 SAR 图像，如图中的 O_1；能够获得任意相邻两景 SAR 图像成像间的地表形变量；时间基线短，干涉结果比较好，干涉成功概率高；可以反映煤矿开采沉陷的变化情况，有利于实现动态监测（图 6-4）。

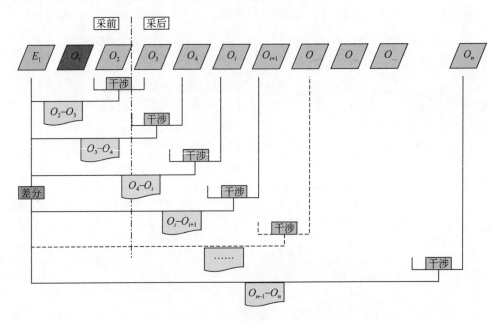

图 6-4　二轨法"相邻式"差分干涉原理

该方法的缺点是：无法获得沉陷区的形变演化机理；无法得到总的差分相位图，不能体现开采沉陷区的宏观形变演化机理；难以获得开采沉陷前的地表稳定性状况；差分干涉相位图容易受到外部 DEM 精度的影响。

2. 二轨法"累积式"差分干涉测量

该方法是将开采前一幅（图中 O_2）逐一与开采后的图像进行干涉处理，然后再与外部 DEM 进行差分处理，得到的各个差分干涉相位图是累积的地表开采沉陷形变量，即有

$$\Delta\phi_{d_i} = \phi_j - \phi_2, (i = 1, 2, \cdots, n-1; j = 3, 4, \cdots, n) \tag{6-26}$$

式中，i 为开采沉陷差分干涉形变相位图的期次；j 为 SAR 图像的期次。

最后一次的累积差分干涉测量结果即为最终的开采沉陷形变相位图，即

$$\Delta\phi_d = \phi_n - \phi_2 \tag{6-27}$$

该方法的优点在于：降低订购 SAR 数据成本和数据处理工作量，如图 6-5 中的 O_1；实际的操作比较简单，方便理解和分析；能够得到开采沉陷区的形变演化特征；与常规的开采沉陷监测手段相近似，可以与之进行对比分析，以便相互验证（图 6-5）。

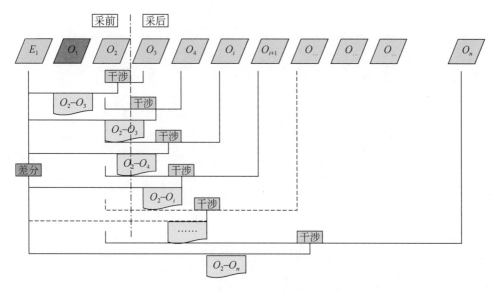

图 6-5 · 二轨法"累积式"差分干涉原理

该方法的缺点在于：时间基线伴随着开采沉陷的增长，会产生时间失相干的问题；难以获取开采沉陷形变前的地表稳定性状况，由于默认形变前的地表是稳定的，一旦出现地表位移，差分结果中将会出现虚假的开采沉陷相位变化；不易获得相邻两次 SAR 图像成像间的开采沉陷形变量；受外部 DEM 数据的精度和更新速率的影响，差分干涉相位图中可能会包含一些不准确因素，中心区可能会出现大面积的失相干区。

6.1.4　两种干涉策略 DInSAR 数据处理

采用 2012 年 1 月～2013 年 6 月共 18 景 RADARSAT-2 数据，数据重访周期为 24 天，空间分辨率 5m，工作波段为 C 波段，极化方式为 HH，成像模式 Multilook Fine（MF6），覆盖范围 50km×50km，处理过程中所需的 DEM 数据为 SRTM 90m 分辨率高程数据。通过对 18 景 SAR 图像进行裁剪获得覆盖布尔台煤矿区 22201-1/2 工作面上方的图像，覆盖范围在 $39°24'\sim39°26'N$、$109°58'\sim110°1'E$ 之间。本次研究没收集到上述时间段中 2012 年 9 月、2013 年 1 月和 2013 年 5 月的数据，其余重访周期数据均获得，如表 6-1 所示。

表 6-1　神东矿区 RADARSAT-2 MF6 数据基本信息表

编号	卫星型号	轨道号	帧号	获取时间	像元大小/m（距离×方位）	累积式		相邻式	
						时间基线/天	垂直基线/m	时间基线/天	垂直基线/m
1	RS2	53987	513409	2012-01-20	2.7×2.9	0	0	—	—
2	RS2	53987	513410	2012-02-13	2.7×2.9	24	406.381	24	406.381
3	RS2	53987	513411	2012-03-08	2.7×2.9	48	483.757	24	58.561
4	RS2	53987	513412	2012-04-01	2.7×2.9	72	566.684	24	91.523
5	RS2	53987	513413	2012-04-25	2.7×2.9	96	431.924	24	-140.489

续表

编号	卫星型号	轨道号	帧号	获取时间	像元大小/m（距离×方位）	累积式 时间基线/天	累积式 垂直基线/m	相邻式 时间基线/天	相邻式 垂直基线/m
6	RS2	53987	513414	2012-05-19	2.7×2.9	120	169.205	24	-271.015
7	RS2	53987	513415	2012-06-12	2.7×2.9	144	399.032	24	226.938
8	RS2	53987	513416	2012-07-06	2.7×2.9	168	518.792	24	116.981
9	RS2	53987	513417	2012-07-30	2.7×2.9	192	480.647	24	-35.478
10	RS2	53987	513418	2012-08-23	2.7×2.9	216	216.560	24	-261.894
11	RS2	53987	513419	2012-10-10	2.7×2.9	264	242.027	48	25.197
12	RS2	53987	513420	2012-11-27	2.7×2.9	312	461.354	48	216.328
13	RS2	53987	513421	2012-12-21	2.7×2.9	336	470.981	24	14.725
14	RS2	45789	439762	2013-02-07	2.7×2.9	384	94.929	48	-376.383
15	RS2	45791	439765	2013-03-03	2.7×2.9	408	226.109	24	131.718
16	RS2	57396	539004	2013-03-27	2.7×2.9	432	463.322	24	229.483
17	RS2	57396	539005	2013-04-20	2.7×2.9	456	489.296	24	26.821
18	RS2	57396	539006	2013-06-07	2.7×2.9	504	593.340	48	107.641

　　研究采用相邻轨道干涉测量方法，时间基线和空间基线都能得到较好的控制，时间基线为 24～48 天，空间基线垂直分量为-376.38～406.38m，预期干涉效果比较理想。如图 6-6（a）所示。累积式干涉测量法，时间基线会不断增长，从最初的 24 天增加到最后的504 天，时间去相干的影响会越来越显著，如图 6-6（b）所示。

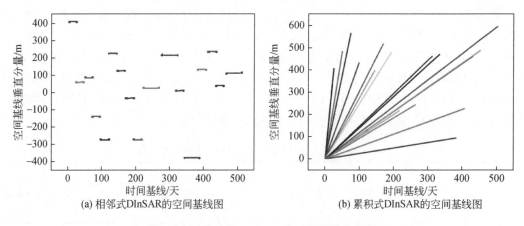

(a) 相邻式 DInSAR 的空间基线图　　　　　(b) 累积式 DInSAR 的空间基线图

图 6-6　两种时序 DInSAR 的时空基线分布图

1. "相邻式"差分干涉测量结果

　　"相邻式"DInSAR 干涉测量。不固定主图像（master），前 17 景轮流作为主图像，紧邻的下一景依次作为从图像（slave），时间基线与重访周期相同。处理过程包括参考主影像的选取、干涉像对的配准及重采样、两次干涉处理一次差分运算、相位解缠、地理编码和产品输出等步骤，由此得到各时间段的差分干涉相位图。其干涉相位图的特点是各期差分相位变化相互独立，开采沉陷形变相位区以足迹形式向前移动，如图 6-7 所示。

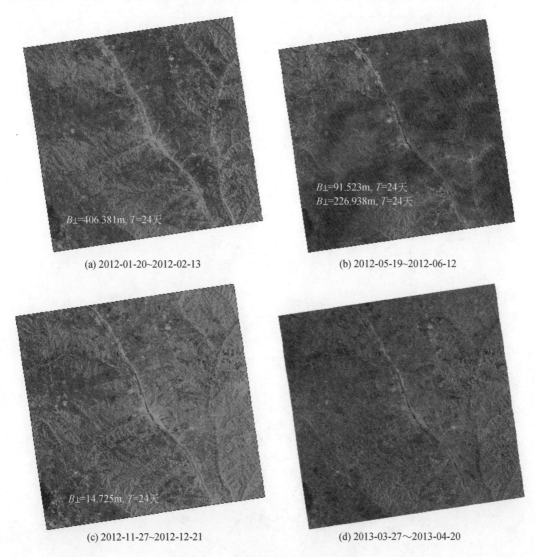

$B\perp$=406.381m, T=24天

(a) 2012-01-20~2012-02-13

$B\perp$=91.523m, T=24天
$B\perp$=226.938m, T=24天

(b) 2012-05-19~2012-06-12

$B\perp$=14.725m, T=24天

(c) 2012-11-27~2012-12-21

(d) 2013-03-27~2013-04-20

图 6-7　"相邻式"差分干涉形变图

图 6-8 所列即为 17 期差分结果。这些相位图中包含了形变信息，从形变图中可以初步识别出神东矿区在各监测周期内的地表沉陷分布的大致位置和范围。

17 期差分干涉图所反映的规律大致如下。

（1）时间基线和垂直基线较大的干涉对，相位变化区较少或者不明显，可能是由于时间去相干和垂直基线去相干造成的。图中的 2012-08-23～2012-10-10、2012-10-10～2012-11-27 和 2013-04-20～2013-06-07，这三期次的时间基线均为 48 天，其余期次均为 24 天；2012-01-20～2012-02-13 的垂直基线为 406.381m，其余期次的垂直基线都在 400m 以内。

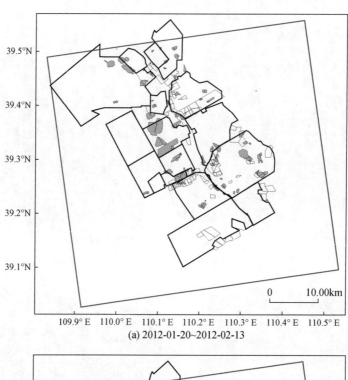

(a) 2012-01-20~2012-02-13

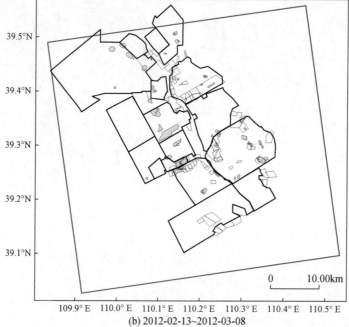

(b) 2012-02-13~2012-03-08

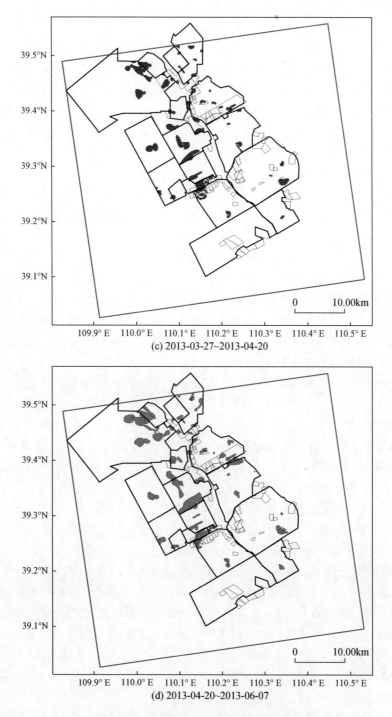

(c) 2013-03-27~2013-04-20

(d) 2013-04-20~2013-06-07

图 6-8　"相邻式"沉陷范围解译结果

（2）形变相位变化区中心点从无到有，从有到无，这可以解释为开采沉陷的传导致使相位变化，活跃期相位变化梯度过大，超出了干涉形变表达能力；也有可能是开采只在一个时间段内进行，之后便停止开采，沉陷也就随之停止。

（3）各个时段开采引起的地表沉降范围有所变化，是不同时间不同程度的开采量导致的沉陷范围不同。

从图 6-8 中可以看出，2012-01-20～2013-06-07 之间的 3 期差分结果不如其余时间段的结果清晰，非形变区的结果不稳定。造成这种现象的原因可能是受两方面的影响：一是数据获取时间处于夏季，地面植被随着季节变化较大，以及云、雨天气，这些因素共同造成了地物目标后向散射特性的变化，给雷达成像带来一定的干扰，从而造成严重失相干；二是在数据处理过程中受到了大气误差去除及相位解缠质量的影响。

由图 6-8 可知，沉陷区主要分布在乌兰木伦河和窟野河两侧，由形变区域的特点可以判定，乌兰木伦河附近以井工开采为主，窟野河附近则是以露天开采为主。神东矿区在每个监测时间段内均有地表形变发生，且沉陷范围甚广，形变程度剧烈，表明神东矿区在该监测时间内维持着高强度煤炭开采。

本次试验差分干涉测量输出的产品为形变图，要对矿区进行沉降分析研究，还需借助其他方法提取出具体的矿区信息。遥感图像中包含的信息比文字描述更为直观、丰富、完整，但如何对遥感图像进行处理、识别、分析、提取出所需的信息是非常重要的。遥感图像解译是目前遥感图像处理的基本方法，包括光学处理和目视解译两种方法。目视解译法是遥感影像处理沿用多年的方法，是指专业人员通过直接观察或借助辅助判读仪器在遥感图像上获取特定目标地物信息的过程。

遥感图像中目标特征是电磁辐射差异的反映，SAR 影像解译的标志主要包括色调、形状、大小、阴影、纹理、相对位置等特征。本次实验结合得到的 504 天神东矿区地表沉陷形式特征，以"盆地"状的形状、色调、纹理特征对形变图进行目视解译与判读，将解译出来的 17 期沉陷区边界与实地调研的矿区边界图进行叠加显示，结果见图 6-8，由于实地调研仅获得神东矿区边界及煤炭开采的数据信息，所以图中只展示了位于神东矿区区域的解译结果。

由图 6-8 可知，开采沉陷发生在每一个时间段，图中详细解译了神东矿区 17 个不同相邻时间段的沉陷影响范围。结合实地调研数据中神东矿区的边界信息，由第一期的解译结果可判定，地表沉陷发生在万利布尔台煤矿、补连塔煤矿、李家塔煤矿、上湾煤矿、武家塔煤矿、活兔鸡煤矿、大柳塔煤矿、陕西省韩家湾煤矿、石圪台煤矿和乌兰木伦煤矿十个矿区。十个煤矿区在其余的 16 个期次内均有沉陷，表明这些煤矿区持续进行着煤炭开采活动，而高产量、高强度的煤炭开采正是造成开采影响范围规模大的原因。在 2012-04-01～2012-04-25 期次首次出现沉陷的大海则煤矿，其地表沉陷发生在 2012-07-06～2012-11-27 和 2013-03-03～2013-06-07 两个时间段，表明该煤矿在 2012-04-25～2012-07-06 和 2012-11-27～2013-03-03 两个时间段内没有进行煤炭开采。

2."累积式"差分干涉测量结果

"累积式"DInSAR 干涉测量。固定第一景为主图像（master image，2012-01-20），其后 17 景随时间基线递增，依次作为从图像。其干涉相位图的特点是后一次的差分相位变化包含前面逐次相位变化量，开采沉陷形变相位中心向前推移，形变区逐期增大（图 6-9）。按照图 6-5 所示原理，以 2012-01-20 作为主影像，与其余影像的时间基线和垂直基线信息列于表 6-1 中。采用外部 SRTM-3 DEM 数据，2012-01-20 主影像依次与从影像进行干涉处理，并一一与 DEM 作差分处理，所得相位形变图如图 6-9 所示。

　　图 6-9 中 2012-01-20～2013-03-27、2012-01-20～2013-04-20 和 2012-01-20～2013-04-20
三个期次的相位形变结果几乎完全失真，造成这种结果的原因是时间基线和垂直基线都过
长，导致失相干，生成无意义的相位形变结果。2012-01-20～2012-07-30 期次的相位形变结
果也不是很理想，难以识别出沉陷影响范围，造成这种现象的原因可能为：一是时间基线
和垂直基线过长；二是 2012-07-30 景数据获取当天受天气影响，产生的雷达数据中含有大
量干扰噪声，在实验过程中没有去除其影响。图 6-9 乌兰木伦河附近的井工开采区沉陷区
有明显逐期扩大的趋势，窟野河附近的露天开采区沉陷区在空间上缺乏连续性，表明两种
不同的开采模式对地表造成的形变影响也有所不同。

(a) 2012-01-20～2012-02-13　　　　　　　　　　(b) 2012-01-20～2012-04-01

(c) 2012-01-20～2012-08-23　　　　　　　　　　(d) 2012-01-20～2013-04-20

图 6-9　"累积式"差分干涉形变图

同样需要进行图像解译才能获得神东矿区累积的沉陷量。由于 2012-01-20 的影像与

2013-02-07 之后的影像之间时间基线过长，会带来时间失相干的影响，且后 3 期结果已经接近完全无效，解译不到沉陷影响范围，所以仅对 2012 年的 12 期结果进行开采沉陷影响区边界解译，解译结果如图 6-10 所示。

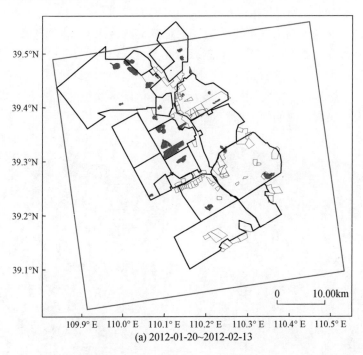

(a) 2012-01-20~2012-02-13

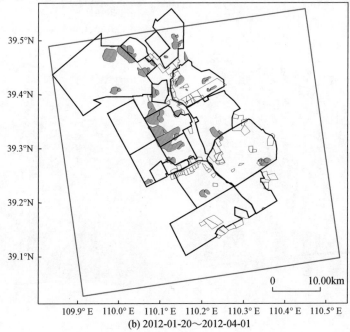

(b) 2012-01-20～2012-04-01

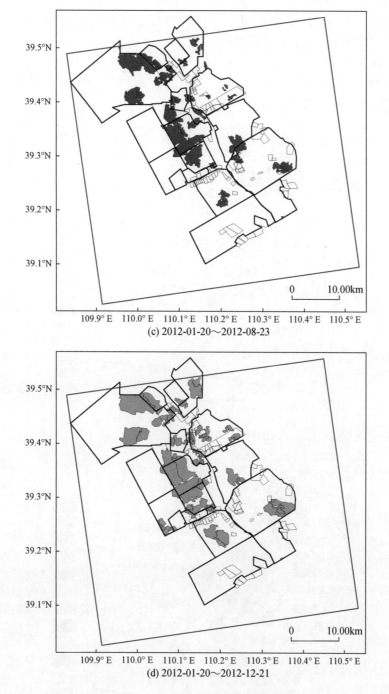

(c) 2012-01-20～2012-08-23

(d) 2012-01-20～2012-12-21

图 6-10 "累积式"沉陷范围解译结果

由于第一期的解译结果是对 2012-01-20～2012-02-13 期次的解译，其结果与相邻重访周期式差分的第一期解译结果相同。在相邻式差分干涉的结果上得出每个监测周期都有沉陷，那么理论意义上累积式差分干涉的结果就应该是逐期次累加的，沉陷影响范围也应该呈现逐渐增大的趋势。6.1.3 节中提到的十个矿区在监测周期内均有沉陷，但在累积式差分干涉结果的 2012-01-20～2012-07-06 期次相位形变图上各沉陷区范围均缩小，可能是与垂直基线过长（518.792m）有关，导致结果不准确。

时序分析用来甄别差分测量结果中的残余变形和大气影响，获得多期开采沉陷相位变化区空间展布特征、变化形式、发展方向、演进规律及其时间相关性，如图 6-11、图 6-12 所示。通过分析获得如下认识：

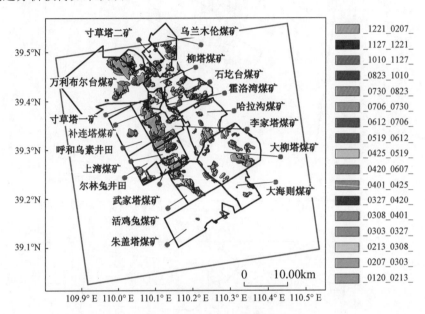

图 6-11 "相邻式"干涉结果

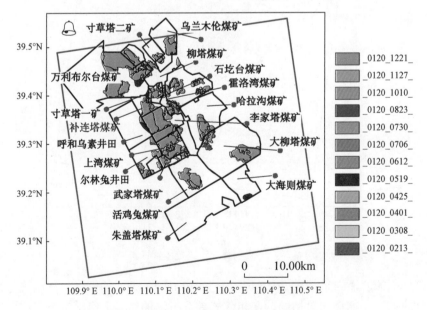

图 6-12 "累积式"干涉结果

（1）17 个时段干涉获得的多个相位变化区中心及几何形态具有空间相关性。

（2）逐期累积分阶段差分干涉测量信息提取策略，各期相位变化量自前向后呈现的累积现象为判断相位变化区具有时间相关性的重要依据。

（3）部分相位变化区空间位置不一致，可能是多种因素导致的相位残留或其他人类活动造成的影响，还有一些在时间上不连续，认为与采矿活动有关，如露天开采。

6.1.5　SBAS InSAR 时间序列分析结果

1. 干涉对的优化选取

实验的第一步骤是筛选符合时间基线和空间基线阈值的干涉对。由表 6-1 所列的数据信息可知，所有 RADARSAT-2 数据影像的相邻时间基线比较短，总跨度为 504 天，研究选定的时间阈值为 200 天，不仅能够使各时间段数据连接起来，还控制了时间基线较长影像对的组合。SARscape 软件中的临界基线最小百分比默认为零，最大临界基线百分比默认为45%，通过多次试验最终将最大临界基线百分比设定为 5%，软件统计得到的最大空间基线为 422m。

根据设定的时间基线和空间基线阈值，对 18 景影像筛选，确定在阈值范围内的影像对进行组合形成干涉像对。由于 SBAS 算法是对同名像元点进行时序分析，为了避免干涉图之间配准困难的问题，软件自动选出超级主影像为 2012-08-23，并将所有数据都配准到该主影像，使得干涉对之间具有统一的坐标系统。图 6-13 是生成的连接图表，绘制出了各组像对的时间和空间基线，图 6-14 是可以做 3D 解缠的子像对。

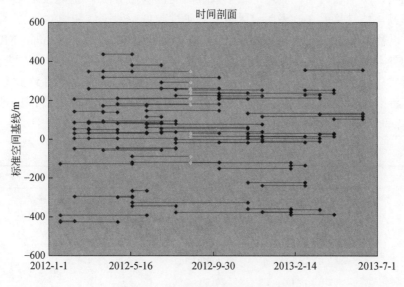

图 6-13　连接图的时空基线分布图

2. 差分干涉处理

根据干涉像对的连接关系，依次对每一像对进行差分干涉工作流处理。包括四个步骤：干涉图生成（interferogram generation）、干涉图去平（interferogram flattening）、自适应滤波和相干系数生成（adaptive filter and coherence generation）及相位解缠（phase unwrapping）。

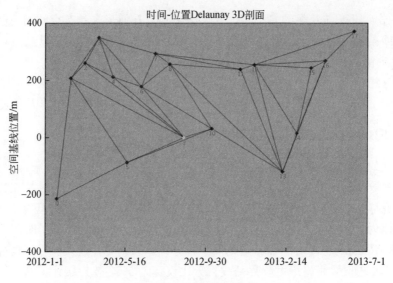

图 6-14　3D 解缠子像对

通过修改参数可以提高差分干涉结果的效果及软件运行效率，根据数据本身的系统参数及提前设置好的制图分辨率，软件自动计算并添加距离向视数和方位向视数，不再做手动修改。之后是对干涉纹图进行最小费用流（minimum cost flow）滤波处理，以去除平地干涉引起的相位噪声，同时还生成干涉像对之间的相干图。

相干图可以用来表达相位质量，相干系数值的范围在 0～1，值越接近 1，表明该区域的相干性越高，值越接近 0，表明该区域的相干性越低。对干涉和滤波后的干涉纹图进行相位解缠，以解决 2π 模糊度的问题，SBAS 推荐的默认解缠方法是 Delaunay MCF，该方法可以很好地处理两个孤立的高相干性区域，是大多数情况下都可行的解缠方法。

通过查看生成的各像对去平地干涉图、相干图及解缠结果图，将相干性低、解缠结果不理想的干涉对进行移除，最后保留下来 47 个干涉对，其时空基线见表 6-2。图 6-15 所示为 47 个去除平地效应后的干涉纹图，图 6-16 所示为 47 个干涉对的相干图。

表 6-2　47 个干涉对组合与基线参数

编号	主影像	从影像	空间基线/m	时间基线/天
1	2012-08-23	2012-07-06	292	−48
2	2012-08-23	2012-07-30	256	−24
3	2012-08-23	2012-10-10	31	48
4	2012-10-10	2012-07-30	234	−72
5	2012-10-10	2012-11-27	215	48
6	2012-10-10	2012-12-21	229	72
7	2012-10-10	2013-02-07	−148	120
8	2012-10-10	2013-03-03	−16	144
9	2012-10-10	2013-03-27	220	168
10	2012-10-10	2013-04-20	244	192

续表

编号	主影像	从影像	空间基线/m	时间基线/天
11	2012-06-12	2012-02-13	70	-120
12	2012-06-12	2012-03-08	94	-96
13	2012-06-12	2012-04-01	180	-72
14	2012-06-12	2012-04-25	36	-48
15	2012-06-12	2012-05-19	-228	-24
16	2012-06-12	2012-07-06	117	24
17	2012-11-27	2012-12-21	33	24
18	2012-11-27	2013-02-07	-357	72
19	2012-11-27	2013-03-03	-228	96
20	2012-11-27	2013-03-27	5	120
21	2012-11-27	2013-04-20	29	144
22	2012-02-13	2012-01-20	-421	-24
23	2012-02-13	2012-03-08	59	24
24	2012-02-13	2012-04-01	145	48
25	2012-02-13	2012-04-25	54	72
26	2012-02-13	2012-05-19	-273	96
27	2012-12-21	2013-02-07	-374	48
28	2012-12-21	2013-03-03	-243	72
29	2012-12-21	2013-03-27	-27	96
30	2012-12-21	2013-04-20	26	120
31	2012-04-25	2012-01-20	-422	-96
32	2012-04-25	2012-03-08	55	-48
33	2012-04-25	2012-04-01	145	-24
34	2012-04-25	2012-05-19	-263	24
35	2012-05-19	2012-01-20	-166	-120
36	2012-05-19	2012-03-08	318	-72
37	2012-05-19	2012-04-01	408	-48
38	2012-05-19	2012-07-06	343	48
39	2013-03-03	2013-02-07	-135	-24
40	2013-03-03	2013-03-27	232	24
41	2013-03-03	2013-04-20	257	48
42	2013-03-27	2013-02-07	-361	-48
43	2013-03-27	2013-04-20	28	24
44	2013-03-27	2013-06-07	129	72
45	2012-03-08	2012-04-01	90	24
46	2013-04-20	2013-02-07	-387	-72
47	2013-04-20	2013-06-07	105	48

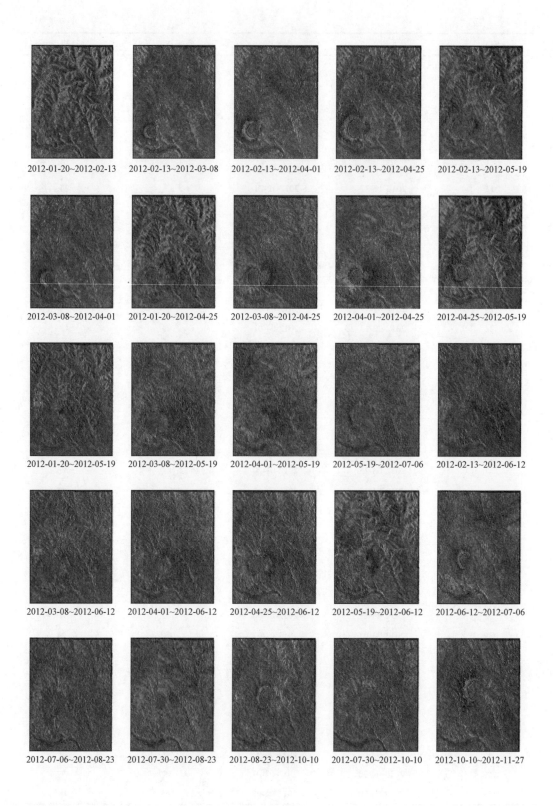

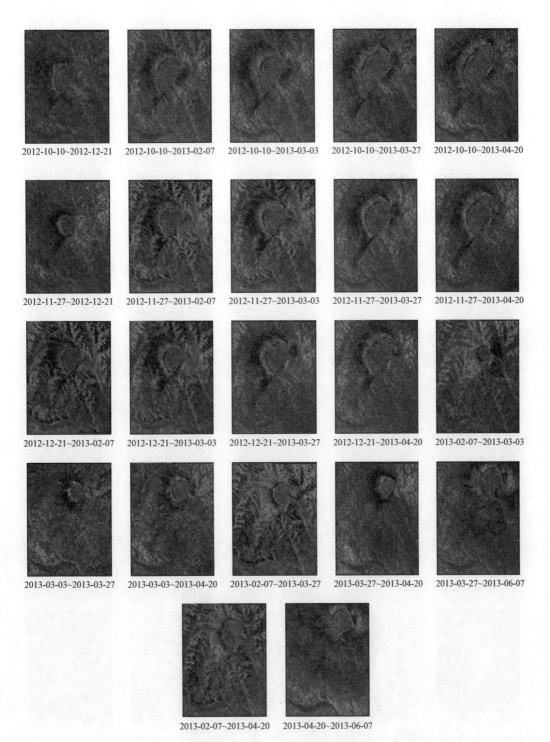

图 6-15 47 个干涉像对的干涉图

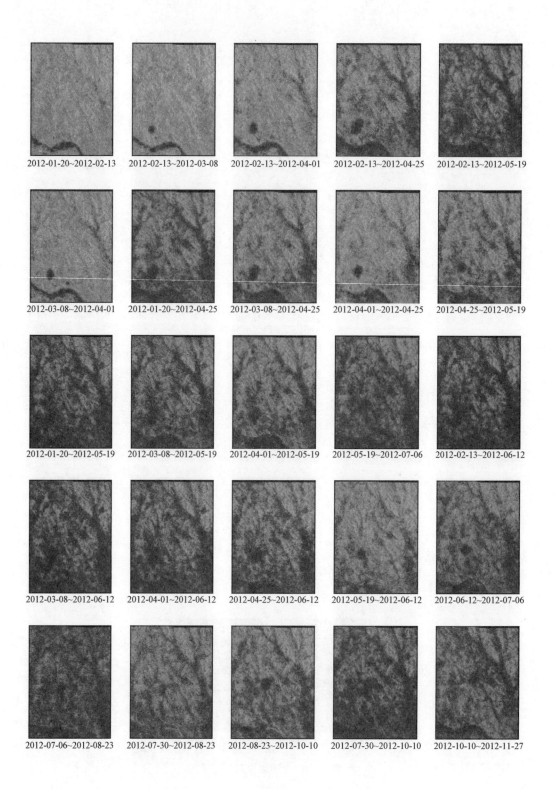

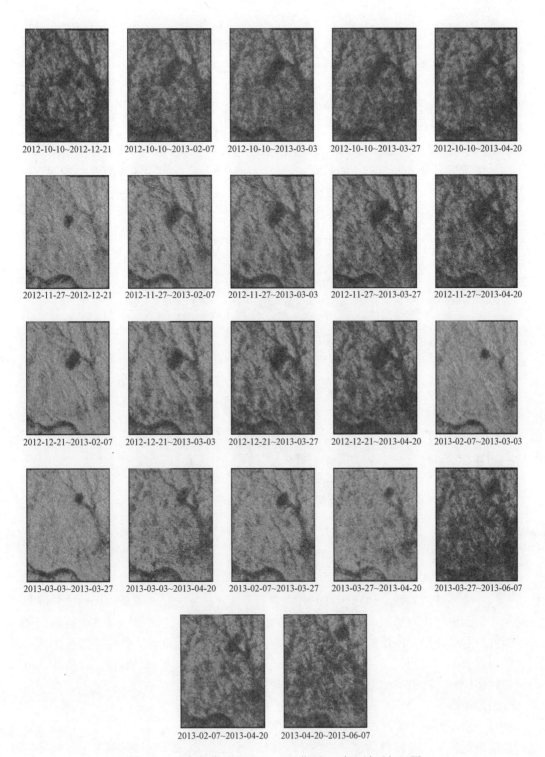

图 6-16　布尔台煤矿 22201-1/2 工作面 47 个干涉对相干图

3. 高相干点的选取

在 SARscaper 软件中，高相干点的选取包含在"轨道精炼与重去平"过程中。对轨道参数进行纠正，目的是估算和去除残余的恒定相位和解缠后残余的相位坡道，纠正结果只是将解缠相位头文件中的信息进行修正，不会另外生成新的数据。而要进行这一步骤，需要在去平干涉图上选择高相干点作为控制点（GCP），这里选择在 2012-01-20～2012-02-13 数据对生成的解缠图上进行选点，并生成控制点文件。

由于控制点的选择受个人主观因素的影响比较大，在选择的过程要遵循以下规则：①没有残余地形条纹和形变条纹，远离形变区域；②没有相位跃变，如果 GCP 点位于孤立的相位上，且解缠值非常差，该点可能是斜坡相位的一部分，是个错误的控制点；③由于干涉对拥有着不同的相干性，很难人为地找到完美的 GCP 能够完全应用在所有干涉对中，所以有必要多选择一些 GCP。本实验共选择了 62 个，其分布如图 6-17 所示。

图 6-17　研究区的 GCP 分布图

4. SBAS 反演

SBAS 反演分两次进行。第一次反演主要是基于线性模型计算出所有像对的形变和高程，并估计位移速率和残余地形信息；对合成的干涉对进行去平，重新进行相位解缠和精炼处理，得到更优化的结果，以便用于第二次反演。在此过程中依然选择 3D 解缠。第二次反演的核心是在第一次反演得到的形变速率基础上，对时间序列上的位移进行计算。通过大气滤波去除大气相位，大气高通、大气低通两个选项可以对大气影响进行估计，最后得到的时间序列上的位移结果中都减去了这些大气部分。

5. 地理编码

最后一步需要对 SBAS 的结果进行地理编码，在该过程中需要对图像结果做均值滤波处理。均值滤波又称为线性滤波，主要采用邻域平均法。邻域平均法的基本原理就是将以某一像元为中心的窗口内的所有像元的平均值代替原图像中的像元值，假设图像的矩阵大

小为 $N \times N$，均值滤波的计算公式即为

$$g(x,y) = \frac{1}{M} \sum_{(i,j) \in S} f(i,j), (x,y = 0,1,2,\cdots,n-1) \tag{6-28}$$

式中，$g(x,y)$ 为计算后的像元值，即经过滤波后的新图像中对应位置像元的值；(x,y) 为待求像元的位置；M 为窗口内的像元总数；S 为以待求像元为中心的窗口内像元的集合；$f(i,j)$ 为原图像中的像元值。

窗口选择越大，图像滤波结果的模糊度就随之增大，本次试验选取软件默认的窗口大小，即 3×3，以避免较大模糊度给试验结果带来影响。

经地理编码后得到的 17 期相位形变结果如图 6-18 所示。同时加载了开采工作面信息，图中黑色区域为沉陷中心区域，依次向周边扩展为沉陷影响范围。

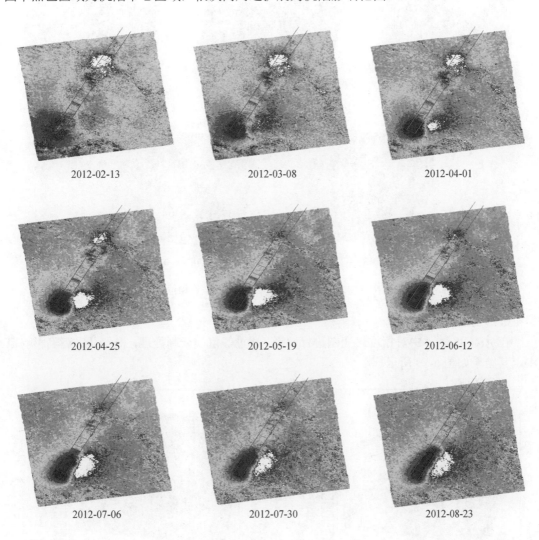

2012-02-13	2012-03-08	2012-04-01
2012-04-25	2012-05-19	2012-06-12
2012-07-06	2012-07-30	2012-08-23

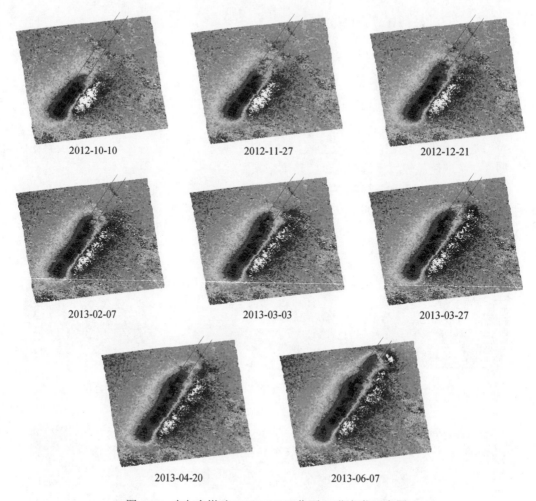

图 6-18　布尔台煤矿 22201-1/2 工作面 17 期相位形变图

6. 形变结果分析

在 ArcGIS 软件中对相位形变图进行解译，通过等值线分割处理，得到开采沉陷影响范围，其结果如图 6-19 所示。

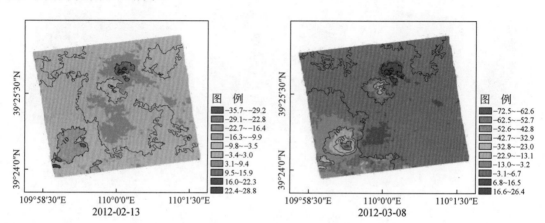

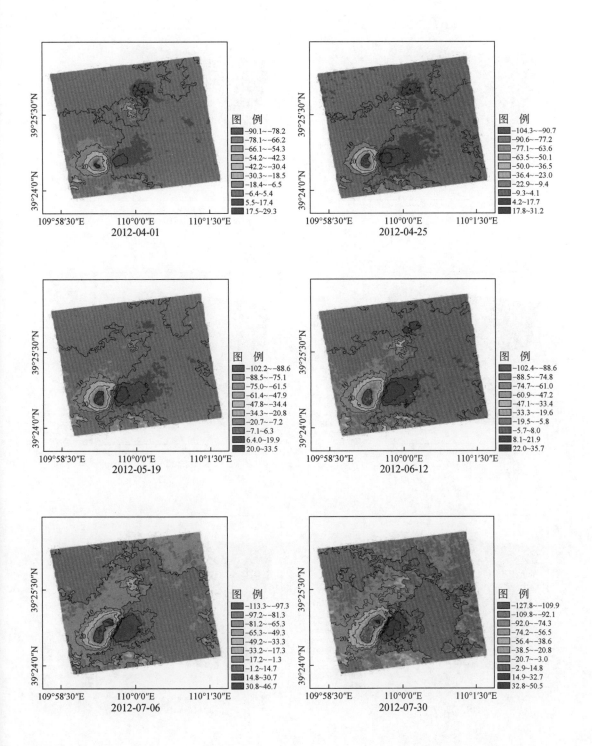

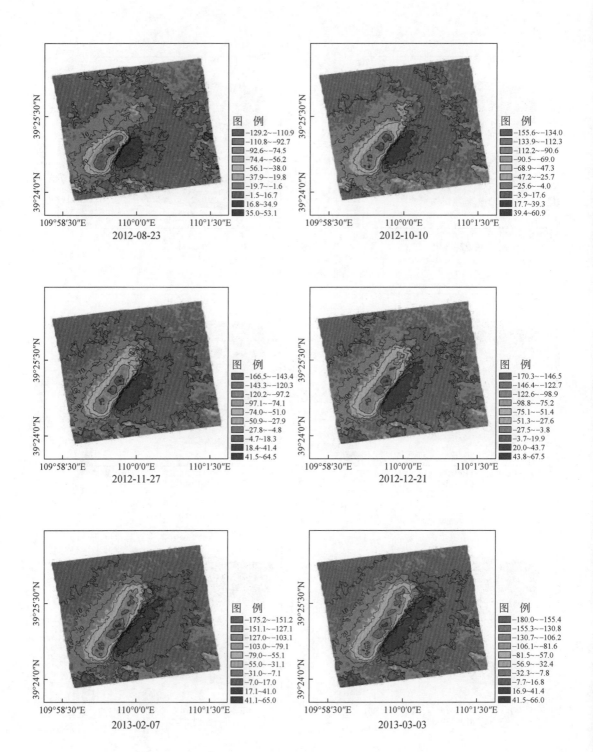

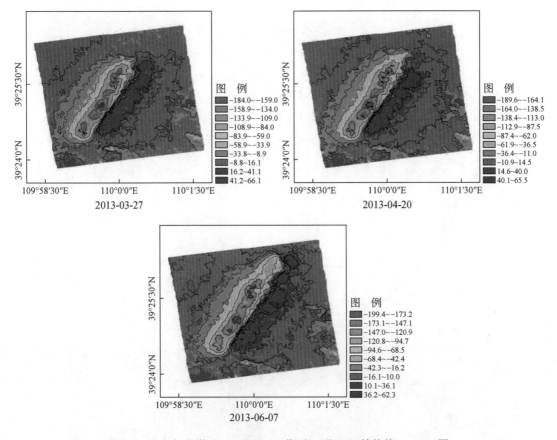

图 6-19　布尔台煤矿 22201-1/2 工作面 17 期下沉等值线（mm）图

由图 6-18、图 6-19 可知，沉陷区的位置分布在布尔台煤矿 22201-1/2 工作面主断面方向，在空间和时间上具有延续性，同时影响范围明显向工作面的一侧发育，另一侧由于成为排土场没有发生沉陷反而有所抬升。结合 6.1 节中的累积式差分干涉相位图，与沉陷面积逐渐增大的趋势保持一致。

6.2　高强度开采矿区地表沉陷时空变化规律

6.2.1　神东矿区开采沉陷规律

为了获得高强度开采矿区开采沉陷规律，对乌兰木伦河以西，具有地下开采特征的 19 个连续变形区开展了深入的研究。为了方便编号，把它们分在七个研究区，分别为 A（$A1$，$A2$，$A3$，$A4$，$A5$），B（$B1$，$B2$，$B3$），C（$C1$），D（$D1$，$D2$，$D3$，$D4$），E（$E1$，$E2$，$E3$），F（$F1$，$F2$），G（$G1$）。为了方便获得最大下沉主剖面，利用了相邻式干涉测量的相干性图像，在相干性图像中，开采沉陷区为低相干区，连接每一期低相干区的几何中心形成最大下沉主剖面线，然后利用这一剖面线，提取两种干涉结果的下沉值，绘制成 19 个连续变形区下沉特征曲线，如图 6-20 所示。

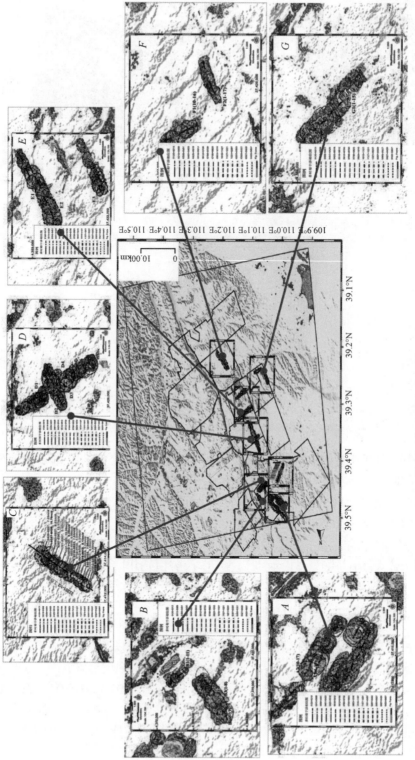

图6-20　DInSAR时间序列分析获得的沉陷区（乌兰木伦河以西部分地区）

下面对每个研究区的代表性工作面进行分析。

1. A 沉陷区时间序列沉降分析

A 沉陷区位于布尔台煤矿区，呈南北长、东西窄的椭圆形状，依长轴方向布设观测线，观测点间距 20m。

A5 观测线设置 166 个观测点，总长 3320m，时序垂直相位变化曲线呈双下沉盆地特征，最大下沉值为-189mm，336 天（2012 年 1～12 月）观测期平均下沉速率为 0.56mm/d（图 6-21）。

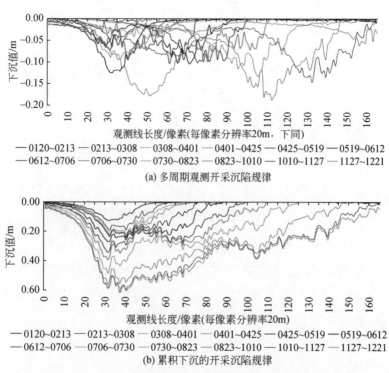

(a) 多周期观测开采沉陷规律

(b) 累积下沉的开采沉陷规律

图 6-21　'A5'沉陷区沿工作面推进方向剖面的时序分析图

2. B 沉陷区时间序列沉降分析

B 沉陷区位于布尔台煤矿区，呈南北长、东西窄的椭圆形状，依长轴方向布设观测线，观测点间距 20m。

B2 观测线设置 149 个观测点，总长 2980m，由于 B1，B2，B3 三个工作面位置毗邻，因此随着工作面的推进，时序垂直相位变化曲线呈多下沉盆地特征，最大下沉值为-199mm，336 天（2012 年 1～12 月）观测期中工作面沿剖面线平均下沉速率为 0.58mm/d（图 6-22）。

3. C 沉陷区时间序列沉降分析

C 沉陷区位于寸草塔煤矿区，呈南北长、东西窄的椭圆形状，依长轴方向布设观测线，观测点间距 20m。

C1 观测线设置 111 个观测点，总长 2220m，时序垂直相位变化曲线呈下沉盆地特征，最大下沉值为-170mm，336 天（2012 年 1～12 月）观测期中矿区沿剖面线平均下沉速率为 0.51mm/d（图 6-23）。

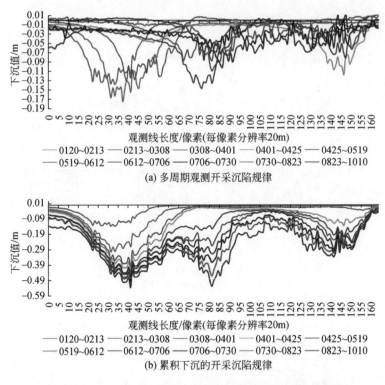

(a) 多周期观测开采沉陷规律

(b) 累积下沉的开采沉陷规律

图 6-22 'B2' 沉陷区沿工作面推进方向剖面的时序分析图

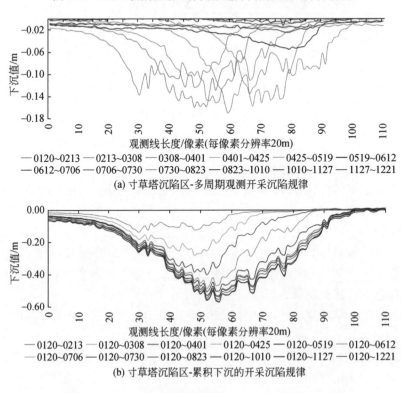

(a) 寸草塔沉陷区-多周期观测开采沉陷规律

(b) 寸草塔沉陷区-累积下沉的开采沉陷规律

图 6-23 'C1' 沉陷区沿工作面推进方向剖面的时序分析图

4. D 沉陷区时间序列沉降分析

D 沉陷区，呈南北长、东西窄的椭圆形状，依长轴方向布设观测线，观测点间距 20m。

D2 观测线设置 147 个观测点，总长 2940m，时序垂直相位变化曲线呈下沉盆地特征，剖面线上的最大下沉值为-124mm，336 天（2012 年 1～12 月）观测期中矿区沿剖面线平均下沉速率为 0.37mm/d（图 6-24）。

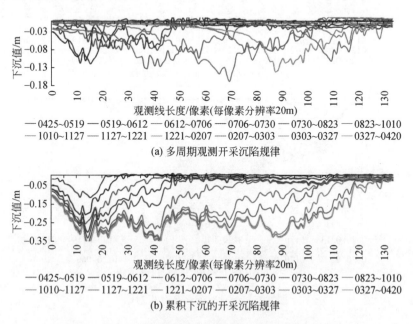

(a) 多周期观测开采沉陷规律

(b) 累积下沉的开采沉陷规律

图 6-24　'D2' 沉陷区沿工作面推进方向剖面的时序分析图

6.2.2　布尔台煤矿 22201-1/2 工作面开采沉陷规律

时序分析用于甄别差分测量结果中的残余变形和大气影响，获得多期开采沉陷相位变化区空间展布特征、变化形式、发展方向、演进规律及其时间相关性。对于确定采动损害边界，地表移动分类分级，求取地表移动参数有实际意义。

本书以布尔台煤矿 22201-1/2 工作面为例进行了实验研究，应用多时相 DInSAR，SBAS InSAR 两种方法进行干涉处理，求取了可用的参数，对比分析了两种方法获得的规律。结果如图 6-25 所示。

通过对比 DInSAR，SBAS InSAR 两种方法获得的下沉曲线，获得如下认识：

（1）如图 6-25（a）所示，多时相 DInSAR 干涉处理的叠加获得的 17 期下沉曲线，总体上反映出开采沉陷规律，即地下开采造成地表沉降，随着采区范围的扩大，下沉区沿推进方向逐步扩展，下沉量逐期增大，当最大下沉值达到一定程度，趋于稳定，形成超充分采动地表下沉形态。但是，由于高强度开采（大采高，薄基岩，快速推进）引起的快速、大量下沉，导致严重的干涉失相干，相位变化量的主值不能被有效地提取出来，表现在下沉曲线上的特点是，只在第一期观测时下沉值未超出 DInSAR 的解缠能力（$\lambda/4 \approx 14mm$），整个下沉曲线是光滑连接的；其后的各期，由于下沉值超出 DInSAR 的解缠能力，在下沉

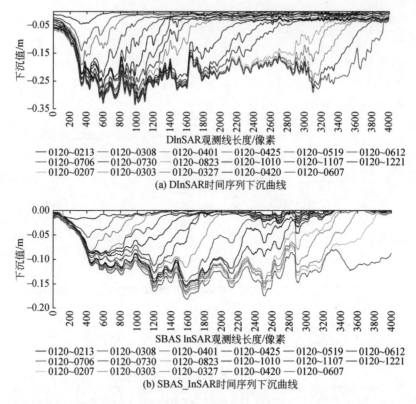

(a) DInSAR时间序列下沉曲线

(b) SBAS_InSAR时间序列下沉曲线

图 6-25　两种时间序列分析对比

曲线底部，出现了算法无法计算的噪声相位，此时的下沉曲线已没有任何实际意义，曲线底部的下沉量不能获得；另外，随着时间基线的增长，时间失相干影响增大，下沉曲线的响应变得不敏感，观测中后期的下沉曲线出现一定的滞后；残余相位变化的累积也造成非采动区无端出现下沉现象等。

（2）如图 6-25（b）所示，SBAS_InSAR 干涉处理优化了时空基线，提高了时间及空间采样率，所获得的结果可靠性要高于 DInSAR，其 17 期下沉曲线对开采沉陷规律表现的更为准确、细腻。与概率积分法预计的下沉曲线形态更为接近，保持了很好的连续性。但仍然受到开采沉陷大变形影响，干涉测量不能提取相位变化量的主值，所获得的最大下沉值未超过 200mm，这与实际情况差距很大。

（3）通过对 SBAS_InSAR 干涉处理的进一步解译，获得工作面开采面积 1.230km²，沉陷区面积 5.575km²；采塌面积比为 1：4.5。开采日平均推进速度 8.1m/d；沉陷区日平均推进速度 7.9m/d；平均最大下沉角 67.3°；SABS_InSAR 超前影响角 50.5°（DInSAR 超前影响角 53.5°）（表 6-3）。

表 6-3　干涉相位图解译求参数表

成像日期	成像时间间隔/天	月开采距离（停采线）/m	开采推进速度/（m/d）	沉陷推进速度/（m/d）	滞后影响角（边界角）/（°）	最大下沉角/（°）	DInSAR超前影响角/（°）	SABS超前影响角/（°）	备注
2012-01-20	—	—	—	—	—	—	—	—	

续表

成像日期	成像时间间隔/天	月开采距离（停采线）/m	开采推进速度/（m/d）	沉陷推进速度/（m/d）	滞后影响角（边界角）/（°）	最大下沉角/（°）	DInSAR超前影响角/（°）	SABS超前影响角/（°）	备注
2012-02-13	24	78.93	3.3*	5.7*	73.8*	-88.4*	70.1*	68.2*	初采
2012-03-08	24	134.14	5.6	3.3	44.3	-77.2	58.1	32.7	
2012-04-01	24	152.84	6.4	6.5	40.1	-80.1	55.8	46.9	
2012-04-25	24	228.95	9.5	7.0	34.8	-72.5	50.2	55.8	
2012-05-19	24	201.86	8.4	7.1	37.1	-65.4	56.1	53.8	
2012-06-12	24	204.74	8.5	8.1	34.0	-66.5	61.0	40.2	
2012-07-06	24	193.48	8.1	8.2	32.7	-62.4	63.6	54.0	
2012-07-30	24	121.24	5.1**	5.0**	38.6**	-62.7**	83.5**	73.0**	搬家
2012-08-23	24	152.20	6.3	7.0	42.0	-64.9	55.9	58.9	
2012-10-10	48	367.95	7.7	4.6	30.6	-59.2	56.1	25.6	
2012-11-27	48	346.32	7.2	8.3	31.2	-65.0	47.2	21.3	
2012-12-21	24	223.51	9.3	12.9	31.9	-71.9	45.2	29.1	
2013-02-07	48	433.38	9.0	5.5	25.6	-59.5	52.4	49.9	
2013-03-03	24	142.91	6.0	13.2	35.5	-64.1	49.4	65.0	
2013-03-27	24	239.91	10.0	8.2	34.2	-65.2	49.8	72.9	
2013-04-20	24	233.46	9.7	10.8	37.4	-69.3	44.8	67.5	
2013-06-07	48	499.95	10.4	7.3	28.8	-66.1	57.4	84.5	
总和/平均	504/	3955.79/	/8.1	/7.9	/34.7	/-67.3	/53.5	/50.5	

*为初采影响数据，不参与平均值运算；**为工作面 22201-1 向 22201-2 搬家，不参与平均值运算；"—"号表示与开采推进方向相反。

总之，InSAR 技术用于开采沉陷监测，能够提供一次数千平方千米的覆盖面积，空间采样率达到几百到上万个测量点和毫米至亚厘米的地表变形监测精度。通过采用 DInSAR、SBAS InSAR 两种干涉测量技术，对具有典型高强度开采特性的神东矿区进行地表沉陷监测与时间序列分析，得到如下结论：

（1）传统的 DInSAR 技术完全可以胜任矿区开采沉陷地质灾害调查的任务。虽然受到时空退相干和大气噪声的影响，但不妨碍对沉陷区边界的提取，仍然可以获得沉陷区发生、发展和演变规律。采用逐期累积的"累积式"干涉测量可以确定真实形变区，采用分阶段的"相邻式"干涉测量可以减小时间退相干影响。从不同时期提取到神东矿区在 336 天（2012 年 1～12 月）内的相位形变区多达 60 余处，其中既有露天开采模式的，也有井工开采模式的。

（2）SBAS_InSAR 用于开采沉陷时序分析，能够优化 SAR 数据集，最大限度地克服时空失相干影响，增加时间采样率，抑制地形和大气延迟影响，所获得的结果可靠性要高于 DInSAR。对单一工作面开采沉陷规律表现得更为准确、细腻，获得了沉陷速率、沉陷区日平均推进速度、超前影响角等重要参数。

（3）在高强度采区，由于开采沉陷下沉速度过快造成的相位梯度过大，InSAR 技术仍然无法获得开采沉陷的最大下沉值，影响了对相关开采沉陷参数的确定。

6.3 DInSAR 和 PIM 技术的沉陷特征模拟与反演

高强度煤炭开采（大采高、薄基岩、快速采煤）可形成巨大的地表形变场，过大的形变相位梯度导致干涉测量失败，单独采用 DInSAR 及其衍生技术均无法获得开采沉陷主值。为此，本书提出一种新的解决方案，即联合多时相 DInSAR 时序分析及 PIM 技术（probability integral method），整合理论计算与卫星观测结果，实现开采沉陷特征的动态模拟和模型重构。

研究以 2012 年 1 月～2013 年 6 月共 18 期高分辨率雷达数据［RADARSAT-2，5m 精细波束模式（MF5）］为数据源，首先利用连续重访周期的 DInSAR 技术获得 17 期时间序列开采沉陷相位变化图，监测得到神东矿区布尔台煤矿 22201-1/2 工作面地表形变从产生、发展到衰退的演化规律，然后联合 DInSAR 获得的沉陷盆地边缘信息与 PIM 技术对矿区大变形下沉信息进行预计，两种数据整合形成混合数据集，最后采用 GAUSS 函数对混合数据集拟合，重构矿区时序开采下沉特征曲线。

研究表明，PIM 技术可以弥补 DInSAR 技术在大形变提取上的不足，利用混合数据集建立的 GAUSS 模型，对于有限开采（非充分采动）或充分采动的主断面下沉值具有极高的拟合度，拟合度 R^2 均大于 0.976。

6.3.1 DInSAR 时间序列变化趋势

图 6-26 显示了极佳的干涉测量效果。在后处理中，研究采用了相干性图像表达采矿扰动的区域，可以看到开采阶段造成的地表下沉区，沿工作面中心线由近及远移动的轨迹。

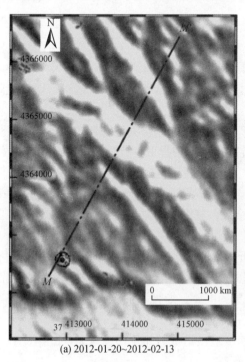
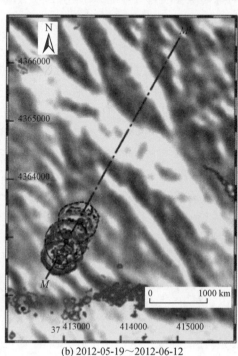

(a) 2012-01-20～2012-02-13　　　　　　(b) 2012-05-19～2012-06-12

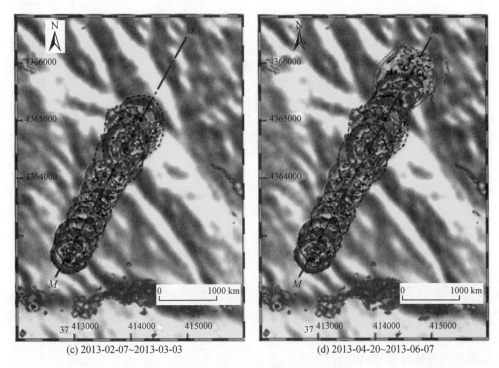

(c) 2013-02-07~2013-03-03　　　　　　　　(d) 2013-04-20~2013-06-07

图 6-26　DInSAR 时间序列干涉相位图

显然，时间序列干涉相位图，对于把握各阶段采矿地质灾害发生、发展规律及地表移动的动态参数求取，具有重要参考价值。

6.3.2　布尔台矿地表移动预计

1. 布尔台煤矿地表移动预计模型

位于布尔台煤矿的 22201 工作面，属典型的近水平浅埋藏煤层，是目前世界单井设计产量最大的井工煤矿。22201 工作面分两个年度开采，2012 年主采 22201-1，2013 年主采 22201-2（统称 22201-1/2 工作面，下同），22201-1/2 工作面开采宽度 311m，开采长度 3955m，主采 2#煤层，平均厚度 2.5m，平均采深 265m，采煤沉陷影响范围大、分布集中，引起的地表沉陷及损害比较严重。

根据矿区地表状况，选择山区地表移动预计的理论模型进行预计，该模型是对平地地表移动预计模型的改进，即任意点 (x, y) 和任意计算方向 Φ 的移动和变形计算公式为（国家煤炭工业局，2000；何万龙和康建荣，1992）。

下沉：

$$W'(x, y)=W(x, y)+D_{x, y}\{P[x]\cos^2\varphi+P[y]\sin^2\varphi+P[x]P[y]\sin^2\varphi\cos^2\varphi\,\mathrm{tg}^2\alpha'x, y\}W(x, y)\mathrm{tg}^2\alpha'_{x, y}$$

（6-29）

水平移动：

$$U'(x, y, \Phi)=U(x, y, \Phi)+D_{x, y}W(x, y)\{P[x]\cos\Phi\cos\varphi+P[y]\sin\Phi\sin\varphi\}\tan\alpha'_{x, y}$$
（6-30）

式中，$W'(x,y)$ 和 $W(x,y)$ 分别为山区和相同地质采矿条件平地任意点 (x,y) 的下沉；$U'(x,y,\Phi)$ 和 $U(x,y,\Phi)$ 分别为山区和相同地质采矿条件平地任意点 (x,y) 和计算方向 Φ 的水平移动。其余参数意义见文献（康建荣等，2000）。

其中平地任意点 (x,y) 的下沉：

设任意开采单元 (s,t) 的开采引起的地表任意点 (x,y) 的下沉为

$$W_{\mathrm{g}}(x,y) = \frac{1}{r^2}\mathrm{e}^{-\pi\frac{(x-s)^2+(y-t+l)^2}{r^2}} \tag{6-31}$$

则整个工作面（走向长 D_1，倾向宽 D_2）开采引起的地表任意点下沉的概率积分法计算公式为

$$W(x,y) = W_0\int_0^{D_2}\int_0^{D_1}\frac{1}{r^2}\mathrm{e}^{-\pi\frac{(x-s)^2+(y-t)^2}{r^2}}\mathrm{d}t\mathrm{d}s \tag{6-32}$$

式中，r 为主要影响半径，$r=H_0/\mathrm{tg}\beta$；H_0 为平均采深；$\tan\beta$ 为主要影响角 β 正切；$l=H\cdot\mathrm{Ctg}\theta_0$，$H$ 计算单元的深度；θ_0 为最大下沉角；x,y 为地表任意一点的坐标；s,t 为开采单元中心点的平面坐标。

2. 布尔台煤矿地表移动预计

由于 InSAR 相位采样是 2π 缠绕的，这就意味着相邻像元相位差大于 π 的模糊相位不能准确被测量，即任意两次观测时间段内可准确量测的相邻像元，视线向形变量不能大于 1/4 波长（Wasowski and Bovenga，2014）。对于 RADARSAT-2 而言，相邻重访周期（24天）干涉测量能获取的相邻像元形变量最大为 $\lambda/4=1.4\mathrm{cm}$，所能获得的最大形变速率则为 $v_{\mathrm{max}} = \dfrac{\lambda}{4\mathrm{d}t} = 0.58\mathrm{mm/d}$（$\mathrm{d}t$ 为数据获取间隔）。显然对于高强度开采沉陷速率达到 0.7m/d 的神东矿区而言（陈俊杰等，2015），DInSAR 技术很难胜任，因此采用适当的理论计算是必要的。

研究采用开采沉陷学常用的概率积分法地表移动预计理论（何国清等，1999），根据 22201-1/2 采掘工作平面图推算出 SAR 数据获取时工作面的进度，预计参数参照相邻地表移动观测站获得的参数值（陈俊杰等，2016）。设置采厚、煤层倾角、下沉系数 q、水平移动系数 b、主要影响角正切 $\tan\beta$ 和开采影响传播角 θ 分别为 2150～2840mm，0.5～1.0°，0.62，0.24，1.63 和 89.0°，预计范围 4660m×700m=3.26km²，预计点数 220×35=7700 点（图 6-27）。模拟"相邻式"干涉测量过程，概率积分法地表移动预计部分结果列于表 6-4。

从表 6-4 可以看出，虽然没有顾及地表起伏，PIM 预计的下沉值仍然高于 DInSAR 结果一个数量级，在下沉盆地中心区，DInSAR 由于形变梯度过大而失相干了。

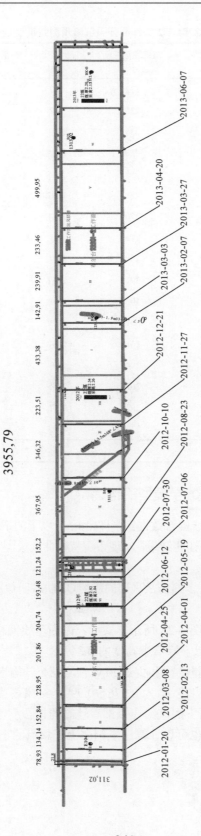

图 6-27 概率积分法预计的22201-1/2工作面开采沉陷下沉等值线

表 6-4 22201-1/2 工作面开采沉陷预测特征值表

开采阶段	平均开采厚度 /mm	煤层倾角 / (°)	煤层埋藏深度 /m	最大下沉 /mm	最大水平移动 /mm	最大倾斜 / (mm/m)
1	2840	1.66	232	842	−155/146	−4.10/4.10
2	2840	1.60	236	972	−329/306	−8.70/8.50
3	2840	1.17	238	1101	−356/335	−9.40/9.30
4	2840	0.86	250	1485	−415/389	−10.90/10.90
5	2840	0.57	255	1375	−403/382	−10.70/10.70
6	2840	0.43	258	1397	−410/384	−11.00/10.90
7	2840	0.72	270	1341	−403/376	−10.90/10.80
8	2840	1.00	272	855	−293/281	−8.00/8.20
9	2260	1.49	268	869	−281/266	−7.70/7.80
10	2260	1.95	297	1349	−335/313	−9.20/9.10
11	2260	1.18	302	1340	−336/308	−9.40/9.00
12	2260	0.60	301	1179	−330/306	−9.20/9.20
13	2150	1.06	261	1301	−323/294	−9.40/8.90
14	2150	0.69	244	816	−269/255	−7.70/7.70
15	2150	0.46	267	1185	−319/300	−8.90/8.90
16	2150	0.17	292	1151	−314/297	−8.70/8.70
17	2150	0.36	270	1293	−314/298	−8.70/8.80
平均	2500	0.93	265	—	—	—

6.3.3 GAUSS 下沉曲线数学模型的构建

联合 DInSAR 和 PIM 结果构成混合数据集，即−14mm 以下的下沉值采用 DInSAR 结果，−14mm 以上的下沉值采用 PIM 预计的结果，实现下沉特征曲线模型重建。由于概率积分函数是负指数函数（$W = \frac{1}{r}e^{-\pi\left(\frac{x}{r}\right)^2}$ 或 $y = ae^{-\frac{bx^2}{c}}$），故采用同族的 GAUSS 函数 $y = y_0 + \frac{A}{w \cdot \sqrt{\pi/2}}e^{-\frac{2(x-x_c)^2}{w^2}}$

对混合数据进行非线性拟合。如图 6-28 所示。式中，y_0 为基线偏移；A 为曲线下方的积分面积；x_c 为中央峰值；$W=2\sigma$ 近似于峰值半高宽的 0.849。

实验采用了大量 DInSAR 测量结果和少量 PIM 预测结果，构造了 17 期混合沉陷数据，实验获得了较高的拟合精度，拟合度 R^2 为 0.976～0.999。结果表明，该模型对于有限开采（非充分采动）或充分采动主断面下沉值的模拟都有较高的拟合度，利用获得的数学模型可以评估各开采阶段的下沉状况，也可以计算出主剖面上任意点的下沉值。

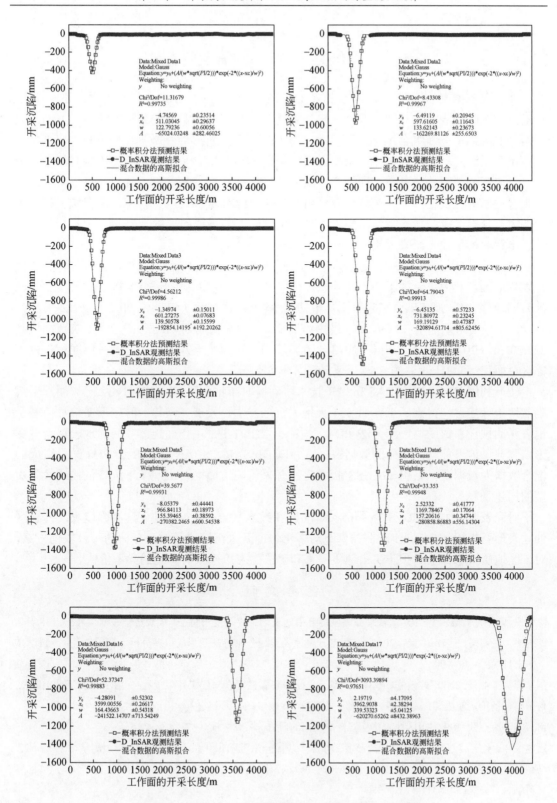

图 6-28　基于 GAUSS 函数模型的混合数据重建下沉曲线

6.4 小 结

在有限数据集的情况下,本章尝试了 DInSAR 与 SBAS InSAR 相结合的数据处理方法,针对开采沉陷地表移动规律,开展从整体到局部,从宏观到微观的分析方法。一方面,采用两种 DInSAR 干涉组合("相邻式"和"累积式"),进行多时相数据比较分析,获得多期大范围开采沉陷动态演化规律;另一方面,采用 SBAS InSAR 进行典型工作面时间序列分析,求取部分地表移动参数。即能充分发挥 DInSAR 成熟稳定的技术优势,可以对全区采动损害程度进行快速评估;又能充分利用 SBAS InSAR 提高时间采样率,从算法上抑制地形和大气延迟影响的技术特点,实现对典型工作面沉陷规律的准确分析。

本章取得了如下研究成果:

(1)利用 DInSAR 对神东全区进行了地表移动干涉测量调查研究,获得共揭露出 85 处地表变形区,其中位于陕蒙交界的神东矿区内 50 处(其中井工开采约 45 处,露天开采 5 处);监测期内,神东矿区沉陷范围从最初的 54.98km^2(2012 年 1 月 20 日~2012 年 2 月 13 日),平均每期递增 13.09km^2(最短周期 24 天,最长周期 48 天),最终影响范围达到 225.20km^2(2012 年 1 月 20 日~2013 年 6 月 7 日,共 504 天),504 天地表破坏面积占神东矿区总面积(3481km^2)的 6.5%,采动破坏非常剧烈。

(2)利用 DInSAR、SBAS InSAR 技术精确提取布尔台煤矿区 22201-1/2 工作面开采沉陷盆地边缘信息,得到了工作面 504 天地表沉陷发生、发展、演化的时序形变信息;基于地表移动预计参数的概率积分法 PIM,预计了 22201-1/2 工作面连续空间的地表移动与变形,弥补了地表移动主断面的数据缺失,并以 DInSAR、SBAS InSAR 和 PIM 结果组成的混合数据为数据源,采用 GAUSS 模型重建开采沉陷主断面,实现了下沉特征曲线数学模型的构建。

研究表明,DInSAR、SBAS InSAR 和 PIM 技术联合,能很好地表达高强度煤炭开采区的地表形变规律,是非同步观测条件下对多工作面开采沉陷进行时序分析的一种较优方案,对矿区地质灾害评估、预防矿山地质灾害和矿区生态重建具有一定的参考价值。

参 考 文 献

陈俊杰,南华,闫伟涛,等. 2016. 浅埋深高强度开采地表动态移动变形特征. 煤炭科学技术,44(3):158-162.

陈俊杰,朱刘娟,闫伟涛,等. 2015. 高强度开采地表裂缝分布特征及形成机理分析. 中国安全生产科学技术,11(8):96-100.

国家煤炭工业局. 2000. 建筑物、水体、铁路及主要井巷煤柱留设与压煤开采规程. 北京:煤炭工业出版社.

何国清,杨伦,凌赓娣,等. 1999. 矿山开采沉陷学. 徐州:中国矿业大学出版社,31-37,118-147.

何万龙,康建荣. 1992. 山区地表移动与变形规律的研究. 煤炭学报,17(4):1-15.

康建荣,王金庄,温泽民. 2000. 任意形多工作面多线段开采沉陷预计系统(MSPS). 矿山测量,(1):24-27.

马超,孟秀军,潘进波,等. 2012. D_InSAR 时序开采沉陷观测的干涉策略选优. 河南理工大学学报(自然科学版),31(3):311-316.

Berardino P,Fornaro G,Lnanri R,et al. 2002. A new algorithm for surface deformation monitoring based on small baseline differential SAR interferograms. IEEE Transactions on Geoscience and Remote Sensing，40 （11）：2375-2383.

Ma C，Cheng X Q，Yang Y L，et al. 2016. Investigation on mining subsidence based on multi-temporal InSAR and time-series analysis of the small baseline subset—case study of working faces 22201-1/2 in Bu'ertai Mine，Shendong Coalfield，China. Remote Sens，8：951-976，doi：10. 3390/rs8110951.

Usai S A. 2003. Least squares database approach for SAR interferometric data. IEEE Transactions on Geoscience and Remote Sensing，41（4）：753-760.

Usai S，Klees R. 1999. Interferometry on a very long time scale：A study of the interferometric characteristics of man-made features. IEEE Transactions on Geoscience and Remote Sensing，37（4）：2118-2123.

Wasowski J，Bovenga F. 2014. Investigating landslides and unstable slopes with satellite multi temporal interferometry：Current issues and future perspectives. Engineering Geology，174（8）：103-138.

第7章　高强度开采矿区生态环境演变预警机理与调控

本章节针对高强度开采影响下矿区地表生态环境演变预警指标体系和预警模型，并提出有针对性的矿区生态环境演变调控技术等方面进行研究。

（1）建立了基于 AHP-可拓理论的矿区生态环境损害动态预警模型，合理划分了预警等级的分级范围。

（2）提出了高强度开采矿区沙丘地貌区、沙地地貌区、沟壑地貌区和台塬地貌区等的生态重建技术模式。

7.1　矿区生态环境损害预警

研究在深入分析煤矿区生态环境损害预警的管理对象、目标体系和预警的基本内容，以及灾害预警机制与系统目标之后，建立了矿区生态环境损害预警的预测机制、报警机制、矫正机制和免疫机制。分析了煤矿区生态环境损害预警系统四个主要目标，研究了煤矿区生态环境损害预警管理体系。

7.1.1　煤矿区生态环境损害预警问题的物元模型

在矿业工程研究中，由于矿山信息具有多样性、复杂性、动态性、不确定性和随机性、模糊性等特征。为此，需要寻求一种解决矿业工程复杂问题，处理复杂矛盾问题的形式化模型。经典数学研究的是事物及其数量关系，由于它撇开了事物的特征，并且没有研究事物、特征、量值三者之间的关系及其变化，解决矛盾问题时就暴露出局限性。可拓学为解决矛盾问题应运而生。可拓学是由中国学者蔡文于 1983 年提出的一门学科，即用形式化的工具，探讨事物拓展的可能性及开拓创新的规律与方法，可用于解决矛盾问题。将可拓方法应用于工程技术、环境保护、社会经济、生物医学、企业管理等领域，与各学科、各专业的方法和技术相结合，发展而来的应用技术称为"可拓工程"。可拓学在矿业工程中应用较早的是露天矿边坡方案设计、岩体稳定性评价、井下围岩稳定性评价等方面。随后，可拓学在矿山开采工程领域中的应用得到迅速发展。

可拓学是用形式化的工具，从定性和定量两个角度去研究和解决矛盾问题的规律和方法。可拓学的核心是基元理论、可拓集理论和可拓逻辑。基元是可拓学的逻辑细胞，包括物元、事元和关系元。物元是可拓学的逻辑细胞，物元理论使人们能够更全面地去认识事物，了解事物的内外关系、平行关系、蕴含关系，为解决矛盾问题提供了依据。

在可拓理论中，物元是以事物、特征及事物关于该特征的量值所组成的有序三元组，

记作 $R=$（事物，特征，量值）$=(N,C,V)$，它是可拓学的逻辑细胞。若物元中 N、V 是参数 t 的函数，则称 R 为参变量物元，记作 $R(t)=[N(t),C,V(t)]$。设安全性预警问题为 P，共有 m 个预警对象（$R_1,R_2,\cdots,R_m$），n 个预警指标（$c_1,c_2,\cdots,c_n$），则该问题可利用物元表示为

$$P=R_i\times r,\ R_i\in(R_1,\ R_2,\ \cdots,\ R_m) \tag{7-1}$$

式中，R_i 为预警对象，且

$$R_i=[N_i(t),C,V_i(t)]=\begin{bmatrix} N_i(t), & c_1, & v_{i1}(t) \\ & c_2, & v_{i2}(t) \\ & \vdots & \vdots \\ & c_n, & v_{in}(t) \end{bmatrix} \tag{7-2}$$

r 为条件物元，可表示为

$$r=\begin{bmatrix} N, & c_1, & V_1(t) \\ & c_2, & V_2(t) \\ & \vdots & \vdots \\ & c_n, & V_n(t) \end{bmatrix} \tag{7-3}$$

7.1.2　可拓集合理论

为了把人们解决矛盾问题的过程定量化，并最后用计算机处理矛盾问题，可拓学必须建立相应的定量化工具，其基础就是可拓集合理论，包括可拓集合、关联函数和可拓关系。

经典集合用 0 和 1 两个数来描述事物具有某种性质或不具有某种性质，可拓集合则用取自（$-\infty$，$+\infty$）的实数来表示事物具有某种性质的程度。

可拓集合：设 U 为论域，若对 U 中任一元素 u，$u\in U$，都有一实数 $K(u)\in(-\infty,+\infty)$ 与之对应，则称 $\tilde{A}=\{(u,y)\mid u\in U,y=K(u)\in(-\infty,+\infty)\}$ 为论域 U 上的一个可拓集合，其中 $Y=K(u)$ 为 $\tilde{A}$ 的关联函数，$K(u)$ 为 u 关于 $\tilde{A}$ 的关联度。

距的计算：设 x 为实域（$-\infty$，$+\infty$）上的任一点，$X_0=<a,b>$ 为实域上的任一区间，则 $\rho(x,X_0)$ 称为点 x 与区间 X_0 之距：

$$\rho(x,X_0)=\left|x-\frac{a+b}{2}\right|-\frac{1}{2}(b-a) \tag{7-4}$$

关联函数：

$$k_i(x_i)=\begin{cases} \dfrac{-\rho(x_i,X_{0i})}{|X_{0i}|} & x_i\in X_{0i} \\[4mm] \dfrac{\rho(x_i,X_{0i})}{\rho(x_i,X_{pi})-\rho(x_i,X_{0i})} & x_i\notin X_{0i} \end{cases} \tag{7-5}$$

其中
$$\rho(x_i, X_{0i}) = \left| x_i - \frac{1}{2}(a_{0i} + b_{0i}) \right| - \frac{1}{2}(b_{0i} - a_{0i}) \qquad (i = 1, 2, \cdots, n) \qquad (7\text{-}6)$$

$$\rho(x_i, X_{pi}) = \left| x_i - \frac{1}{2}(a_{pi} + b_{pi}) \right| - \frac{1}{2}(b_{pi} - a_{pi}) \qquad (i = 1, 2, \cdots, n) \qquad (7\text{-}7)$$

隶属度的计算：确定各个特征的权系数 λ_1，λ_2，$\cdots$，λ_n，$K(p)$ 表示 p 属于 P_0 的程度：

$$K(p) = \sum_{i=1}^{n} \lambda_i K_i(v_i) \qquad (7\text{-}8)$$

判断：当 $K(p) \geqslant 0$ 时，$p \in P_0$；当 $-1 \leqslant K(p) < 0$ 时，$p \in P$，$p \notin P_0$；当 $K(p) < -1$ 时，$p \notin P_0$。以此即可判断 p 是否属于集合 P_0，或集合 P。

7.1.3　矿区生态环境损害预警指标体系

根据矿区生态环境时空演变规律，结合矿区生态环境对覆岩与地表破坏的响应特征，建立高强度开采矿区生态环境预警指标体系。

为了使建立的预警指标体系具有较强的针对性，结合研究区实测资料，基于因子分析法，借助 SPSS 软件，建立矿区生态环境损害预警的指标体系，主要包含地质条件、采矿条件、自然生态条件等指标，如表 7-1 所示。

基于 AHP-可拓理论构建煤矿区生态环境损害动态预警模型，即利用 AHP（层次分析法）确定预警指标的权重，利用物元模型进行综合评定给出预警等级。

表 7-1　矿区生态环境损害预警指标体系

	一级指标	二级指标
矿区生态环境	地质条件	地表水平变形
		曲率
		倾斜
		地质构造
		地层岩性
	采矿条件	开采方法
		开采深度
		开采厚度
	自然生态条件	植被覆盖率
		土壤质量
		地表破坏率

7.1.4　生态环境损害预警的可拓综合模型

可拓综合预警的基本思想：根据日常安全管理中积累的数据资料，把预警对象的警度划分为若干等级，综合各专家的意见确定出各等级的数据范围，再将预警对象的指标带入各等级的集合中进行多指标评定，评定结果按其与各等级集合的综合关联度大小进行比较，综合关联度越大，说明评价对象与该等级集合的符合程度越佳，预警对象的警度即为该等级。

1. 确定经典域与节域

令

$$R_{oj} = (N_{0j}, C, V_{0j}) = \begin{bmatrix} N_{0j}, & c_1, & V_{0j1} \\ & c_2, & V_{0j2} \\ & \vdots & \vdots \\ & c_n, & V_{0jn} \end{bmatrix} = \begin{bmatrix} N_{0j}, & c_1, & <a_{0j1}, b_{0j1}> \\ & c_2, & <a_{0j2}, b_{0j2}> \\ & \vdots & \vdots \\ & c_n, & <a_{0jn}, b_{0jn}> \end{bmatrix} \qquad (7\text{-}9)$$

式中，N_{0j} 为所划分的第 j 个等级；c_i（$i=1$，2，$\cdots$，n）为第 j 个等级 N_{0j} 的特征（预警指标）；V_{0ji} 为 N_{0j} 关于特征 c_i 的量值范围，即预警对象各警度等级关于对应的特征所取的数据范围，此为一经典域。

令

$$R_D = (D, C, V_D) = \begin{bmatrix} D, & c_1, & V_{D1} \\ & c_2, & V_{D2} \\ & \vdots & \vdots \\ & c_n, & V_{Dn} \end{bmatrix} = \begin{bmatrix} D, & c_1, & <a_{D1}, b_{D1}> \\ & c_2, & <a_{D2}, b_{D2}> \\ & \vdots & \vdots \\ & c_n, & <a_{Dn}, b_{Dn}> \end{bmatrix} \qquad (7\text{-}10)$$

式中，D 为警度等级的全体；V_{Di} 为 D 关于 c_i 所取的量值范围，即 D 的节域。

2. 确定待评物元

对于预警对象 p_i，将测量所得到的数据或分析结果用物元表示，称为预警对象的待评物元，可表示为

$$R_i = (p_i, C, V_i) = \begin{bmatrix} p_i, & c_1, & v_{i1} \\ & c_2, & v_{i2} \\ & \vdots & \vdots \\ & c_n, & v_{in} \end{bmatrix} i=1, \ 2, \ \cdots, \ m \qquad (7\text{-}11)$$

式中，p_i 为第 i 个预警对象；v_{ij} 为 p_i 关于 c_j 的量值，即预警对象的预警指标值。

3. 首次评价

对预警对象 p_i，首先用非满足不可的特征 c_k 的量值 v_{ik} 评价。若 $v_{ik} \notin V_{0jk}$，则认为预警对象 p_i 不满足"非满足不可的条件"，不予评价；否则进入下一步骤。

4. 确定各特征的权重

一般来说，预警对象各特征的重要性不尽相同，通常采用权重来反映重要性的差别。权重的确定采用层次分析法。

5. 建立关联函数

确定预警对象关于各警度等级的关联度，即

$$K_j(v_{ki}) = \frac{\rho(v_{ki}, V_{0ji})}{\rho(v_{ki}, V_{0Pi}) - \rho(v_{ki}, V_{0ji})} \quad (7\text{-}12)$$

式中，$\rho(v_{ki}, V_{0ji})$ 为点 v_{ki} 与区间 V_{0ji} 的距。

可表示为

$$\rho(v_{ki}, V_{0ji}) = \left| v_{ki} - \frac{a_{0ji} + b_{0ji}}{2} \right| - \frac{1}{2}(b_{0ji} - a_{0ji}) \quad (7\text{-}13)$$

6. 关联度的规范化

关联度的取值为整个实数域，为了便于分析和比较，将关联度进行规范化。当预警对象只有 1 个时，此步将省略。

$$K_j'(v_{ki}) = \frac{K_j(v_{ki})}{\max\limits_{1 \le i \le m} \left| K_j(v_{ki}) \right|} \quad (7\text{-}14)$$

7. 计算评价对象的综合关联度

考虑各特征的权重，将（规范化的）关联度和权系数合成为综合关联度，即

$$K_j(p_k) = \sum_{i=1}^{n} \alpha_i K_j'(v_{ki}) \quad (7\text{-}15)$$

式中，p_k 为第 k 个预警对象。

8. 警度等级评定

警度等级的评定准则为：

若

$$K_k(p) = \max_{k \in (1,2,\cdots,m)} K_j(p_i) \quad (7\text{-}16)$$

则：预警对象 p 的警度属于等级 k。

当预警对象的各指标间分为不同层次或预警指标较多而使权重过小时，需要采用多层次综合预警模型。多层次综合预警是在单层次综合预警的基础上进行的，计算方法与单层次相似。第二层次评定结果组成第一层次的评价矩阵 K_1，然后考虑第一层次各因素的权重 A，权系数矩阵和综合关联度矩阵合成为预警结果矩阵。

$$K = A \cdot K_1 \quad (7\text{-}17)$$

以神华集团某矿为例，利用建立的可拓综合模型进行安全预警。预警的指标体系如表 7-1 所示。它根据开采沉陷引起生态环境损害损坏的有关标准确定，并根据专家意见确定出各预警等级的标准，各指标的原始数据列于表 7-2 中。

表 7-2　生态环境损害损坏原始数据

水平变形 $\varepsilon/$（mm/m）	曲率 $K/$（mm/m²）	倾斜 $i/$（mm/m）
2.5	0.18	6.5

1）确定经典域和节域

生态环境损害预警等级可以划分为无警、轻警、中警和重警四级，各等级的经典域物元根据专家意见分别为

$$R_{01} = \begin{bmatrix} N_{01}, & \text{水平变形} & <0.1,2> \\ & \text{曲率} & <0.01,0.2> \\ & \text{倾斜} & <0.1,3> \end{bmatrix}, \quad R_{02} = \begin{bmatrix} N_{02}, & \text{水平变形} & <2.1,4> \\ & \text{曲率} & <0.21,0.4> \\ & \text{倾斜} & <3.1,6> \end{bmatrix}$$

$$R_{03} = \begin{bmatrix} N_{03}, & \text{水平变形} & <4.1,6> \\ & \text{曲率} & <0.41,0.6> \\ & \text{倾斜} & <6.1,10> \end{bmatrix}, \quad R_{04} = \begin{bmatrix} N_{04}, & \text{水平变形} & <6.1,10> \\ & \text{曲率} & <0.61,1> \\ & \text{倾斜} & <10.1,20> \end{bmatrix}$$

节域物元为

$$R_D = \begin{bmatrix} N_D, & \text{水平变形} & <0,15> \\ & \text{曲率} & <0,1.5> \\ & \text{倾斜} & <0,25> \end{bmatrix}$$

2）确定待评物元

$$R = \begin{bmatrix} N, & \text{水平变形} & 2.5 \\ & \text{曲率} & 0.18 \\ & \text{倾斜} & 6.5 \end{bmatrix}$$

3）首次评价

在生态环境损害预警指标体系中，没有非满足不可的指标（特征），故该步可省略。

4）确定各特征的权重

利用层次分析法，计算各指标的权重为

$$W331 = (0.35, \ 0.24, \ 0.41)$$

5）计算关联度

根据式（7-5）和式（7-6）可计算预警对象与各警度等级的关联度为

$$K = \begin{bmatrix} -0.167 & 0.190 & -0.390 & -0.590 \\ 0.125 & -0.143 & -0.561 & -0.705 \\ -0.35 & -0.071 & 0.066 & -0.356 \end{bmatrix}$$

6）计算预警对象的综合关联度

根据式（7-8），可得预警对象的综合关联度：

$$K_p = W \cdot K = (-0.172 \quad 0.003 \quad -0.244 \quad -0.522)$$

根据最大关联度准则可知，该预警对象的状况属于轻度损坏，预警等级为轻警。

7.2 矿区生态重建模式

7.2.1 黄土区生态重建模式

1. 裂缝与塌陷坑充填技术

由于黄土抗拉伸变形能力很小，受煤炭高强度开采影响地表极易产生垂直裂缝破坏。再加上黄土结构疏松，多空隙，垂直节理发育，富含 $CaCO_3$，极易渗水。黄土渗水后，部分 $CaCO_3$ 被水溶解，部分黄土颗粒被水带走，使黄土空隙扩大形成空洞，导致地表塌陷、裂缝进一步增大，甚至出现裂缝和塌陷坑直通采空区，造成地表水沿塌陷裂缝（坑）渗入到井下。如果这些裂缝（坑）仅用一般方法进行充填，一旦到雨季，流水冲刷，裂缝（坑）又会再现。为了防止地表水下渗，结合黄土区地表土壤自上而下断面的结构特点，在塌陷裂缝（坑）区仿造黄土剖面结构，采用防渗层、黄土覆盖层来进行复垦，其中防渗层包括衬垫层与隔水层，黄土覆盖层主要为熟黄土，具体充填复垦设计剖面构成如图 7-1 所示。

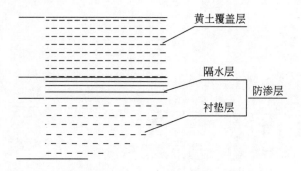

图 7-1　塌陷裂缝（坑）区充填复垦设计剖面图

在塌陷裂缝（坑）区上部充填的黄土覆盖层应选用含有一定营养成分的熟土。黄土覆盖层厚度应根据所种植植物的种类和水土等因素来确定，不同植物的种类对上部充填黄土覆盖层厚度的要求不一样，一般为 0.5～1.0m。农作物种植要求充填的黄土覆盖层厚度较大，浅根系的草本植物，则要求充填黄土覆盖层厚度相应小一些；乔灌木则要求充填黄土覆盖层厚度适当增大；水土流失严重的地区则应加厚充填的黄土覆盖层。为了防止地表水下渗，使上部黄土覆盖层保持较好的水分、养分，可在黄土覆盖层下设计防渗层，而防渗层包括衬垫层与隔水层两层。衬垫层的充填材料可采用既经济又实用的一些废料，如采用煤矸石或粉煤灰等矿区废弃物作为塌陷坑、裂缝衬垫层的充填材料。在衬垫层和黄土层之间设计隔水层，隔水层处理的好坏直接影响充填复垦的效果。充填隔水层的材料具有较好的塑性、黏结性和一定的防渗性，达到半黏土的抗渗性能。隔水层材料的选择坚持就地取材、合理选材、节约用材的原则，并适当考虑下部充填体的材料及结构类型。隔水层的设计高度一般控制在 15～20cm，隔水材料中黏土、粉煤灰、石灰的最佳比例控制在 5：3：2～4：4：2（体积比）之间。

2. 沉陷区生态重建模式

1）黄土沟壑区生态重建模式

黄土沟壑区主要是因为长期受水侵蚀造成的。沟壑区内地表黄土裸露，受矿区地下开采的影响，再加上雨水冲刷，很容易形成山体滑坡、坍塌、切落和泥石流等地质灾害。地貌重塑是该区域生态重建的基础工程，主要采用挡墙、护坡、鱼鳞坑、水平阶等工程措施，进行黄土沟壑区的土地再造和防止衍生新的地质灾害。对由于塌陷、崩塌和山体滑坡等地质灾害形成的坡度大于 25°区域，首先要采用推平、堆垒等工程措施，进行地貌重塑和土地复垦。由于黄土具有很强的湿陷性，一旦到遇到雨水冲刷，就可能继续下沉，重新成为沟壑状，因此可采用煤矸石和粉煤灰等充填底部，上覆表土，这样可防止新复垦的土地再次出现塌陷。

A. 生态农业复垦模式

生态农业复垦技术是指根据生态学原理，应用复垦工程技术和生态工程技术，通过合理配置农作物和果树等，进行生态种植，不仅可整治利用被破坏的土地，恢复并改善沉陷区生态环境，还有利于提高农业生产的综合效益。例如，对于新复垦的阶地和沟底较为平整的土地，在进行土壤基质改良的基础上，可以继续种植燕麦、玉米等农作物以及特色果树。由于新复垦的土壤质量差、肥力低、结构不良，在沟壑区土壤基质改良方法可采用施肥法（主要是有机肥）和绿肥法来提高土壤中的有机物和养分含量，改良土壤结构，消除土壤的不良理化特性。

B. 水土保持型林草复垦模式

由于沟壑区的水土流失比较严重，因此沟壑区的植被恢复尤为重要。在沟壑区，对于立地条件比较好的地区，可以草、灌、乔结合，乔木种植乡土树种如刺槐和新疆杨等优良树种，生长速度快，还能防治水土流失；对于立地条件比较差的地区，可以种植禾本科的沙打旺、苜蓿、类芦、五节芒、象草、糖蜜草、宽叶雀稗等草，这些植物生长速度快，适合各种黄土沟壑区生长，在一定程度上，还可以发展牧业用草。

2）黄土台塬区生态重建模式

台塬区是黄土高原，尤其是陕西北部的一种特殊的地貌类型。主要地形特征是塬、峁、台，生态环境比较脆弱，再加上这些地区干旱少雨，植被覆盖比较低，主要以野生草灌为主，遇到暴雨等灾害性天气，水土流失比较严重。

A. 高效农业复垦模式

在立地条件较好的台塬区，在对区内裂缝、塌陷坑和沉陷盆地利用工程措施科学治理后，结合本区域干旱少雨的实际，采用滴灌、渗灌、喷灌等技术，把高效种植与节能结合起来，发展高效生态农业模式，种植农作物或者发展特色林果业。

B. 林牧业复垦模式

在立地条件比较差的地区，在辅以工程措施，如挡墙、护坡、鱼鳞坑、水平阶等措施防止水土流失的基础上，种植乔木，主要以耐旱、速生适合黄土区生长的树种为主，诸如刺槐、国槐、侧柏和新疆杨发展经济林。或者种植优良牧草如沙打旺、苜蓿等，充分考虑种植、养殖一体化的循环经济模式，把种植品种与养殖饲料需求结合起来发展畜牧养殖业。

7.2.2 沙漠地貌区土地复垦与生态重建模式

1. 裂缝与塌陷坑充填技术

沙地区裂缝和塌陷坑的充填复垦难度较大，这些地区植被覆盖率本身就比较低，还比较干旱，土质类型主要为风沙土，有机质含量低，生态条件恢复到开采前的状态需要较长的时间。对于裂缝和塌陷坑较小的区域，主要采取人工回填的方法；对于裂缝和塌陷坑较大的区域，可以将煤矸石或粉煤灰等其他废弃物作为充填材料，用动力机械推平后，上覆表土，直接种植耐干旱的草类和灌木，防风固沙，防止地面上的沙土随暴雨的冲刷而流失。对于有条件发展成农业用地的沙土区，充填后还要加上防渗层，防止在农业灌溉的时候，灌溉用水大量下渗，造成水资源的浪费。

2. 沉陷区生态重建模式

1）沙丘区生态重建技术模式

沙丘区主要是由于长期的水蚀和风蚀引起的。因此，沙丘区的生态治理关键是要固定沙丘，防止土地沙漠化。沙丘区的野生植被以油蒿、沙柳、沙蓬、柠条等为主，丘间洼地多为农耕区。

A. 沙丘区生态农业模式

在丘间洼地的农耕区，在通过土壤改良提高耕地生产力的基础上，种植适合北方干旱、半干旱区生长的农作物，如荞麦、玉米等，同时，充分考虑当地生态脆弱、风沙严重、气候干燥的特点，注重农林结合，把生态涵养与现代生态农业结合起来。对于沙丘，可用麦草按宽 1m 的方格，扎到沙里设置草方格，可有效地固定沙丘，防止沙丘的移动，又可以在较短时间恢复矿区的植被；沙丘间可以人工种植沙柳、柠条等比较耐旱的植物。对于一些离生活区较近的沙丘区，还可以利用景观生态学的原理，种植柳树、侧柏等乔木，并可以用净化过的矿井水灌溉，既可以防风固沙，又可以建设矿区的生态景观。

B. 沙丘生态治理模式

治理流动沙丘应采取造、封、管并举的方针，生物措施与工程措施相结合的形式，大力营造以灌木为主，乔灌草相结合的防护林治理体系。治理流沙的关键技术是先期设置网格沙障，对流动沙丘迎风坡上部、丘顶和背风坡，设置 2.5m×2.5m 规格的紧密结构沙障。在迎风坡中下部和平缓沙地，设置行间距 3m 疏透结构的带状沙障。在丘间低地与河滩地，地下水较高，网格内可种植杂交杨、樟子松、油松等乔木树种，营建针阔混交的乔木防护林；在迎风坡上部、丘顶栽种沙柳、杨柴和紫穗槐等灌木，对平缓沙地于雨季时，人工撒播沙打旺草籽。

2）沙地区生态重建技术模式

沙地区立地条件比较好，主要以农耕为主，部分区域为油蒿、沙柳、沙蓬、柠条等野生植物覆盖。沙地区主要进行生物性复垦，也就是说主要是提高矿区土地的植被覆盖率。

A. 沙地区生态农业模式

在立地条件较好的沙地区，在对区内裂缝、塌陷坑和沉陷盆地利用工程措施科学治理后，充分考虑当地生态脆弱、风沙严重、气候干旱少雨、沙地保水保肥性差的实际特点，在农耕地采用滴灌、渗灌、喷灌等水肥一体技术，并结合土壤改良提高土地生产力，种植荞麦、玉米、土豆等适合沙地生长且比较耐旱的农作物，把作物种植与节水结合起来，发展高效生态农业模式，同时注重农林结合，在农耕地周围建立防护林体系。

B. 沙漠化防治技术

在沙化区，治理沙漠化土地先由人工设置固沙网格障，加大地表粗糙度、降低起沙风速，继而在网格内视沙丘不同部位栽种不同树种。在矿区沙漠化土地植被恢复中，还可以应用保水剂和生态种子技术，显著提高植物的成活率和保有率。在野生植物覆盖比较好的地区，要继续封沙育林、育草；对于野生植物覆盖比较差的地区，若其立地条件又比较好，可以种植一些经济林木，如刺槐和新疆杨等，生长迅速，对生存条件要求比较低；对立地条件比较差的地区，可以种植灌木和草，灌木可以选择沙柳、柠条、紫穗槐等，草品种主要是选择牧草如苜蓿和沙打旺等，生长速度快，抗旱能力比较强，在恢复植物的同时，还发展了牧业用地。

综上所述，根据研究区的开采沉陷损害现状、地形地貌及特殊的地理位置和生态环境条件，在分析了开采沉陷区的损害类型及特征的基础上，结合矿区的地貌单元分区，提出了沙地区、沙丘区、沟壑区和台塬区土地复垦和生态重建模式，为建设"绿色矿区"，提供了可行的理论依据。

7.2.3　煤矸石废弃地植被重建模式

煤矸石废弃地作为一种特殊的、扭曲的景观类型，它的存在对生态环境产生很大危害。因此，对煤矸石山废弃地生态治理是矿区环境治理的基础和核心。在煤矸石堆积地上，建立稳定、高效的矸石地人工植被群落，是治理矸石地对生态环境破坏与污染的根本途径。

1. 人工干预植被自然演替模式

该模式首先改善矸石山立地条件，然后遵循群落演替规律，通过植物种类筛选和合理的植被顺序，达到矸石山植被恢复效果。具体步骤：改造地貌—促进定居—改良基质—促进演替。植物在矸石裸地定居，自然过程极端缓慢，因而人类可在此阶段改造地貌，加强干预，促进植物生长。矸石基质存在极端贫瘠、缺乏养分、夏日高温灼烧、重金属胁迫等问题，可采取在矸石山表层覆盖有机肥、河滩淤泥等增加土壤有机质，降低重金属毒性，增加微生物活性，促进植被演替。

矸石山自然植被演替规律为裸地—一年生草本—多年生草本—灌丛—乔木。从裸地到一年生草本植物定居阶段，从一年生草本到多年生草本演替，以自然演替为主。从多年生草本—灌丛—乔木阶段即可加大人为干预，在各演替阶段积极地引进下一演替阶段的植物种类。矸石裸地阶段，生境恶劣，可发展耐性强的先锋草类，如狗尾草、马唐、杠柳等，使裸地较快被植物所覆盖，形成草丛群落。由于植被的遮阴，水分蒸发减少，土壤温、湿条件得到改善，土壤中真菌、细菌和小动物的活动增强，基质逐渐得以改良，生境条件适宜更多的植物生长。此时可以通过人工措施对草类进行更新，引入优良牧草或绿肥植物，如紫花苜蓿、沙打旺等，改良土壤加快群落演替。草本植物群落发展到一定阶段，特别是土壤的改良程度能够适宜木本灌木生长时，及时引进先锋灌木如沙棘、酸枣、荆条、紫穗槐等一些阳性、喜光灌木，使群落向草—灌群落转化，并逐渐加大灌木数量，促进灌丛群落的出现。灌木群落之后，土壤条件和小气候进一步改善，生境开始适宜阳性先锋乔木树种生长，逐渐形成森林群落，最后形成稳定的群落。

该种植被恢复模式的特点是投入的人力、物力、财力少，生态效益明显，但恢复历史较长，经济效益较低，适合未自燃小型矸石山的治理。

2. 客土复绿模式

客土复垦法是矸石山复垦最直接、最快速的一种复垦途径。它是指在有覆土条件的矸石山废弃地上，覆盖一定厚度（通常为 50cm 左右）有生产能力的土壤，并通过一些土壤改良措施直接对矸石山废弃地进行利用的一种途径。它能克服矸石山立地条件极端贫瘠问题，并能迅速为植物所定居。

该模式首先对矸石山进行整形设计，机械碾压，然后覆土造地，植被重建。在进行人工植被重建的过程中要根据生物间及其与环境间的相互关系，以及生态位和生物多样性原理，构建生态系统结构和生物群落，力求达到土壤、植被、生物同步和谐演替。植被重建的主要技术为：在覆土初期，先对未经熟化的生土进行熟化改良，可引入绿肥植物与绿肥作物如紫花苜蓿、沙打旺、沙棘、草木樨、达乌里胡枝子、柠条、锦鸡儿等植物，使土壤得到改良的同时获得一定经济效益。当土壤培肥后，根据利用目的加强植物栽培管理技术。研究发现，栾树群落、紫花苜蓿群落、垂柳群落适宜覆土初期生长。

客土复垦模式的优点是快速，能很快实现植被恢复目的；缺点是需要大量客土资源，工程量大，投资高，适宜大型矸石山的治理。

3. 生态恢复与植被景观配置模式

绿化型配置模式。该模式是煤矸石山复垦景观配置的基本模式，注重的是绿化造林树种在时间和空间上的搭配，强调造林树种的水平和垂直方向的生态配置。植被的水平景观效果是指群落的水平布局，包括不同种植物的聚散、植被的季相变化、树种的物候期变化和树种的叶色变化等。植被的垂直景观效果主要是指在植被的生态结构合理的基础上，合理地配置乔木、灌木和地被植物，使之形成合理的植物群落，又具有较好的景观效果。煤矸石山的植被景观配置在满足煤矸石山植被生长的基本要求的基础上，要充分考虑植物的季相变化，根据植物在不同季节的景观效果，合理安排植物种类的空间关系，创造煤矸石山绿化植被的季节性景观变化，突出区域植被的季相特点，或者突出某些植物的季相特点，形成煤矸石山绿化景观的特色。

风景型配置模式。煤矸石山一般都是坡度较大的山体形状，其地形本身就是一些地形独特的风景景观要素。因此，在煤矸石山治理规划中要考虑治理后的观赏性。煤矸石山治理效果的观赏性包括煤矸石山的风景园林小品观赏性和植被景观的观赏性。风景园林小品要根据煤矸石山所处的环境特点，规划设计符合矿区环境和地方人文特点的设施和建筑。既可以按照传统园林的"宜亭斯亭，宜榭斯榭"的风格设计风景建筑小品，也可以结合现代风景景观的设计手法设计现代的景观小品。植物景观的规划设计要根据当地植被分布特点，充分考虑煤矸石山植被群落的树种要具有不同的生态特性和物候特征，选择能够满足煤矸石山立地条件要求的、具有较高观赏价值的植物材料进行合理配置，植物材料的选择可以考虑植物的形体、叶色、花色及果实的颜色等，结合山体的形状、风景园林小品，创造"山花烂漫、四季常青、景观幽雅"的煤矸石山复垦景观。

这两种配置模式的优点也是快速，生态、社会效益好；缺点是需要大量客土资源，工程量大，投资高。

7.3　矿区生态重建技术

7.3.1　煤矸石废弃地生态重建技术

煤矸石山坡度较大、结构松散，而且没有经过压实和覆盖处理，加上表面有一定的风化碎块，在大风和暴雨条件下，容易产生风蚀与水蚀，以及发生滑坡和塌方等重力侵蚀。另外，煤矸石山地表组成物质有机质含量少，物理结构极差；同时存在限制植物生长的物质，缺乏营养元素和土壤生物。因此，对煤矸石山的整形整地和基质改良技术直接关系到植被恢复工作的成败。

1. 煤矸石废弃地基质改良技术

煤矸石山地表组成物质的物理结构极差，尤其是孔隙性、保水及持水能力差；有机质含量少，缺乏营养元素，尤其缺乏植物生长必需的氮和磷，以及土壤生物；存在限制植物生长的因子，包括 pH、重金属及其他有毒物质。因此，煤矸石山的基质改良在整个植被恢复工作中占有举足轻重的地位。

1）化学改良法

矸石成分中的黄铁矿等氧化后能够产生硫酸等酸性物质，煤矸石山一般呈酸性，若酸性煤矸石废弃地未经处理就直接种植，会严重影响土壤微生物的生成和植物生长，而且酸性能提高重金属离子的溶解度，从而增强其毒性。对于 pH 不太低的酸性土壤可以通过施用石灰来调节酸性，一般采用的改良方法是把石灰均匀地撒入矸石山，但在 pH 过低时，一次性石灰用量会很大，不利于作物生长，可以用磷矿粉来改良酸性，不仅可以提高土壤肥力，还能在较长的时间内控制土壤 pH。粉煤灰是矿区火电厂的废弃物，通常呈碱性，也可通过对粉煤灰循环再利用来改变煤矸石废弃地的酸性环境。此外粉煤灰也可用来改变土壤质地、增加土壤持水量和土壤肥力。粉煤灰的颗粒较细，可以填充煤矸石中较大的空隙，减少空气流通，降低自燃概率，显著改善煤矸石的物理性状，同时还可以废治废，有效降低复垦成本。煤矸石废弃地重金属含量普遍超标，从而影响植物生长，尤其是当这些过量的重金属元素发生协同作用时，对植物生长危害更大。对于重金属含量过高的废弃地可施用碳酸钙或硫酸钙来减轻金属毒性。另外，施用有机物质，可以整合部分重金属离子，缓解其毒性，同时改善基质的物理结构，提高基质的持水保肥能力。

2）生物改良法

生物改良是利用对极端生境条件具有耐性的固氮植物、绿肥作物、固氮微生物、菌根真菌等改善矿区废弃地的理化性质。

3）微生物法

微生物法是利用微生物+化学药剂或微生物+有机物的混合剂改善土壤的理化性质和植物生长条件的方法。此外，在植物根系接种真菌菌株，可以促进植物根系对土壤中磷、钾、钙等矿质元素的吸收，扩大根系吸收面积，提高植物对不良环境条件的抵抗能力。

4）绿肥法

绿肥植物多为豆科植物，含有丰富的有机质、N、P、K 和其他微量营养元素等。绿肥植物耐酸、碱，抗逆性好，生命力强，能在贫瘠的土壤土获得较高的生物量。绿肥改良就是在煤矸石山种植绿肥植物，成熟后将其翻埋在土壤中，绿肥腐烂后还有胶结和团聚土粒的作用，既增加土壤养分，又改善土壤结构和理化特性。

5）生物固氮

利用植物种类中具有固氮能力的植物，如红三叶草、白三叶草、洋槐和相思等，种植在煤矸石山上，通过植物的固氮作用，吸收氮元素，在植物体腐败后，将氮元素释放到土壤中，达到改良土壤的目的。生物固氮是化肥和有机肥的很好替代。

6）客土法

客土法就是将外来的土壤覆盖到煤矸石山的表面，或在整好的植树带和植树穴内进行适量"客土"覆盖，以增加栽植区的土层厚度，迅速有效地调整煤矸石山粒径结构，达到改良质地、提高肥力的目的。污水污泥和生活垃圾一般养分含量较高，有条件的煤矿，可以用污水污泥与生活垃圾等代替客土，既能提高煤矸石山的肥力水平、改善煤矸石山表层的结构，又能提高废物利用率、达到"以废治废"的目的。

7）灌溉与施肥

适当的灌溉措施可以缓解煤矸石山的酸性、盐度和重金属问题。矸石堆积地土壤缺乏氮、磷等营养物质，解决这类问题的方法是添加 N、P 速效的化学肥料。在使用速效的化学肥料时，由于煤矸石山的结构松散，保水保肥能力差，化肥很容易淋溶流失。在施用速效肥料时应采取少量多施的办法或选用长效肥料。如果煤矸石山上存在极端的 pH、盐分或金属含量过高，首先要进行土壤排毒，然后再施用化学肥料。由于速效的化学肥料在结构不良的废弃地上易于淋溶，添加有机肥也是改良土壤的一种有效方法。污水污泥、生活垃圾、泥炭及动物粪便都被广泛地用于矿业废弃地植被重建时的基质改良，因其富含养分且养分释放缓慢，可供植物长期利用。

2. 煤矸石废弃地绿化抗旱栽植技术

在煤矸石山植被恢复过程中不仅要重视植物种类的选择，还要考虑植被栽植的技术，以保证煤矸石山植被的成活率。当苗木从苗圃起苗后，苗木的水分平衡关系受到严重破坏，若不及时采取措施尽快恢复这种平衡关系，将导致苗木失水死亡，植被恢复工作失败。而这种平衡关系的维持与恢复，除与"起苗"、"运输"、"种植"和"栽后管理"这四个主要环节的技术直接有关外，还与影响生根和蒸腾的内外因素有关。

1）苗木保护与保水技术

在煤矸石山这种极端缺水的立地条件下复垦造林，苗木的水分保持是植物成活和生长的关键。因此，要在苗木的栽植工程中避免苗木失水。其主要措施包括以下几个方面：

（1）起苗前要浇水。起苗前浇水可以使苗木保有足够的水分，避免过早失水而枯萎。同时注意起苗时间，一是尽量在早春、晚秋起苗，充分利用苗木的休眠期，减少苗木失水速率；二是利用早晨、晚上、阴雨天气湿度大时起苗，以减少水分蒸腾损失。另外，注意尽量保护根系，减少伤根。

（2）运输时要洒水。苗木由苗圃地向造林地运输时，要进行包装，长距离运输时要注意不断洒水或对苗木进行蘸泥浆、浸水等处理。尽量利用早晨、晚上、阴雨天气湿度大时运苗，以保证苗木尽量减少失水量。

（3）假植时要浇水。苗木栽植前，因苗木数量较多，不能及时栽植时，要进行假植和浇水，保持土壤湿润，既能防止苗木失水，又能补充苗木水分。

（4）栽植时要蘸水或浸水。苗木栽植时要保持苗木根系湿润，不受或少受风吹日晒，栽前要将苗木放入盛水的容器中，增加苗木的含水量。

（5）栽植后要浇透水。煤矸石山含水量低，栽植完毕后对植树穴适量浇水，提高苗木根际区的土壤含水量，促进苗木根系快速生长。

（6）对萌芽力较强的阔叶树可进行"截干栽植"，由于苗木茎干被去掉，可以大大减低水分蒸腾，防止苗干的干枯，提高造林的成活率。对常绿针叶树或大苗造林时，可适量进行修枝剪叶，减少枝叶面积和水分蒸腾量。

2）保水剂技术

保水剂是一种吸水能力特别强的功能高分子材料。无毒无害，反复释水、吸水，因此农业上人们把它比喻为"微型水库"。保水剂可吸收自身质量的数百倍至上千倍的纯水，并且这些被吸收的水分不能用一般的物理方法排挤出来，所以它又具有很强的保水性。但树木根系却能直接吸收储存在保水剂中的水分，这一特性决定了保水剂在农林业抗旱节水植物栽培技术中的广泛应用。保水剂技术有三种主要实施方式。

（1）蘸根。主要用于保根苗造林，先让保水剂吸足水成为凝胶状后进行蘸根，也可蘸混有保水剂的保浆。蘸根应力求均匀，蘸根后须立即包裹，不要晾晒。

（2）泥团裹根。把保根苗根部放进塑料袋，装上混有保水剂的土，栽正压紧并用细绳绑好袋口，在塑料袋上扎若干小孔，置于水中浸泡，待其充分吸水后进行造林。或将混有保水剂的土和成稠状，再用泥裹根，装入塑料袋进行造林。泥团裹根造林效果较好，但劳动强度大，不适宜大面积造林。

（3）土施。土施就是将保水剂拌到土壤中，在降水或浇水后，保水剂可吸收和保持水分，供植物利用。

保水剂必须施在林木根系周围，才能被有效吸收。土施后，为防止保水剂在阳光下过早分解，要在混有保水剂的土层上面覆盖 5cm 浮土，以防保水剂在阳光下过早分解。首次使用时，一定要浇足水。保水剂的使用量每穴施入量一般以占施入范围（植树穴）干土重的 0.1% 为最佳。施入量过大，不但成本高，而且雨季常会造成土壤储水过高，引起土壤通气不畅而导致林木根系腐烂。

3）地表覆盖技术

地表覆盖是改变土壤蒸发条件的最有效方法，主要利用秸秆、地膜、草纤维、保墒剂等。覆盖可以充分利用地表蒸发的水分，提供苗木成活后生长所需的水分，防止苗木因干旱造成生理缺水而死亡。此外，覆盖还可以在寒冷季节，通过提高地温促进土壤中微生物的活动，加快有机质的分解和养分的释放，从而利于根系的生长、吸收及营养物质的合成和转化，保证苗木的成活和生长。

（1）地膜覆盖技术。首先根据树种和苗木规格等将地膜裁成大小合适的小块，然后栽植、浇水，待水渗下后将小块地膜在中心破洞，从苗木顶端套下，展平后，将苗木根基部及四周用薄膜盖严，做成漏斗状，以利于吸收自然降水。再将边缘压实，最好再在地膜上敷一层薄土，以防大风将地膜刮走。漏斗式地膜覆盖的好处是：雨水集中到树干中心的破洞，渗到土层中，使无效小雨变有效降水，同时避免蒸发。

（2）秸秆纤维覆盖技术。采用麦秸、稻草和其他含纤维素的野生植物的地上部分为主要原料进行地表覆盖。覆盖后土壤温度变化小，有利于根系生长，具有明显的保墒作用。另外，还可采用矿山废弃地杂草、紫穗槐，以及石片等进行覆盖。

（3）土壤保墒剂覆盖技术。土壤增温保墒剂为黄褐色或棕色膏状物，属油型乳液，加水稀释后喷洒在土壤表面能形成一层均匀薄膜，是一种田间化学覆盖物，又称液体覆盖膜。它主要作用有：将其直接覆盖在土壤表面，可以阻挡土壤水分蒸发，减少无效耗水。具有一定黏着性，与土壤颗粒紧密结合，覆盖地表等于涂上一层保护层，能避免或减轻农田土壤风吹水蚀。

4）生根粉应用技术

ABT 生根粉是一种广谱、高效、复合型的植物生长调节剂。它能通过强化、调控植物内源激素的含量和重要酶的活性，促进生物大分子的合成，诱导植物不定根或不定芽的形成，调节植物代谢强度，应用于植树造林和扦插，可促进苗木生根、生长，达到提高植被成活率的目的。在造林上，有浸根、喷根、速蘸、浸根包泥团 4 种方法。浸根法是将苗木根部浸泡在生根粉溶液中或用生根粉药配成泥浆浸苗根，带泥浆造林。喷根法是用生根粉溶液喷湿苗根，要喷匀、喷透，直至有药液滴下，然后用塑料薄膜覆盖根部保湿，待药液充分吸收后造林。速蘸法是将苗根在生根粉的高浓度溶液中，速蘸 5~30s，随即造林。浸根包泥团法是将苗根浸在生根粉溶液中，然后包上湿泥团造林（赵方莹等，2009）。

5）局部防渗保水技术

煤矸石山弃地多为块砾状弃渣，保水性极差，并且缺少植物生长的土壤条件。为了满足植物正常生长的需要，在苗木栽植时一般会进行局部客土改良。为了保证局部客土能够有效地保留，避免从块石缝隙间渗流，同时加强对人工补水和天然降雨的有效利用，客土回填前，在坑底及周边采用地膜铺垫，起到蓄水减渗的效果。客土回填前，根据种植坑规格裁减地膜，折叠后铺于坑底和侧壁。对于底部块石棱角分明的，先适当回填土壤少许然后再铺设地膜。客土回填过程中下部块石的挤压，会使地膜出现孔洞，具有一定的透水透气性，因此并不需特意将底部地膜捅漏。由于采用的地膜相对较薄，当苗木成活，根系充分发育后，能够扎破地膜，进入深层，克服了地膜对苗木生长的禁锢。

6）菌根菌造林技术

菌根菌造林技术就是在高等植物的根系受特殊土壤真菌的侵染而形成的互惠共生体系，然后用这种被侵染的菌根苗造林的技术（赵方莹等，2009）。菌根苗的根系能扩大对水分及矿质营养的吸收；增强植物的抗逆性；提高植物对土壤传染病害的抗性，在干旱、贫瘠的矿区废弃地环境中作用尤其显著。

3. 煤矸石废弃地植被的抚育和管理技术

抚育和管理是植物栽培工作中非常重要的技术环节。依据煤矸石山立地条件、植被恢复与生态重建的主要目标，植被抚育管理的主要有如下技术措施。

1）平茬

平茬是在造林后对生长不良的幼树进行补救的措施，是利用植物的萌蘖能力保留地茎以上一小段主干，截除其余部分，促使幼树长出新茎干的抚育措施。当幼树的地上部分由于种种原因生长不良，失去培养前途，或在造林初期由于缺水苗木有可能失去水分平衡影响成活时，都可进行平茬。平茬一般在造林后 1～3 年内进行，幼树新长出的萌条一般都能赶上未平茬的同龄植株。

2）整形修剪

煤矸石山造林的目的主要是为了防护，应尽快促进枝叶扩展，增加郁闭度，一般不提倡修剪。但有时为了增加植株的美观和观赏性，或者为了减少枝叶面积降低植株的蒸腾耗水量，可适量进行整形修剪，但修剪强度不宜过大，而且要注意修剪的季节和时间，一般以植物休眠期为好。通过合理的修剪，可以培养出优美的树形。

3）幼林保护

幼林保护通常包括对病虫害、极端气候因子（大风、高温、低温、暴雨等）危害、火灾，以及人畜破坏等自然灾害和人为灾害的预防和防治。有条件的矿区应安排专职人员进行护理，特别注意人畜对植株的破坏。

4）灌溉

由于煤矸石特殊的物理结构导致其持水力弱，含水量低；而且煤矸石中含有大量的碳，吸热快，温度高，水分蒸发快，植被可利用的水分极少。灌溉一方面提高土壤的含水量，有利于植被的生长；另一方面降低地温防止夏季高温对苗木的灼伤，同时加速煤矸石的风化，促进微生物的活性，有利于改善煤矸石养分的释放，提高煤矸石山的肥力水平。所以，煤矸石山造林要铺设灌溉设施，及时灌溉。

5）施肥

由于煤矸石风化物中速效养分缺乏，尤其是缺乏植物生长必需的氮和磷。虽然可以通过栽种具有固氮能力的植物来缓解，但因固氮植物对缺磷条件敏感，并不能解决整个煤矸石山的所有养分问题。施肥是煤矸石山造林抚育管理最突出的措施。煤矸石山的施肥应以氮肥为主，同时辅以磷肥和钾肥，最好是施用有机肥。在煤矸石山上施用化学肥料时，由于煤矸石山土壤缺乏保水保肥的能力，要坚持多次少施的方法。

7.3.2　边坡治理技术

在一些露天矿区的排土场和矿区废弃物堆放场地，由于以往排放采用的是由上到下自然倾倒的工艺，边坡坡度较大。另外，在研究区尤其在黄土区，由于开采沉陷很容易导致的边坡块体移动，特别是滑坡、崩塌形成大量坡度较大的边坡。边坡生态防护治理技术是以生态理念为主导，采用生物与工程相结合的综合技术措施，在首先保证边坡整体稳定的基础上，在边坡面上建立一定厚度的利于植物生长的营养土层，创造适合植物生长的良好环境，使坡面上形成一道以植物根茎交织而成的保护网，起到固坡护坡作用，因地制宜建设特色景观，并恢复生态环境的综合效果。

1. 坡体稳定处理技术

由于边坡坡度较大，无法直接覆土夯实，因此必须进行人工削坡。在治理过程中，尽量因地制宜,利用现有地形削坡平整,确保治理后的边坡稳定。不稳定坡体的稳定措施包括削坡工程、阶梯状分级整理工程、坡脚拦挡和坡面防护工程等。对于因坡面过长导致径流集中造成强烈侵蚀的不稳定边坡,为了减缓地表径流的流速,一般结合排水工程把坡面做成阶梯形。削坡工程是以减缓不稳定坡面的坡度、使之成为稳定坡面为主要目的,削坡坡度应根据安息角的大小来定。

1)削坡分级处理

对高度大于 4m、坡度大于 1:1.5 的边坡,宜采取削坡分级工程。土质坡面的削坡分级主要有直线形、折线形、阶梯形、分级马道形等 4 种形式,如图 7-2 所示。

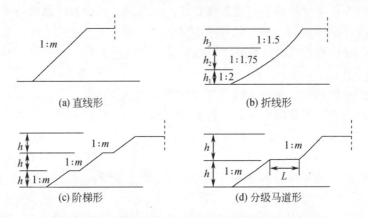

图 7-2　削坡分级断面形式(赵方莹和孙保平,2009)

(1)直线形。适用于高度小于 15m 且结构紧密的均质土坡,或高度小于 10m 的非均质土坡;从上到下削成同一坡度,削坡后比原坡度减缓,达到该类土质的稳定坡度。对有松散夹层的土坡,其松散部分应采取加固措施。

(2)折线形。适用于高 12~15m、结构比较松散的土坡,特别适用于上部结构较松散、下部结构较紧密的土坡。重点是削缓上部,削坡后保持上部较陡、下部较缓的折线形。上下部的高度和坡比,以削坡后能保证稳定安全为原则。

(3)阶梯形。适用于高度在 12m 以上、结构较松散,或高度在 20m 以上、结构较紧密的均质土坡,阶梯分级后应保证土坡稳定。坡面削坡后,应留出齿槽,在齿槽上修筑排水明沟或渗沟,在距最终坡脚 1m 处,修建排水沟渠。

(4)分级马道。适用于高度在 10m 以上的弃渣场和排土场,一般每隔 5m 或 8m 修一宽 2m 的分级马道。分级后方便弃土、弃渣运输的同时,为植被恢复提供了作业通道,提高了坡体的稳定性。

2)坡脚拦挡处理

坡脚拦挡处理工程措施主要是砌石挡墙。根据防护强度不同可分为干砌石、浆砌石挡墙,结构形式多为重力式,有仰斜式、直立式、俯斜式、凸形折线式、衡重式等断面形式,如图 7-3 所示。干砌石挡墙透水性较好,适用于低矮边坡;浆砌石挡墙防护效果持久、稳定。在矿区应用时,干砌石挡墙尤其适用于防护等级要求不高的边坡,浆砌石挡墙还可用于高度大于 6m 的排土场边坡。干砌石和浆砌石挡墙设计示意图如图 7-4、图 7-5 所示。

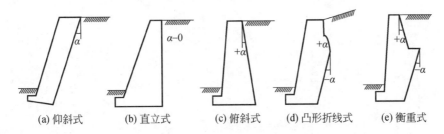

(a) 仰斜式　　　　(b) 直立式　　　　(c) 俯斜式　　　　(d) 凸形折线式　　　　(e) 衡重式

图 7-3　砌石挡墙断面形式（赵方莹和孙保平，2009）

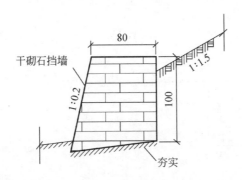

图 7-4　干砌石挡墙设计示意图（赵方莹和孙保平，2009）（单位：cm）

2. 坡面植被恢复技术

1）植被毯坡面植被恢复技术

植被毯恢复技术是利用人工加工复合的防护毯，结合灌草种子进行坡面防护和植被恢复的技术方式。植被毯是利用稻草、麦秸等为原料，在载体层添加灌草种子、保水剂、营养土等生产而成。植被毯根据使用需要可以采用两种结构形式，一种结构分上网、植物纤维层、种子层、木浆纸层、下网 5 层，如图 7-6 所示。对于施工地点相对集中、立地条件相仿，且能够提前设计、定量加工的项目，可以直接采用五层结构的生态植被毯。另一种结构分上网、植物纤维层、下网 3 层。对于施工地点分散且立地条件差异大、运输保存条件不好的项目，可以直接播种后再覆盖三层结构组成的生态植被毯。

A. 技术特点及适用范围

该技术施工简单易行，维护管理粗放，养护管理成本低廉，后期植被恢复效果好，水土流失防治效果明显，是简洁有效的坡面植被恢复技术。植被毯能够固定表层土壤，增加地面粗糙度，减少坡面径流量，减缓径流速度，缓解雨水对坡面表土的冲刷。植被毯中的纤维层具有保水保墒的作用，有利于干旱少雨地区植物种子的顺利出苗成长，提高了植被恢复的成功率。植被毯中加入肥料、种子、保水剂等，可为植物种子出苗、后期生长提供良好的基础条件。一般适用坡度不陡于 1∶1.5 的稳定坡面，不受坡长的限制。土壤立地条件较差的坡面，在对土壤进行改良的基础上也可以再应用本技术。

B. 施工要点及养护管理

根据工程所在项目区气候、土壤条件及周边植物等情况，确定植物品种的选配和单位面积播种量；依据工程特点及立地条件差异，确定选择相应五层或三层结构的生态植被毯。

· 263 ·

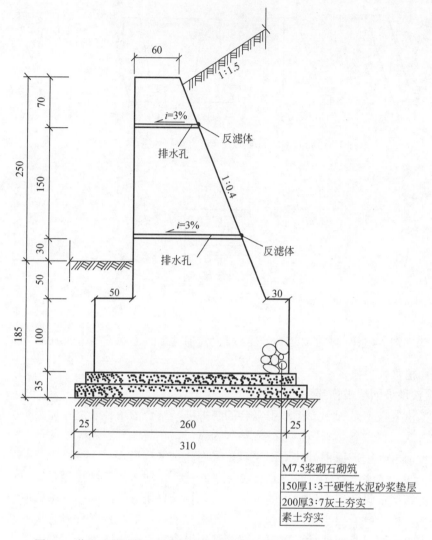

图 7-5   浆砌石挡墙设计示意图（赵方莹和孙保平，2009）（单位：cm）

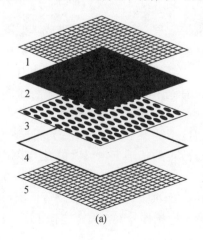

(a)

(b)

图 7-6　植被毯结构及施工现场图

1. 上网；2. 植物纤维层；3. 种子层；4. 木浆纸层；5. 下网

需做好植被毯铺设前的坡面整理、土壤改良、坡面排水等相关工作。生态植被毯应随用随运至现场，尤其要做好含种子的五层结构生态植被毯的现场保存工作，生态植被毯铺设时应与坡面充分接触并用木桩固定。毯之间要重叠搭接，搭接宽度 10cm。

施工后立即喷水，保持坡面湿润直至种子发芽。植被完全覆盖前，应根据植物生长情况和水分条件，合理补充水分。植被覆盖保护形成后的前 2～3 年内，注意对灌草植被的组成进行人工调控，以利于目标群落的形成。

2）植生袋坡面植被恢复技术

植生袋技术是将选定的植物种子通过两层木浆纸附着在可降解的纤维材料编织袋内侧，加工缝制或是胶粘成植生袋，如图 7-7 所示。施工时通过在植生袋内装入现场配置的可供植物生长的土壤材料，封口后按照坡面防护要求码放，结合后期的浇水、养护，起到拦挡防护、防止土壤侵蚀、恢复植被的作用。

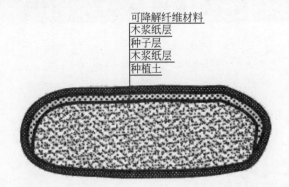

可降解纤维材料
木浆纸层
种子层
木浆纸层
种植土

图 7-7　植生袋结构图（赵方莹和孙保平，2009）

A. 技术特点及适用范围

该技术使用简单方便，施工速度快，可根据不同地形灵活施工，且对坡面质地无限制性要求，尤其适宜于坡度大的坡面。可以对表层欠稳定的边坡起到生物防护和拦挡作用；植物出苗率高，坡面绿化效果持续稳定；植被袋的纤维材料直到植物根系具有一定的坡面固着能力时才逐渐老化，具有较好的抗侵蚀防护作用；植被袋柔韧性高，不易断裂，可以承受较大范围的变形而不坍塌，避免了由于基础变形引起的工程防护措施破坏，如图 7-8 所示。植生袋技术适用于 1：1～1：4 的坡面，并常用于陡直坡脚的拦挡和植被恢复，对于较陡的坡面，坡长大于 10m 时，应进行分级处理。结合土工格栅、钢筋笼、铁丝网等加筋措施，植生袋可以应用在更大的坡度范围内。

B. 施工要点及养护管理

首先要合理选择施工季节，根据坡面的立地条件选配植物种，注意乡土植物的使用，以利于目标群落的形成。要分析立地条件，根据坡体的稳定程度、坡度、坡长来确定码放方式和码放高度。对坡脚基础层进行适度清理，保证基础层码放的平稳。根据现场土壤状况，在满足植物生长需求的前提下，在植被袋内混入适量弃渣，实现综合利用。码放中要做到错茬码放，且坡度越大，上下层植被袋叠压部分要越大。如果是垂直叠摆或接近垂直叠摆植生袋，每叠摆 1m 高时，还应该在基面上打固定桩，用绳把这整层植生袋绑紧，分别固定在固定桩上，防止墙体倒塌。植被袋之间，以及植被袋与坡面之间采用填充物填实，防止变形、滑塌。

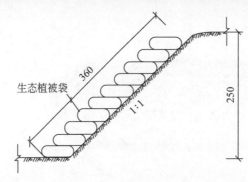

图 7-8　植生袋施工码放图（单位：cm）

铺设前将作业面浇足浇透水，施工后立即喷水，保持坡面湿润直至种子发芽。种子发芽后，对未出苗部分，采用打孔、点播的方式及时补播。植被完全覆盖前，应根据植物生长情况和水分条件，合理补充水分。植被覆盖保护形成后的前 2～3 年内，注意对灌草植被的组成进行人工调控，以利于目标群落的形成。在植被成坪后加强对植物抗逆性的锻炼，逐渐减少浇水、施肥次数，促进深根性的灌木生长。

3）生态灌浆坡面植被恢复技术

生态灌浆技术是将有机质、肥料、保水剂、黏合剂、壤土合理配比后，加水按照一定的比例搅拌成浆状，然后对废弃地的植物生长层进行灌浆、振动、捣实，使块状空隙充盈、填实，达到防渗并稳定块状废弃物的目的，同时为植物生长提供土壤及肥力条件，使植被恢复成为可能。在表层 2～3cm 的混合材料中加入植被恢复的植物种子。

A. 技术特点及适用范围

生态灌浆技术是建筑行业混凝土工程灌浆技术在生态恢复领域的跨行业应用，需要借助高压喷射设备完成。生态灌浆能够避免客土下渗和坡面变形，提高渣体表层的稳定性和防渗、保水能力，缓解土壤水分对植被恢复的不利影响，为矿区废弃地提供植物生长的土壤及肥力条件。生态灌浆技术主要是针对坡度不陡于 1∶1.5，矸石呈块状、空隙大、缺少植物生长土壤的矸石废弃地，改善其植被恢复限制性因子的一种技术方式，也是对类似地表物质组成区域实现生态修复的有效途径。

B. 施工要点及养护管理

根据立地条件，对边坡进行整理，并确定最终坡度；对坡面进行适度平整，保证灌浆作业的正常实施；在坡脚设置围堰拦挡措施，避免下渗泥浆溢流；应根据矿区废弃地的立地条件和恢复目标，科学选定植物品种，并合理搭配；工程用土应就地取材，同时根据可利用土壤的特性，调整保水剂、黏合剂的用量；施工中注意基材中水的比例不宜过大，否则可能引起坡面滑塌；根据植被恢复需要，合理设计、控制灌浆深度，一般要求 30～50cm；灌浆实施后，表层采用无纺布或植被毯覆盖，有利于蓄水保墒，促进种子出苗生长。生态灌浆坡面植被技术在工程应用实践中还可以采用简易方式进行，可先分层少量覆盖基质材料，然后用水浇灌、入渗，形成植被生长的土石结合层。具体灌浆深度根据所需种植的植物类型确定，不同区域应有所区别。

灌浆成型稳定后，在泥浆未干前应进行适度水分补充，保证苗木成活对水分的需求。但应避免浇大水，以免影响坡面稳定。施工结束后的第一个雨季，注意观察有无空洞现象，并及时进行填充、补苗。施工结束后两年内需要对植物浇灌返青水和冻水，遇天气持续干旱还应适度人工补水。

4）土工格室坡面植被恢复技术

土工格室坡面植被恢复技术是将土工格室固定在缺少植物生长土壤条件和表层稳定性差的坡面上，然后在格室内填充种植土，撒播适宜混合灌草种的一种坡面植被恢复技术。土工格室是由高强度的 HDPE 宽带，经过强力焊接而形成的立体格室，也可就近取材质用木材围成，如图 7-9 所示。格室规格有多种形式，根据坡面的立地条件选择。常见土工格室展开尺寸 4m×5m，格室深 15cm，宽 6cm。

A. 技术特点及适用范围

土工格室内有植物生长所需的土壤条件，植被恢复效果显著；能有效防止强风化石质边坡和土石混合坡面的水土流失；土工格室抗拉伸、抗冲刷效果好，具有较好的水土保持功能。一般适用坡度不陡于 1∶1，坡长超过 10m 后进行分级。也适用于矿区填方或挖方泥

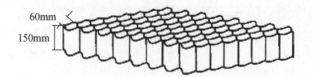

图 7-9　土工格室大样图（赵方莹和孙保平，2009）

岩、灰岩、砂岩等岩质、土石混合、土质的稳定边坡的植被恢复，但前者植被恢复效果更为理想，在植被恢复的同时还能增强坡面的稳定性。土工格室坡面植被恢复设计示如图 7-10所示。

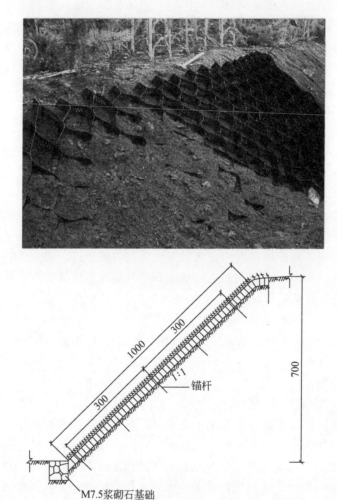

图 7-10　土工格室坡面植被恢复图（单位：cm）

B. 施工要点及养护管理

首先按设计要求平整坡面。铺设时先在坡顶固定，再按设计要求展开，注意各土工格室单元之间联结、土工格室与坡面之间固定处理。土工格室固定后，即可向格室内填土，充填时要使用振动板使之密实，且高出格室面 1~2cm。施工结束后及时浇水，并可在表层覆盖稻草、麦秸、草帘等材料，防止坡面径流冲刷，保持表层湿润，促进植物中发芽。植物出苗后，对稀疏区域进行补播，初期人工养护浇水应避免直接对土工格室中回填土壤的冲刷。为了保证后期坡面景观效果，也可选择 2~3 年生的花灌木按设计要求栽植于坡面。

7.3.3　高强度开采矿区枝条仿筋格网生态重建技术

在高强度开采过程中，布设的采煤工作面尺寸大（200m 左右），综合机械化一次采全高（大采高支架或放顶煤）推进速度快（日推进速度在 13m 左右），使得煤层上覆岩体快速塌落，随之在短期内发生地表沉陷，形成大量的地表拉伸裂缝。地表裂缝不仅导致覆岩含水层（承压水、潜水）和隔水层遭到严重破坏，而且改变地表水的径流方向，从而造成严重的水土流失与植被破坏。同时裂缝带植被破坏也会导致矿区脆弱生态系统的景观破碎化。由于西北地区年降水量少（50~400mm），水资源严重匮乏，加之地处风沙区，风蚀荒漠化严重，该区原本脆弱的生态环境在高强度开采下加速退化，尤其表现为采动拉伸地表裂缝带的植被退化。因此，立足于西北风沙区生态文明建设与矿区可持续发展，科学有效地开展采动裂缝带植被恢复至关重要。

水土保持是风沙区采动损毁地表植被恢复的关键。现阶段风沙区水土保持技术主要有：高力障沙障、草方格与从枝菌根真菌接种技术。高力障沙障与草方格技术主要通过设置竖立于地表之上的沙障（高力障沙障：竖立于地表之上的灌木、乔木枝条；草方格：竖立于地表之上的麦草秆）来解决风沙区防风固沙问题，并被成功地应用于宁夏沙区。从枝菌根真菌接种技术主要从微生物学的角度来提高土壤养分供给的有效性，促进沙区修复植物的生长。目前该生物修复技术在神东矿区的开采沉陷地上也取得了较好的实验结果。

但是，现有的这些技术均在解决植被的水分胁迫效应方面有一定的缺陷性，具体分析如下：高力障沙障技术简单、成本低，但解决的关键问题是流动沙丘的防风固沙，而不是风沙土的水分保持。草方格技术简单、易操作，解决的主要问题也是沙区的防风固沙，尽管它在土壤水分保持方面也具有一定的效果，但是该技术存在两个明显的缺点：①1m×1m的草方格经证明防风固沙效果最好，但该大小的草方格仍然很难避免其中心涡流风场的扰动，结果方格中心土壤水分蒸发强，植被长势受限；②用于制作草方格的材料要求高，必须是经过筛选的优质长麦草，而且该材料不是风沙区主要植物，材料的获取需要外运，而且，该材料因利用 4~5 年会风蚀腐烂需要更换，因此采用该技术总体投入成本高。根据西北矿区多以半固定与固定沙丘为主的地貌特征，采动拉伸地表裂缝带的植被恢复应该主要解决的是土壤水分保持，而非防风固沙，基于此，技术简单、成本低的高力障沙障技术显然不适合该区的植被恢复。现场调查也发现，尽管煤炭运输专线两侧沙丘前期采用的高力障沙障起到了较好的固沙效果，但植被生长效果很差。类似于高力障沙障，草方格技术也主要解决的防风固沙问题，但是考虑到该技术在土壤水分保持方面具备一定的作用，理论上可以尝试用于西北矿区采动裂缝带的植被恢复。然而，随着我国能源结构的调整，煤炭企业效益持续低迷，采用成本高的草方格技术来大面积恢复西北矿区采动裂缝带的植被，可能会受到当期投入资金以及后期材料更换投入资金的限制。对于从枝菌根真菌接种技术而言，其主要局限性表现为：技术专业性要求强、造价高，而且不具有改善土壤水分保持的能力，目前也很难在水资源匮乏的西北矿区推广。

综上分析，如何采取一种促进植被恢复的水土保持方法，既能很好地提高采动裂缝带土壤水分保持能力，又能保障资金投入少、技术实施简单与行之有效，是风沙地貌矿区植被恢复亟待解决的难题。

针对现有技术存在的上述不足，本书研发了一种适于西北风沙地貌高强度开采矿区地表生态恢复的技术，即枝条仿筋格网技术。该技术发挥生态恢复的主要机理是：利用矿区沙生灌木或乔木枯枝（如沙柳），通过地上浅露、地下深插的格网布设方式，如图 7-11 所示，发挥地上枝条防治风沙侵蚀及利用地下枝条模拟土壤毛管孔隙促进土壤水分保持的作用机理，从而降低采动裂缝两侧风沙土因裂缝开张导致的土壤水分过快蒸发、增加水土保持能力、快速促进原生植被正向演替。

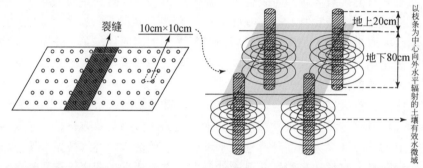

(a)裂缝带枝条扦插格网布设平面图　　　(b) 以10cm×10cm为基本单元的枝条网格立体图

图 7-11　格网布设方式

本技术具体按以下流程如图 7-12 所示。

图 7-12　枝条仿筋格网技术操作流程

（1）裂缝填埋：首先用一定数量的死亡植被填入裂缝内并紧撑裂缝两壁，被填充的植被上方留出距地表 20cm 的裂缝空间，然后视裂缝形态来进行适当的覆土填埋。如果是楔形裂缝，由于该类型裂缝两侧地形高差不明显，从两侧取土覆盖于先前填入的死亡植被上，直至完全覆盖地表裂缝，如图 7-13 所示。如果是台阶裂缝，由于该类型裂缝两侧高差大，从地形高的一侧取土覆盖裂缝，使之填埋后形成一个连续的坡形地表，如图 7-14 所示。

（2）裂缝两侧植被退化的空间范围确定：首先目测裂缝两侧植被退化的大概空间，其次用尺子分别测量平行于裂缝走向（横向）与垂直于裂缝走向（纵向）的最大植被退化距离。

（3）插条数量与规格确定：根据拟采取的 10cm×10cm 的枝条网格布设标准，以测定的横纵向最大距离以依据，预估所用的枝条数量；然后就地利用沙生灌木或乔木，剪取一些

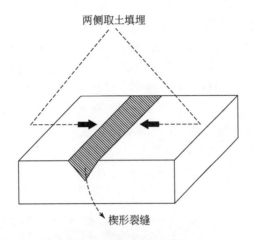

图 7-13　楔形裂缝填埋

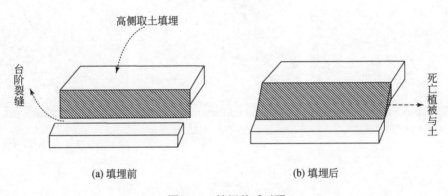

(a) 填埋前　　　　　　　　　　　(b) 填埋后

图 7-14　填埋前后对照

直径在 1~2cm、较直的干枯枝或在不影响灌木或乔木正常生长的情况下剪取一些该规格的新鲜枝，然后把它们切割成 1m 长的枝条，获取预估数量的枝条。

（4）插条浸泡：把切割好的 1m 长枝条放入水中浸泡 24 小时，以确保枝条饱吸水分。

（5）插条格网布设：把事先饱吸水分的 1m 长枝条沿裂缝处向两侧按照横、纵向各 10cm 的间距逐步插入土壤中，形成 10cm×10cm 的枝条网格；每根枝条扦插至土壤中的深度为 80cm，地表之上留出 20cm 长的枝段，以此发挥地下枝条保持土壤水分、地上枝条防治土壤侵蚀的作用。

地下枝条保持土壤水分的机理主要为：当在雨季时，由于枝条纤维组织形成的微孔类似于土壤中的毛管孔隙且比土壤毛管孔隙更细，因此能吸持更多进入土壤中的降水，并固持在表土根系层，降低风沙土大孔隙向地表深处导水或向深层裂缝通道侧漏导致的土壤水分损失；当在旱季时，微孔能通过毛管力把深层土壤水吸到表土根系层，降低植被恢复过程中的水分胁迫压力，形成以枝条为中心向外水平辐射的若干土壤有效水微域，从而促进植被恢复。地上枝条的固沙机理类似于高力障沙障。

本技术的优势在于：

（1）与现有技术相比，从过去的以地表沙障防风固沙为核心转变为以地下有机纤维水分保持为核心，提升风沙土水土保持能力，促进矿区采动裂缝带植被快速正向演替。

（2）与未实施本发明的裂缝带相比，实施本发明的裂缝带植被主根系层（0～40cm）土壤水分储量显著增加 30%～80%，植被覆盖度高（未实施本发明裂缝带：40%；实施本发明裂缝带：80%）、种类多（未实施本发明裂缝带：1 种草本植物；实施本发明裂缝带：2 种草本植物、2 种灌木）、长势好（同一种草本植物在未实施本发明裂缝带的株高以 10cm 居多，最大株高 30cm，而在实施本发明裂缝带的株高以 40cm 居多，最大株高 60cm）。

（3）就地取材，采用的枝条源于当地灌木或乔木，大幅降低治理成本；而且枝条年久腐烂后不需更换，省掉后续投入成本。

（4）简单易行，专业技术技能要求低，非常适合推广。

该技术实施 1 年后，裂缝带两侧植被生长效果出现明显不同，如图 7-15 所示。

(a) 恢复前裂缝两侧植被死亡　　　(b) 未采取本方法的　　　　　(c) 采取本方法的
　　　　　　　　　　　　　　　　　　裂缝一侧植被情况　　　　　　裂缝另一侧植被情况

图 7-15　植被生长效果

7.4　小　　结

本章结合工程地质知识和开采沉陷的影响因素，建立了高强度煤炭资源开采诱发的生态环境问题的评价指标体系，建立了基于 AHP-可拓理论的煤矿区生态环境损害动态预警模型，利用物元模型进行综合评定给出预警等级；基于开采沉陷损害现状，地形、地貌及特殊的地理位置和环境生态条件，结合开采沉陷区的损害类型及特征与矿区的地貌单元分区的基础上，提出了沙地区、沙丘区、沟壑区和台塬区的分区土地复垦和生态重建模式，为建设"绿色矿区"提供了理论依据。

参 考 文 献

赵方莹，孙保平. 2009. 矿山生态植被恢复技术. 北京：中国林业出版社.

第8章 主要研究成果及推广应用前景

8.1 主要研究成果

本书基于神东矿区高强度开采地质采矿条件，总结了高强度开采矿区地表破坏特征与生态环境响应特征，探讨了高强度开采矿区生态环境影响机理，研究了不同开采条件下生态环境演变规律，构建了生态环境演变与煤炭开采的时空关系模型，探索出高强度开采影响下矿区生态环境演变预警机制，有针对性地提出了矿区生态环境演变调控理论和生态恢复与重建途径。主要研究成果如下。

（1）基于开采技术特征及"绿色开采"理论，对"高强度开采"进行了科学界定，并从地质采矿技术方面及采动影响破坏方面提出了高强度开采的指标体系，共15项指标。基于高强度开采条件下地表移动变形的监测研究，得出了地表动、静态移动变形参数及其变化规律，构建了地表不均匀下沉的数字地面模型。研究成果为神东矿区高强度开采设计及减轻采动损害提供技术依据。给出了高强度开采地表移动变形剧烈，变形速度极快，变形曲线极为陡峭的地表非连续破坏特征及地表裂缝的分类，建立了高强度开采地表非连续变形的预测模型，揭示了高强度开采地表破坏特征及规律。

（2）通过现场建立观测站，采用三维激光扫描技术、大地电磁技术等方法，研究发现高强度开采条件下覆岩"两带"破坏模式及裂缝直通地表特征，建立了高强度开采覆岩破坏的力学模型。采用物理模拟和数值计算方法，总结了采动过程中覆岩弹性区与塑性区分布特征，分析了采动覆岩不同位置处应力分布特征，揭示了高强度开采顶板运动及上覆岩层破坏机理及裂隙的发育规律。基于关键层理论，提出了覆岩破断"弹性薄板+压力平行拱"组合模式，揭示厚松散层高强度开采覆岩结构及其破断机理。

（3）阐明了高强度开采沉陷导致土壤退化机制。研究表明，在高强度开采条件下，可以导致矿区土壤退化置前效应，即在矿区地表沉陷之前较早地表现出土壤侵蚀强度增加、土壤水分与碳氮磷等养分含量降低。同时，高强度开采地表沉陷之后，随着沉陷年限的增加，土壤侵蚀表现出先快速增大，而后缓慢降低至未扰动地表侵蚀水平的趋势。高强度开采矿区地表土壤养分的演变规律主要与土壤水分演变规律密切相关，其次也受到了侵蚀演变的影响。土壤水分、养分表现出先快速降低后缓慢回升至未扰动地表水分、养分水平的趋势。植被修复可以有效降低沉陷地表土壤侵蚀与提高其土壤养分、水分含量，从而促进沉陷地表的土壤质量正向演替。

（4）高强度开采造成的地表沉陷裂缝破坏了土壤结构，导致土壤水分和养分的流失。距沉陷裂缝越近，土壤含水量和有效氮含量越低，对土壤脲酶和蔗糖酶抑制作用越强；同时沉陷裂缝通过影响土壤水肥特性，抑制了土壤微生物的数量；沉陷裂缝通过干扰土壤的理化性质，影响植物对水分的吸收，进而影响其生长，距裂缝两侧一定范围内植物的生物量和覆盖度显著减少。但超过一定距离时，裂缝对植物的生物量和盖度影响则不显著。研究表明，开采沉陷提高了沉陷区植被平均盖度和物种数，沉陷区物种丰富度和多样性指数大于未沉陷区。

（5）揭示了煤炭高强度开采过程造成了矿区土壤化学成分和土壤含水量变化，是矿区植被状况变化的主要外在胁迫因素。基于长时间序列植被遥感数据变化规律，阐明了植被响应于土壤化学成分和土壤含水量的变化过程，其中 NDVI 指标比 NPP 指标更有效。区域植被 NDVI 与降水量的极显著正相关性解释了干旱半干旱砂质煤矿区植被状况逐渐好转的态势，矿区植被恢复工程亦有较大贡献，但与煤炭开采活动无明显相关性。

（6）进行了高强度开采矿区植被指数趋势分析。基于长时间序列的年均 NDVI 数据，运用线性趋势方法得到矿区的年际（1982～2013 年）NDVI 空间曲线。1982～2013 年植被 NDVI 的年际线性趋势规律明显，植被 NDVI 增长率分别为神东 24.28%。研究区年内植被生长规律呈"单峰型"，符合鄂尔多斯地区以沙生植被、干草原、落叶阔叶灌丛为主的生态物候。神东矿区植被指数趋势分析表明，在全球变暖，植被指数增加趋势下，植被对气候因子敏感性较弱，并未因气候因素而增加迅猛；受矿业开发影响，煤炭开采对其影响是巨大的；生态恢复是改变矿区植被覆盖情况的重要措施。

（7）基于联合 DInSAR 和 PIM 技术，总结了高强度煤炭开采区的地表形变规律。利用 DInSAR 技术精确提取矿区工作面开采沉陷盆地边缘信息，获取了工作面上方地表沉陷发生、发展、演化的时序形变信息，得到了各期沉陷面积、开采推进速度，沉陷推进速度，平均最大下沉角等地表移动变形参数。基于地表移动预计参数的概率积分法 PIM，预计了工作面连续空间的地表移动与变形，弥补 DInSAR 提取大形变的不足。并以 DInSAR 和 PIM 结果组成的混合数据为数据源，采用 GAUSS 模型重建开采沉陷主断面，实现了下沉特征曲线数学模型的重建。研究表明，联合 DInSAR 和 PIM 技术可以很好地表达高强度煤炭开采区的地表形变规律，是非同步观测条件下对多工作面开采沉陷进行时序分析的一种较优方案，对矿区地质灾害评估、预防矿山地质灾害和矿区生态重建具有一定的参考价值。

（8）建立了高强度煤炭资源开采诱发的生态环境问题的评价指标体系，构建了基于 AHP-可拓理论的煤矿区生态环境损害动态预警模型，基于物元模型建立生态环境预警指标体系并给出了预警等级。结合开采损害的类型、特征，提出了沙漠地貌区枝条扦插格网技术的生态重建技术模式。

8.2　推广应用前景

研究成果将矿区煤炭资源开采、生态环境的损害预警和演变调控有机结合起来，符合矿山绿色开采的技术方向和发展趋势，具有重要的现实意义和理论价值，推广应用前景广阔。

（1）研究成果揭示的"高强度开采内涵及覆岩与地表破坏机理"、"地表破坏-侵蚀加剧-养分损失-土壤退化"链式驱动机理"等机理，可为我国西部高强度开采条件下煤矿的安全生产、矿山开采设计、采动覆岩与地表破坏治理提供理论与技术依据，相关理论对完善矿山开采沉陷理论做出了有益贡献。

（2）研究成果补充和丰富了生态环境调控与修复治理的相关理论和方法，可广泛应用于煤炭开采损毁预测评价方案的编制与设计、矿区土地复垦方案、生态环境恢复治理方案项目中，对实现煤炭绿色高效开采，加快矿区生态文明建设进程具有重要意义。

（3）研究成果的开展与实施，既最大限度地减轻对生态环境的破坏，又保证了煤炭生产与自然生态环境协调发展，有效改善了矿区生态环境和矿区工农关系，促进了社会的安定团结和稳定发展，确保神东矿区的可持续发展，推进了高强度开采与生态矿区建设协调发展，取得了显著的经济与生态效益。

8.3　研究展望

（1）目前，在高强度开采条件下，地表移动观测站建立难度较大，现场观测资料较少，对揭示高强度开采引起的地表移动变形规律有一定的局限性。在研究覆岩破坏与地表移动机理和耦合方面，由于厚煤层高强度开采特有的地质采矿条件，采动地表非连续破坏严重，可能出现地表裂缝与覆岩破坏裂缝贯通形成的"两带"模式。因此，地表非连续破坏如台阶裂缝的宽度、深度、台阶裂缝的落差或塌陷坑，以及动态变形裂缝特征需要深入研究，形成覆岩"两带"模式的地质采矿条件需要进一步研究。

（2）本书研究了四年的高强度开采沉陷地表土壤退化（土壤侵蚀、土壤养分损失）主要与土壤水分亏缺变化规律。为全面深入地揭示高强度开采地表生态环境演变机理，在长时序、全过程研究中，亟须建立矿区生态环境演变监测站，以此确保水、土壤、植被 3 个关键生态环境因素长期连续数据的获取。要以高强度开采矿区生态环境演变机理应该以采动扰动下水环境变化为主线，对一个完整采煤工作面采前、采中、采后进行长时序、全过程研究，结合高强度开采地表破坏迅速（地表沉陷与裂缝产生快）的特点，探讨采动全过程下地表破坏（裂缝）对"地表水、地下水、土壤水、降水"的影响，以及该 4 种类型的水影响下的土壤、植被动态响应。